住房城乡建设部
十三五

建筑装饰工程计量与计价

（建筑装饰工程技术专业适用）

住房城乡建设部土建类学科专业『十三五』规划教材

本教材编审委员会组织编写

陆化来　主　编
范菊雨　副主编

陈　梅　主　审

中国建筑工业出版社

图书在版编目（CIP）数据

建筑装饰工程计量与计价：建筑装饰工程技术专业适用/陆化来主编．
北京：中国建筑工业出版社，2019.5（2023.12重印）
住房城乡建设部土建类学科专业"十三五"规划教材
ISBN 978-7-112-23636-7

Ⅰ．①建…　Ⅱ．①陆…　Ⅲ．①建筑装饰－工程造价－高等学校－教材
Ⅳ．①TU723.3

中国版本图书馆CIP数据核字（2019）第073472号

　　本书是住房城乡建设部土建类学科专业"十三五"规划教材之一。它是根据工程造价管理岗位能力的要求，以现行的建设工程文件为依据，结合编者在实际工作和教学实践中的体会与经验编写而成，具有很强的针对性和实践性。《建筑装饰工程计量与计价》是一门实践性很强的课程，为此本书在编制过程中坚持理论与实际结合、注重实际操作的原则。在阐述基本概念和基本原理时，以应用为重点，深入浅出，结合插图，联系实例，内容通俗易懂。

　　主要内容包括：建筑装饰工程造价概述；建筑装饰工程量计算；建筑装饰工程定额；建筑装饰装修工程定额计价法；建筑装饰工程量清单计价法；建筑装饰工程结算；建筑装饰工程招标投标及合同价款调整；超级清单装饰工程计算软件简介及实际操作；课程设计及毕业设计训练；预算定额及费用定额以及《房屋建筑与装饰工程工程量计算规范》GB 50854—2013 节选，方便教学及学生训练。

　　本书针对高等职业教育应用型人才培养目标要求，以企业需求为依据，以就业为导向，适应行业技术发展的要求，以学生为中心，体现教学组织的科学性和灵活性。因此，本书可作为高职院校工程管理、工程造价、建筑装饰工程技术、环境艺术设计等专业的教材，也可作为建设管理、施工企业、咨询服务等部门工程造价人员的参考书。

　　为更好地支持本课程的教学，我们向使用本书的教师免费提供教学课件，有需要者请与出版社联系，邮箱：jckj@cabp.com.cn，电话：01058337285，建工书院：http://edu.cabplink.com。

责任编辑：杨　虹　牟琳琳　周　觅
责任校对：姜小莲

住房城乡建设部土建类学科专业"十三五"规划教材
建筑装饰工程计量与计价
（建筑装饰工程技术专业适用）
本教材编审委员会组织编写

陆化来　主　编

范菊雨　副主编

陈　梅　主　审

*

中国建筑工业出版社出版、发行（北京海淀三里河路9号）

各地新华书店、建筑书店经销

北京雅盈中佳图文设计公司制版

建工社（河北）印刷有限公司印刷

*

开本：787×1092毫米　1/16　印张：22　字数：464千字

2019年7月第一版　2023年12月第五次印刷

定价：53.00元（赠教师课件）

ISBN 978-7-112-23636-7

（33929）

编审委员会名单

主 任：季 翔

副主任：朱向军　周兴元

委 员（按姓氏笔画为序）：

王 伟　甘翔云　冯美宇　吕文明　朱迎迎

任雁飞　刘艳芳　刘超英　李 进　李 宏

李君宏　李晓琳　杨青山　吴国雄　陈卫华

周培元　赵建民　钟 建　徐哲民　高 卿

黄立营　黄春波　鲁 毅　解万玉

前　　言

根据住房和城乡建设部人事司《住房城乡建设部关于印发高等教育职业教育土建类学科专业"十三五"规划教材选题的通知》要求，我们再依据《高等职业教育建筑装饰工程技术专业教学基本要求》来进行本书的编写。

本书还以《建设工程工程量清单计价规范》GB 50500—2013、《房屋建筑与装饰工程工程量计算规范》GB 50854—2013、《江苏省建筑与装饰工程计价定额》（2014 年版）、《江苏省建筑装饰工程预算定额》（1998 年）以及现行建设工程造价管理文件为主要依据进行编写。

针对高职高专建筑装饰工程技术专业学生就业的特点，注重培养应用型、技能型的工程造价专业人才，强调实际操作技能的培养和训练。本书编写，主要从"理实一体化"出发，在传授理论知识的前提下，重点强调训练，包括手算及电算（利用软件计算），以便更接近现实。在尊重基本原理的前提下，尽量采用最新市场数据，采纳最前沿市场信息；确保所有例题的正确性。包括：例题所使用的图纸、例题解题过程的规范性；不仅安排有预算软件教学内容，还配套与软件教学内容相符合的、目前市场正在使用的成熟软件；本书单元九及单元十分别为课程设计及毕业设计训练内容，包括课程设计及毕业设计使用的多套图纸（包括平立剖详图及施工说明）、相关设计配套指导书、相关设计手算配套表格、手算及电算设计步骤等。另外，附录分为四个部分，分别摘录了《江苏省建筑装饰工程预算定额》（1998 年）、《房屋建筑与装饰工程工程量计算规范》GB 50854—2013、《江苏省建筑与装饰工程计价定额》（2014 年版）以及《江苏建设工程费用定额》（2014 年）营改增后调整内容，以方便老师教学、学生训练时使用。

本书可作为高职高专院校工程造价、建筑装饰工程技术等专业的教材，也可作为建设管理、施工企业、咨询服务等部门工程造价人员的参考书。

本书由江苏联合职业技术学院南京分院、南京高等职业技术学校的陆化来担任主编，陈梅担任主审，湖北城市建设职业技术学院的范菊雨担任副主编。其中，陆化来负责单元一、二、三、四、五、九、十、附录三的编写及全书统稿工作；陈梅负责全书的插图审核、校正及全书的审查工作；范菊雨负责单元六的编写；南京高等职业技术学校的沈震负责单元七的编写及单元二、单元十和书中其他单元的部分插图工作；南京高等职业技术学校的刘可心、郑昕冉、戴芝云、张赟、朱文钰等负责附录一、附录二的抄编工作；南京云蜻蜓信息科技有限公司的胡祥桃负责单元八、附录四的编写；江苏盛德量行建设咨询有限公司的陈仲负责单元九的插图工作。

由于编者水平所限，书中难免存在疏漏之处，敬请同行专家和广大读者批评指正。

编者

2019 年 3 月

目 录

1

单元一　建筑装饰工程造价概述

知识点

1. 建筑装饰工程造价的概念。
2. 建筑装饰工程项目的划分。
3. 建筑装饰工程预算造价的特点。
4. 建筑装饰工程预算的两种计算方法。

着力点

1. 重点掌握建筑装饰工程项目的划分。
2. 熟悉建筑装饰工程预算造价的特点。
3. 了解建筑装饰工程预算的两种计算方法。

项目一 建筑装饰工程造价概述

1.1.1 工程造价的含义

工程造价是工程项目在建设期预计或实际支出的建设费用。

工程造价是指工程项目从投资决策开始到竣工投产所需的建设费用,可以指建设费用中的某个组成部分,如建筑安装工程费,也可以是所有建设费用的总和,如建设投资和建设期利息之和。

工程造价按照工程项目所指范围的不同,可以是一个建设项目的造价,也可以是一个或多个单项工程或单位工程的造价,还可以是一个或多个分部分项工程的造价。工程造价在工程建设的不同阶段有不同的叫法,如投资决策阶段为投资估算,设计阶段为设计概算、施工图预算,招标投标阶段为招标控制价、投标报价、合同价,施工阶段为竣工结算等。在合同价形成之前都是一种预期的价格,在合同价形成并履行之后则成为实际费用。

1.1.2 建筑装饰工程造价概述

建筑装饰工程是指为使建筑物、构筑物内外空间达到一定的使用要求及环境质量要求,而使用装饰材料对建筑物、构筑物的外表和内部进行装饰处理的工程建设活动。

建筑装饰工程按其装饰效果和建造阶段的不同,可分为前期装饰和后期装饰。前期装饰是指在房屋建筑工程的主体结构完成后,按照建筑、结构设计图样的要求,对有关工程部位(如:墙柱面、楼地面、天棚等)和构配件的表面以及有关空间进行装饰的工程,通常称之为"一般装饰"或"粗装饰"。后期装饰是指在建筑工程交付给使用者以后,根据业主(用户)的具体要求,对新建房屋或旧房屋进行再次装饰装修的工程内容,通常称之为"高级装饰工程"或"精装饰"。目前,社会上泛称的装饰工程即指后期装饰工程。

建筑装饰工程把美学与建筑融合为一体,形成了一个新型的建筑装饰工程技术专业,对于从属这种专业的工程,统称为建筑装饰工程。随着社会的发展,经济和技术的进步,生活水平的不断提高,人们对建筑装饰工程的要求越来越高。由于建筑装饰工程工艺性强、使用材料档次较高,建筑装饰工程费用占工程总造价的比重也在不断上升。据有关资料统计,在建筑安装工程费用中,结构、安装和装饰工程的费用比例,过去是 5∶3∶2,现在已变为 3∶3∶4。一些国家重点建筑工程、高级店(宾馆)、涉外工程等的建筑装饰工程费用,已占建设工程总投资的 50% ~ 60%。因此,合理、准确地确定建筑装饰工程造价,对于建设方及施工方来说都很重要,对于建筑装饰工程管理与技术人员而言,同样具有极为重要的意义。

项目二　建筑装饰工程项目的划分

一个工程建设项目是一个工程综合体。可分解为许多有内在联系的独立和不独立的工程。为了便于对工程项目的建设进行管理和费用的确定，把工程项目按其组成划分为工程建设项目、单项工程、单位工程、分部工程和分项工程。

1.2.1　建设项目

建设项目是指具有设计任务书、经济上实行独立核算、管理上具有独立组织形式的基本建设单位。建设项目具有单件性并具有一定的约束条件。例如，投入一定资金，在某一地点、时间内按照总体设计建造一座具有一定生产能力的工厂或建设一所学校、一所医院都可以称作是一个建设项目。

1.2.2　单项工程

单项工程是指具有独立的设计文件，建成后可以独立发挥生产能力或使用效益的工程，是建设项目的组成部分，一个建设项目可以是一个或多个单项工程。例如，一座工厂的各个车间、办公楼等；一所学校的教学楼、行政楼等；一所医院的病房楼、门诊楼等。

1.2.3　单位工程

单位工程一般是指具有独立的设计文件，可以独立组织施工和单独成为核算对象，但建成后一般不能单独进行生产或发挥使用效益的工程，它是按照专业工程性质来划分的，是单项工程的组成部分。例如，教学楼的土建工程、装饰工程、电气照明工程、采暖工程等都是单位工程。建筑安装工程预算都是以单位工程为基本单元来进行编制的。

1.2.4　分部工程

分部工程是单位工程的组成部分，是按单位工程不同的结构形式、工程部位、构件性质、使用材料、设备种类等来划分的工程项目。例如，土建工程中的桩基础工程、砌筑工程、金属结构工程等；建筑装饰工程中的楼地面工程、顶棚工程、墙柱面工程等。

1.2.5　分项工程

分项工程是分部工程的组成部分，它的划分要按照"分项三原则"进行：即首先按照不同材料（如：楼地面工程中的地毯、木地板、瓷砖等）；其次按照同种材料不同规格（如地面瓷砖有 300mm × 300mm、400mm × 400mm、600mm × 600mm 等）；最后按照不同的施工工艺（如石材楼地面工程的拼花及普通铺设）。分项工程是用较简单的施工过程来完成，它是计算工料消耗的最基本构成项目，是单位工程组成的基本要素，是建筑装饰工程造价的最小计算单元，在"预算定额"中是组成定额的基本单元体，这种单元体也被称作定额子目。

综上所述，一个建设项目是由一个或几个单项工程组成，一个单项工程是由几个单位工程组成，一个单位工程又可划分为若干个分部工程，一个分部工程又可划分成许多分项工程。因此，我们在进行预算造价计算时，务必认真、仔细地对项目工程进行项目划分，做到：不漏项、不错项、不重项，否则，将影响项目工程的最终报价（造价）。

项目三 建筑装饰工程预算造价特点及计价方法

建设工程产品的固定性、多样性、体量大及其生产上的流动性、单件性、周期长等特点决定了建设工程造价具有单件性计价、多次性计价及组合性计价等特点。

1.3.1 计价的单件性

每一项建设工程都有指定的专门用途，所以也就有不同的结构、造型、装饰、体积和面积，建设时要采用不同的工艺设备和建筑材料。即使是用途相同的建设工程，其技术水平、建筑等级和建筑标准也有差别，因此，必须单独计算造价，而不能像一般产品那样按品种、规格等批量定价。这也就决定了建筑工程的计价必须是单件计价。

1.3.2 计价的多样性

建设工程产品体量大、生产周期长。为了适应工程建设过程中各方经济关系，适应项目管理和工程造价管理的要求，需要在决策、设计、施工、竣工验收各阶段多次进行计价。不同阶段相对应不同的计价方式。

（1）投资估算：指在编制项目建议书、进行可行性研究阶段，根据投资估算指标、类似工程造价资料、现行的设备材料价格，并结合工程的实际情况，对拟建项目的投资需要量进行估算。投资估算是可行性研究报告的重要组成部分，是判断项目可行性、进行项目决策、筹资、控制造价的主要依据之一。经批准的投资估算是工程造价的目标限额，是编制概预算的基础。

（2）设计总概算：指在初步的设计阶段，根据初步设计的总体布置，采用概算定额或概算指标等编制项目的总概算。设计总概算是初步设计文件的重要组成部分。经批准的设计总概算是确定建设项目的总造价、编制固定资产投资计划、签订建设项目承包合同和贷款合同的依据，也是控制拟建项目投资的最高限额。概算造价可分为建设项目概算总造价、单项工程概算综合造价和单位工程概算造价三个层次。

（3）修正概算：指当采用三阶段设计时，在技术设计阶段随着对初步设计的深化建设规模、结构性质、设备类型等方面可能要进行必要的修改和变动，因此，初步设计阶段概算随之需要做必要的修正和调整。但一般情况下，修正概算造价不能超过概算造价。

（4）**施工图预算**：指在施工图设计阶段，根据施工图纸以及各种计价依据和有关规定编制施工图预算，它是施工图设计文件的重要组成部分。经审查批准的施工图预算是签订建筑安装工程承包合同、办理建筑安装工程价款结算的依据，它比概算造价或修正概算造价更为详尽和准确，但不能超过设计总概算造价。

（5）**合同价**：指工程招标投标阶段，在签订总承包合同、建筑安装工程施工承包合同、设备材料采购合同时，由发包方和承包方共同协商一致，作为双方结算基础的工程合同价格。合同价属于市场价格的性质，它是由发承包双方根据市场行情共同议定和认可的成交价格，但并不等同于最终决算的实际工程造价。

（6）**施工预算**：指在施工阶段，由施工单位根据施工图纸、施工定额、施工方案及相关施工文件编制的，用以体现施工中所需消耗的人工、材料、施工机械台班数量及相应费用的文件。

施工预算是施工企业计划成本的依据，反映了完成建设项目所消耗的实物与金额数量标准，也是与施工图预算进行"两算对比"的基础资料。施工企业通过"两算对比"可以预先发现项目的"效益值"或"亏损值"，以便有针对性地采取相应措施来减少亏损，有利于企业生产管理及成本控制。

（7）**结算价**：指在合同实施阶段，以合同价为基础，同时考虑实际发生的工程量增减、设备材料价差等影响工程造价的因素，按合同规定的调价范围和调价方法对合同价进行必要的修正和调整，确定结算价。结算价是该单项工程的实际造价。

（8）**竣工决算**：指在竣工验收阶段，根据工程建设过程中实际发生的全部费用，由建设单位编制。竣工决算反映工程的实际造价和建成交付使用的资产情况，作为财产交接、考核交付使用财产和登记新增财产价值的依据，它是建设项目的最终实际造价。

由此可见，工程的计价过程是一个由粗到细、由浅入深，经过多次计价最终达到实际造价的过程。各计价过程之间是相互联系、相互补充、相互制约的关系，前者制约后者，后者补充前者。

1.3.3 计价的组合性

工程造价的计算是通过逐步计算组合而成的。它是依据前面讲过的项目划分原理，从最小的计价单元（即分项工程）逆向计算汇总而成。即通过计算各分项工程的价格并汇总得到相应的分部工程价格，再汇总各分部工程价格得到相应的单位工程价格，再汇总各单位工程价格得到相应的单项工程价格，再汇总各单项工程价格得到建设项目总造价。因此，工程计价的过程应理解为：

∑分项工程造价→∑分部工程造价→∑单位工程造价→∑单项工程造价→建设项目总造价。这就充分体现了建筑工程计价的组合性特点。需要说明的是，对于建筑装饰工程计价，只需计算汇总到单位工程即可。

1.3.4 计价方法

建筑装饰工程计价在我国目前有两种计算方法，即传统的定额计价法和世界通用的工程量清单计价法（后续课程将会详细介绍）。

简单地说，建设工程定额计价法是我国长期以来在工程价格形成中采用的计价模式，在计价中以国家或地方主管部门颁布的定额为依据，按定额规定的分部分项子目，逐项计算工程量，套用定额单价以确定人工费、材料费及机械费（以后简称人、材、机），然后按规定取费标准确定构成工程价格的其他费用以及利润和税金，最后汇总即可获得建筑装饰工程造价。

但这种方法计算出来的造价有其局限性，因为定额计价法中所用的定额中的"人、材、机"的消耗量是按社会平均水平测得的，价格是地区统一确定的，取费的费率是根据地区平均水平测算的，因此，这种计价不能真正反映承包人的实际成本及各项费用的实际开支，在一定程度上限制了企业的公平竞争。

而工程量清单计价法是一种与市场经济相适应的计价模式，工程量清单计价是招标人公开提供工程量清单，投标人根据招标文件、工程量清单等内容，结合本企业的实际情况自主报价，并据此签订合同价款，进行工程结算的计价活动。在这个活动中，承包人作为工程项目的承建者，是工程造价的确定主体。在多变的市场条件下，项目的造价应以承建人在项目建造中的合理成本费用为基础，并考虑适当的利润、税金和可能的可变因素来确定。

由此可见，不管使用哪种方法计价，实际上都离不开"量、价、费"的计算。"量"指的是建筑装饰工程中各分项工程的工程量及定额中表达的一定计量单位"人、材、机"的消耗量；"价"指的是构成项目的"人、材、机"的预算单价及工程的合价；"费"指的是国家规定的各种取费。在后续课程中，我们会逐一就这两种方法及"量、价、费"等相关知识进行详细讲解。

项目训练一

一、单项选择题

1. 下列为单位工程的是（　　）。

A. 学校　　　　　　　　　　　B. 教学楼

C. 教学楼的装修部分　　　　　D. 教学楼的门窗工程

2. 下列为单项工程的是（　　）。

A. 教学楼　　　　　　　　　　B. 教学楼的建筑工程部分

C. 教学楼的水电部分　　　　　D. 教学楼的基础部分

3. 下列为分部工程的是（　　　）。

A. 楼地面工程　　　　　　　　　B. 墙面抹灰工程

C. 天棚面层　　　　　　　　　　D. 楼梯栏杆

4. 下列为分项工程的是（　　　）。

A. 门窗工程　　　　　　　　　　B. 天棚刮腻子工程

C. 墙柱面工程　　　　　　　　　D. 楼地面工程

5. 单项工程组成中最基本的构成要素是（　　　）。

A. 分部工程　　B. 子项目工程　　C. 附加工程　　　D. 分项工程

6. 下面属于分部工程的是（　　　）。

A. 将军红花岗石地面　　　　　　B. 水磨石地面

C. 墙柱面工程　　　　　　　　　D. 涂料墙面

7. （　　　）是由施工方编制完成的。

A. 投资估算　　B. 设计概算　　C. 施工图预算　　D. 竣工决算

8. （　　　）是由设计单位编制完成的。

A. 投资估算　　B. 设计概算　　C. 施工图预算　　D. 竣工决算

9. 两算对比是施工图预算和（　　　）进行对比。

A. 投资估算　　B. 设计概算　　C. 施工预算　　　D. 竣工决算

10. 建设工程（　　　）是我国长期以来在工程价格形成中采用的计价模式，在计价中以国家或地方主管部门颁布的定额为依据。

A. 定额计价模式　　　　　　　　B. 工程量清单计价模式

C. 施工图预算　　　　　　　　　D. 投资估算

二、多项选择题

1. 建筑装饰工程的作用有（　　　）。

A. 保护建筑主体结构，延长建筑物的使用寿命

B. 保证建筑物具备某些特殊使用功能

C. 进一步强化建筑物的空间布局

D. 强化建筑物的意识和气氛

E. 实现美化城市的目的

2. 建筑装饰工程的规模应该按照其装饰的工程项目规模进行划分，一个工程项目由大到小可划分为（　　　）。

A. 建设项目　　　　B. 单项工程　　　　C. 分部工程

D. 单位工程　　　　E. 分项工程

3. 下列工程属于建设项目的有（　　　）。

A. 学校　　　　　　B. 综合楼　　　　　C. 宿舍楼

D. 工厂　　　　　　E. 办公楼

4. 建设项目计价的特点有（　　　）。

A. 单件性计价　　B. 多次性计价　　C. 按构成的分部分项工程计价

D. 按单项工程计价　　　　　　　E. 按综合单价计价

5. 根据建筑装饰工程设计和施工的进展阶段不同，建筑装饰工程的预算可分为（　　）。

A. 投资估算　　　　B. 设计概算　　　　C. 施工图预算

D. 施工预算　　　　E. 竣工结（决）算

三、简答题

1. 举例说明建设项目是如何划分的。

2. 简述工程造价的含义。

3. 简述建筑装饰工程计价特点。

4. 简述建设工程计价的类型。

2

单元二　建筑装饰工程量计算

知识点

1. 工程量概念及计算原则。

2. 建筑面积需要及不需要计算的项目。

3. 建筑装饰工程各分部工程（如：楼地面、墙柱面、天棚等）工程量计算规则及案例分析。

着力点

1. 了解工程量概念、作用及计算原则。

2. 熟悉建筑面积需要及不需要计算的项目。

3. 重点掌握建筑装饰工程各分部工程（如：楼地面、墙柱面、天棚等）工程量计算规则及案例分析。

项目一 工程量相关知识

2.1.1 工程量的概念及作用

2.1.1.1 工程量的概念

工程量是以物理计量单位或自然计量单位表示的各分项工程或结构构件的数量。

物理计量单位是以物体的物理属性为计量单位，一般是指以公制度量表示的长度、面积、体积、质量等的单位。如天棚、地面、墙面等工程量都是以"平方米"（m^2）为计量单位；装饰线和栏杆扶手等则是以长度单位"延长米"（m）进行计量。

自然计量单位是以物体自身的计量单位（如个、组、套等）来表示工程完成的数量。比如饰面板以"张"为计量单位；瓷砖以"块"为计量单位；灯具的安装以"套"为计量单位；而卫生器具的安装则以"组"为计量单位。

2.1.1.2 工程量计算的作用

工程量计算是编制工程预算的基础工作，具有工作量大、繁琐、费时、细致等特点，约占编制整份工程预算工作量的 50% ～ 70%，而且其快慢程度和精确度将直接影响到预算的速度与质量。改进工程量计算方法，对于加速概预算速度，提高概预算质量，减轻概预算人员的工作量，增强审核、审定透明度都具有十分重要的意义。因此，正确计算工程量，其作用主要表现在以下几个方面：

（1）工程量是编制施工图预算的重要基础数据。工程量计算准确与否将直接影响到工程造价的准确性。

（2）工程量是施工企业编制施工作业计划，合理安排施工进度，调配进入施工现场的劳动力、材料及施工机械设备等生产要素的重要依据。

（3）工程量是加强工程成本管理，实行承包核算，向工程建设投资方结算工程价款的重要依据。

2.1.1.3 工程量计算的步骤

（1）列出分项工程名称。根据施工图纸及定额规定，按照一定计算顺序，列出单位工程施工图预算的分项工程项目名称。

（2）列出计量单位、计算公式。按定额要求，列出计量单位和分项工程项目的计算公式。计算工程量，采用表格形式进行，可使计算步骤清楚，部位明确，便于核对，减少错误。

（3）汇总列出工程数量。计算出的工程量同类项目汇总后，填入工程数量栏内，作为计取工程直接费的依据。

2.1.2 工程量计算原则

为了准确地计算工程量，提高施工图预算编制的质量和速度，防止工程量计算中出现错算、漏算和重复计算。工程量计算时，通常要遵循以下原则：

（1）计算口径要一致。计算工程量时，根据施工图列出的分项工程的口径（指分项工程所包括的内容和范围）应与预算定额中相应分项工程的口径相一致。由于各地的预算定额的规定也不尽相同，所以大家要对定额的总说明和各个分章节的说明、计算规则以及定额项目所包括的工作内容都要详细地了解。例如，江苏省预算定额中表明石材块料面板镶贴及切割费用已包括在定额内，但石材磨边未包括在内，设计磨边者，应按相应子目执行。因此，在计算工程量列项时，务必搞清楚，以防重复列项或漏项。

（2）工程量计算规则要一致。按施工图纸计算工程量，必须与预算定额工程量的计算规则一致。如砌筑工程，标准砖一砖半的墙体厚度，不管施工图中所标注的尺寸是"360"还是"370"，均应以预算定额计算规则规定的"365"计算。

（3）计量单位要一致。按施工图纸计算工程量时，所列各分项工程的计量单位，必须与定额中相应子目的计量单位一致。例如，墙体饰面工程的工程量计量单位是面积单位"m^2"。另外，要特别注意定额中的单位不是单一的，在套用消耗量定额时，还应该特别注意定额列表表头所标明的计量单位，看其是否扩大，如："$10m^2$"或"$100m$"。

（4）计算工程量要遵循一定的顺序进行。计算工程量时，为了快速准确，不重不漏，一般应遵循一定的顺序进行。

①一般按施工顺序计算装饰工程的工程量。按图样的顺时针方向计算工程量，适用于外墙面装饰抹灰、镶贴块料面层、外墙身、楼地面、天棚、挑檐等装饰工程量计算。

②按先横后竖、先上后下、先左后右的顺序计算工程量。按先横后竖、先上后下、先左后右的顺序计算工程量，适用于内墙面、内墙裙装饰及间壁墙面层装饰等。

③按图样上注明的编号顺序计算工程量。按图样编号顺序计算工程量，适用于钢筋混凝土构件，如柱、板等的装饰面层和铝合金推拉窗等。

（5）工程量计算的精度要一致。工程量的计算结果，对于重量单位如"t""kg"，应保留小数点后面三位数字，第四位四舍五入；以体积"m^3"、面积"m^2"和长度"m"为单位，应保留小数点后面二位数字，第三位四舍五入；以自然单位"个"、"项"和"块"等为单位，应取整数。为了便于记忆，可参考应用以下口诀：将上述规则浓缩为"量三米二自然整"——"量"指的是重量单位，"三"是保留小数点后三位，"米"是体积"m^3"、面积"m^2"和长度"m"的统称，"二"是保留小数点后二位，"自然整"指的是以自然单位"个"、"项"和"块"等为单位时，要取整。

项目二　建筑面积相关知识

2.2.1　建筑面积的概念

建筑面积亦称"建筑展开面积"，是指建筑物各层水平投影面积之和，即建筑物外墙勒脚以上结构外围各层水平投影面积之和。它包括有效面积和结构面积两部分。

(1) 有效面积：有效面积是指使用面积与辅助面积之和。

①使用面积：是指建筑物各层平面中直接为生产或生活使用的净面积之和。如住宅建筑中的卧室、客厅等。

②辅助面积：是指建筑物各层平面中为辅助生产或辅助生活所占的净面积之和。如住宅建筑中的楼梯、走道等。

(2) 结构面积：结构面积是指建筑物各层平面中的墙、柱等结构所占面积之和。

建筑面积的计算是按照住房和城乡建设部最新发布的国家标准《建筑工程建筑面积计算规范》GB/T 50353—2013 进行计算的。这个标准主要规定了三个方面的内容：计算建筑面积的范围和规定、不计算建筑面积的范围和规定及其他。

2.2.2 需要计算建筑面积的项目

(1) 建筑物的建筑面积应按自然层外墙结构外围水平面积之和计算。结构层高在 2.20m 及以上的，应计算全面积；结构层高在 2.20m 以下的，应计算 1/2 面积。

注释：①自然层是指按楼地面结构分层的楼层；结构层高是指楼面或地面结构层上表面至上部结构层上表面之间的垂直距离。

②外墙结构本身在一个层高范围内不等厚时，以楼地面结构标高处的外围水平面积计算。

③注意：对于平顶建筑，计算建筑面积时，层高以 2.20m 为界：大于等于 2.20m（含 2.20m）计算全面积；小于 2.20m 计算一半面积。

④首层（或单层）建筑物外墙外边尺寸，不含勒脚厚度。如图 2.2-1 所示，其建筑面积为：$S=a \times b$。

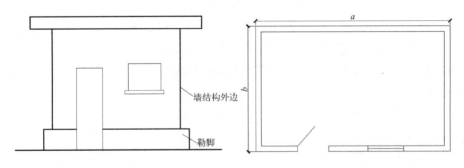

图 2.2-1 单层建筑物
建筑面积示意图

【例 2.2-1】如图 2.2-2 所示为某建筑物的平面图和剖面图，计算该单层建筑物的建筑面积。

【解】根据规定，单层建筑物高度在 2.20m 及以上者，应计算全面积；高度不足 2.20m 者，应计算 1/2 面积。由图 2.2-2 可知，该单层建筑物层高在 2.20m 以上，则建筑面积 $S=12 \times 5=60$（m^2）

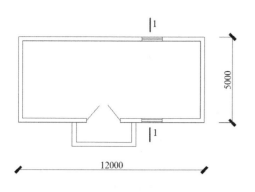

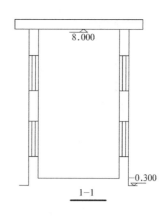

图 2.2-2 某单层建筑物参考平面图及剖面图

(2) 建筑物内设有局部楼层时, 对于局部楼层的二层及以上楼层, 有围护结构的应按其围护结构外围水平面积计算, 无围护结构的应按其结构底板水平面积计算 (图 2.2-3), 且结构层高在 2.20m 及以上的, 应计算全面积, 结构层高在 2.20m 以下的, 应计算 1/2 面积。

注释: ①注意: 对于平顶建筑, 计算建筑面积时, 层高以 2.20m 为界: $h_{层高} \geqslant 2.20$m (含 2.20m), 计算全面积; $h_{层高} < 2.20$m, 计算一半面积。

②局部楼层的墙厚应包括在建筑面积内。

③带有局部楼层者 (图 2.2-3), 建筑物建筑面积计算公式为:

$$S = L \times B + \sum l \times b$$

式中 $\sum l \times b$ 为不包括底层在内的各局部楼层建筑面积之和。

(3) 对于形成建筑空间的坡屋顶, 结构净高在 2.10m 及以上的部位, 应计算全面积; 结构净高在 1.20m 及以上至 2.10m 以下的部位, 应计算 1/2 面积; 结构净高在 1.20m 以下的部位, 不应计算建筑面积。

注释: ①结构净高是指楼面或地面结构层上表面至上部结构层下表面之间的垂直距离。

②注意: 对于坡屋顶建筑, 计算建筑面积时, 层高以 2.10m 和 1.20m 为界。当 $h_{净高} \geqslant 2.10$m (含 2.10m) 时, 计算全面积; 1.20m $\leqslant h_{净高} < 2.10$m 时, 计算一半面积; $h_{净高} < 1.20$m 时, 不计算建筑面积。

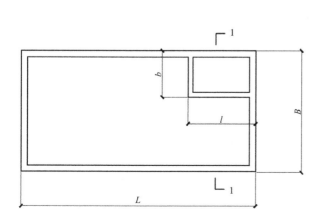

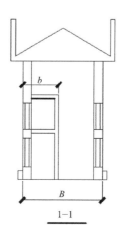

图 2.2-3 带有局部楼层的建筑物示意图

【例 2.2-2】 如图 2.2-4 所示为某建筑物平面图和坡屋顶立面图，计算该单层建筑物的建筑面积。

【解】 根据规定，利用坡屋顶内空间时结构净高超过 2.10m 的部位，应计算全面积；结构净高在 1.20 ~ 2.10m 的部位，应计算 1/2 面积；结构净高不足 1.20m 的部位，不应计算面积。则其建筑面积为：

$$S=5.4 \times (7.2+0.24) + (2.7+0.12) \times (7.2+0.24) \times 0.5 \times 2 = 61.16 \ (m^2)$$

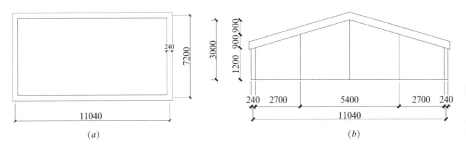

图 2.2-4 某建筑物平面图和坡屋顶立面图
(a) 坡屋顶平面图；
(b) 坡屋顶立面图

(4) 对于场馆看台下的建筑空间（图 2.2-5），结构净高在 2.10m 及以上的部位，应计算全面积；结构净高在 1.20m 及以上至 2.10m 以下的部位，应计算 1/2 面积；结构净高在 1.20m 以下的部位，不应计算建筑面积。室内单独设置的有围护设施的悬挑看台，应按看台结构底板水平投影面积计算建筑面积。有顶盖无围护结构的场馆看台应按其顶盖水平投影面积的 1/2 计算面积。

注释： ①多层建筑坡屋顶和场馆看台下的空间应视为坡屋顶内的空间。当设计加以利用时，应按其净高确定其建筑面积，若设计为不利用的空间，则不应计算建筑面积。

②既然按坡屋顶计算建筑面积，那么就要特别注意两个净高界点 2.10m 和 1.20m 所规定的计算范围。

(5) 地下室、半地下室应按其结构外围水平面积计算。结构层高在 2.20m 及以上的，应计算全面积；结构层高在 2.20m 以下的，应计算 1/2 面积。如图 2.2-6 所示。

(6) 出入口外墙外侧坡道有顶盖的部位，应按其外墙结构外围水平面积的 1/2 计算面积。

图 2.2-5 看台下建筑空间示意图（剖面图）（左）

图 2.2-6 地下室建筑面积计算示意图（右）

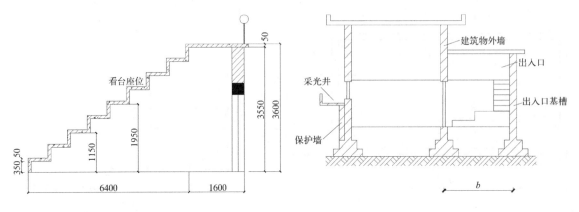

注释：出入口坡道分有顶盖出入口坡道和无顶盖出入口坡道，出入口坡道顶盖的挑出长度，为顶盖结构外边线至外墙结构外边线的长度；顶盖以设计图样为准，对后增加及建设单位自行增加的顶盖等，不计算建筑面积。顶盖不分材料种类（如钢筋混凝土顶盖、彩钢板顶盖、阳光板顶盖等）。

（7）建筑物架空层及坡地建筑物吊脚架空层（图2.2-7），应按其顶板水平投影计算建筑面积。结构层高在2.20m及以上的，应计算全面积；结构层高在2.20m以下的，应计算1/2面积。

注释：①注意结构层高界点2.20m规定的计量范围；

②本条既适用于建筑物吊脚架空层、深基础架空层建筑面积的计算，也适用于目前部分住宅、学校教学楼等工程在底层架空或在二楼或以上某个甚至多个楼层架空，作为公共活动、停车、绿化等空间的建筑面积的计算。架空层中有围护结构的建筑空间按相关规定计算。

（8）建筑物的门厅、大厅（图2.2-8）应按一层计算建筑面积，门厅、大厅内设置的走廊应按走廊结构底板水平投影面积计算建筑面积。结构层高在2.20m及以上的，应计算全面积；结构层高在2.20m以下的，应计算1/2面积。

注释：①注意结构层高界点2.20m规定的计量范围；

②回廊即在建筑物门厅、大厅内设置在二层或二层以上的回形走廊。

（9）对于建筑物间的架空走廊，有顶盖和围护设施的，应按其围护结构外围水平面积计算全面积；无围护结构、有围护设施的，应按其结构底板水平投影面积计算1/2面积。

注释：架空走廊即建筑物与建筑物之间，在二层或二层以上专门为水平交通设置的走廊，如图2.2-9所示。

（10）对于立体书库、立体仓库、立体车库，有围护结构的，应按其围护结构外围水平面积计算建筑面积；无围护结构、有围护设施的，应按其结构底板水平投影面积计算建筑面积。无结构层的应按一层计算，有结构层的应按其结构层面积分别计算。结

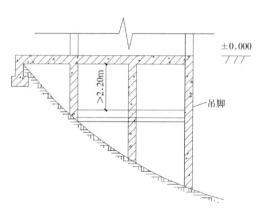

图2.2-7 坡地建筑物吊脚架空层示意图

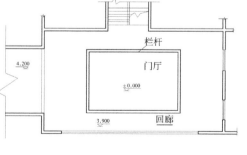

图2.2-8 门厅、大厅内设置的回廊示意图

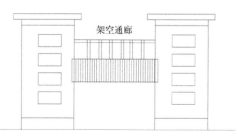

图2.2-9 架空走廊示意图

构层高在 2.20m 及以上的，应计
算全面积；结构层高在 2.20m 以
下的，应计算 1/2 面积。

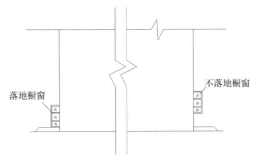

图 2.2-10　有围护结
构的落地橱窗示意图

注释：注意结构层高界点
2.20m 规定的计量范围。

（11）有围护结构的舞台灯
光控制室，应按其围护结构外围
水平面积计算。结构层高在 2.20m
及以上的，应计算全面积；结构
层高在 2.20m 以下的，应计算 1/2 面积。

注释：①注意结构层高界点 2.20m 规定的计量范围；

②如果舞台灯光控制室有围护结构且只有一层，那么就不能另外
计算面积，因为舞台的面积计算已经包含了该灯光控制室的面积。

（12）附属在建筑物外墙的落地橱窗（图 2.2-10），应按其围护结构外围
水平面积计算。结构层高在 2.20m 及以上的，应计算全面积；结构层高在 2.20m
以下的，应计算 1/2 面积。

注释：①注意结构层高界点 2.20m 规定的计量范围；

②落地橱窗是指突出外墙面且根基落地的橱窗。

（13）窗台与室内楼地面高差在 0.45m 以下且结构净高在 2.10m 及以上
的凸（飘）窗应按其围护结构外围水平面积计算 1/2 面积。

注释：①注意结构净高界点 2.10m 规定的计量范围；

②飘窗是指凸出建筑物外墙面的窗户。

（14）有围护设施的室外走廊（挑廊），应按其结构底板水平投影面积计
算 1/2 面积；有围护设施（或柱）的檐廊，应按其围护设施（或柱）外围水
平面积计算 1/2 面积（图 2.2-11）。

注释：①走廊即建筑物的水平交通空间；挑廊即挑出建筑物外墙的水平
交通空间。

②檐廊是指建筑物挑檐下的水平交通空间。

（15）门斗应按其围护结构外围水平面积计算建筑面积，且结构层高在
2.20m 及以上的，应计算全面积；结构层高在 2.20m 以下的，应计算 1/2 面积（见
图 2.2-11）。

图 2.2-11　门斗、走
廊、挑廊、檐廊示
意图

注释：①注意结构层高界点 2.20m 规定的计量范围；

②门斗即在建筑物出入口设置的起分隔、挡风、御寒等作用的建筑过渡空间。

(16) 门廊应按其顶板的水平投影面积的 1/2 计算建筑面积；有柱雨篷应按其结构板水平投影面积的 1/2 计算建筑面积；无柱雨篷的结构外边线至外墙结构外边线的宽度在 2.10m 及以上的，应按雨篷结构板的水平投影面积的 1/2 计算建筑面积。

注释：①雨篷即设置在建筑物进出口上部的遮雨、遮阳篷。雨篷分为有柱雨篷和无柱雨篷：有柱雨篷，没有出挑宽度的限制，也不受跨越层数的限制，均计算建筑面积，应按雨篷的结构板水平投影面积的 1/2 计算建筑面积（图 2.2-12）。

②无柱雨篷，其结构板不能跨层，并受出挑宽度的限制，设计出挑宽度大于或等于 2.10m 时才计算建筑面积，应按雨篷结构板的水平投影面积的 1/2 计算建筑面积。出挑宽度，系指雨篷结构外边线至外墙结构外边线的宽度，弧形或异形时，取最大宽度（图 2.2-13）。

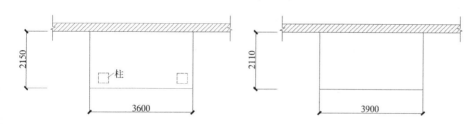

图 2.2-12　有柱雨篷示意图（左）

图 2.2-13　无柱雨篷示意图（右）

(17) 设在建筑物顶部的、有围护结构的楼梯间、水箱间、电梯机房等，结构层高在 2.20m 及以上的，应计算全面积；结构层高在 2.20m 以下的，应计算 1/2 面积，如图 2.2-14 所示。

(18) 围护结构不垂直于水平面的楼层，应按其底板面的外墙外围水平面积计算。结构净高在 2.10m 及以上的部位，应计算全面积；结构净高在 1.20m 及以上至 2.10m 以下的部位，应计算 1/2 面积；结构净高在 1.20m 以下的部位，不应计算建筑面积。

图 2.2-14　屋顶楼梯间、水箱间示意图

(a) 屋顶水箱；
(b) 出屋面楼梯间平面图；
(c) 出屋面楼梯间立面图

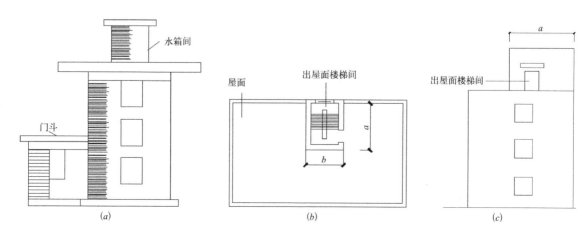

注释：①在划分高度上，本条使用的是"结构净高"，与其他正常平楼层按层高划分不同，但与斜屋面的划分原则相一致。对于斜围护结构与斜屋顶采用相同的计算规则，即只外壳倾斜，就按结构净高划段，分别计算建筑面积。如图 2.2-15 所示。

②注意结构净高界点 2.10m 规定的计量范围。

(19) 建筑物的室内楼梯、电梯井、提物井、管道井、通风排气竖井、烟道，应并入建筑物的自然层计算建筑面积。有顶盖的采光井应按一层计算面积，且结构净高在 2.10m 及以上的，应计算全面积；结构净高在 2.10m 以下的，应计算 1/2 面积。

注释：①建筑物的楼梯间层数按建筑物的层数计算。若遇跃层建筑，其共用的室内楼梯应按自然层计算面积；上下两错层户室共用的室内楼梯，应选上一层的自然层计算面积。

②有顶盖的采光井包括建筑物中的采光井和地下室采光井。

③电梯井是指安装电梯用的垂直通道。

④提物井是指图书馆提升书籍、酒店提升食物的垂直通道。

⑤垃圾道是指写字楼等大楼内每层设垃圾倾倒口的垂直通道。

⑥管道井是指宾馆或写字楼内集中安装给水排水、采暖、消防、电线管道用的垂直通道。

(20) 室外楼梯应并入所依附建筑物自然层，并应按其水平投影面积的 1/2 计算建筑面积，如图 2.2-16 所示。

注释：层数为室外楼梯所依附的楼层数，即梯段部分投影到建筑物范围的层数。利用室外楼梯下部的建筑空间不得重复计算建筑面积；利用地势砌筑的室外踏步，不计算建筑面积。

(21) 在主体结构内的阳台，应按其结构外围水平面积计算全面积；在主体结构外的阳台，应按其结构底板水平投影面积计算 1/2 面积。

(22) 有顶盖无围护结构的车棚、货棚、站台、加油站、收费站等，应按其顶盖水平投影面积的 1/2 计算建筑面积，如图 2.2-17 所示。

注释：①车棚、货棚、站台、加油站、收费站等的面积计算，由于建筑技术的发展，出现许多新型结构，如柱不再是单纯的直立柱，而出现正 V 形、

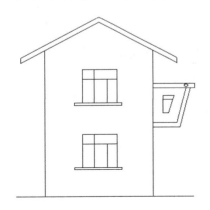
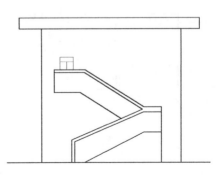

图 2.2-15 不垂直于水平面超出地板外沿的建筑物（左）

图 2.2-16 室外楼梯示意图（右）

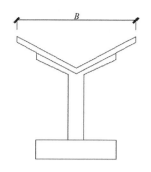
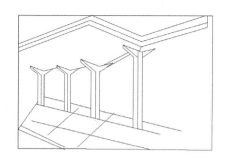

图 2.2-17 单排柱站
台示意图

倒 A 形等不同类型的柱,给面积计算带来许多争议。为此,不以柱来确定面积,而依据顶盖的水平投影面积计算。

②在车棚、货棚、站台、加油站、收费站内设有带围护结构的管理房间、休息室应另按有关规定计算面积。

(23) 以幕墙作为围护结构的建筑物,应按幕墙外边线计算建筑面积。

注释:设置在建筑物墙外起装饰作用的幕墙,不计算建筑面积。

(24) 建筑物的外墙外保温层,应按其保温材料的水平截面积计算,并计入自然层建筑面积。

(25) 与室内相通的变形缝,应按其自然层合并在建筑物建筑面积内计算。对于高低联跨的建筑物,当高低跨内部连通时,其变形缝应计算在低跨面积内。

(26) 对于建筑物内的设备层、管道层、避难层等有结构层的楼层,结构层高在 2.20m 及以上的,应计算全面积;结构层高在 2.20m 以下的,应计算 1/2 面积。

注释:设备层、管道层虽然其具体功能与普通楼层不同,但在结构上及施工消耗上并无本质区别,因此设备、管道楼层归为自然层,其计算规则与普通楼层相同,如图 2.2-18 所示。在吊顶空间内设置管道的,则吊顶空间部分不能被视为设备层、管道层。

2.2.3 不计算建筑面积的范围

(1) 与建筑物内不相连通的建筑部件。

注释:指的是依附于建筑物外墙外不与户室开门连通,起装饰作用的敞开式挑台(廊)、平台,以及不与阳台相通的空调室外机搁板(箱)等设备平台部件。

(2) 骑楼、过街楼底层的开放公共空间和建筑物通道。

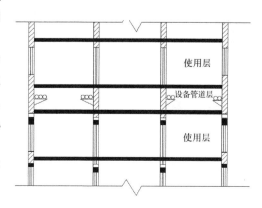

图 2.2-18 设备管道
层示意图

注释：①过街楼道是指有道路穿过建筑空间的楼房，如图 2.2-19 所示。

②骑楼是指楼层部分跨在人行道上的临街楼房，如图 2.2-20 所示。

(3) 舞台及后台悬挂幕布和布景的天桥、挑台等。

(4) 露台、露天游泳池、花架、屋顶的水箱及装饰性结构构件。

(5) 建筑物内的操作平台、上料平台、安装箱和罐体的平台。

(6) 勒脚、附墙柱、垛、台阶、墙面抹灰、装饰面、镶贴块料面层、装饰性幕墙，主体结构外的空调室外机搁板（箱）、构件、配件，挑出宽度在 2.10m 以下的无柱雨篷和顶盖高达到或超过两个楼层的无柱雨篷。

(7) 窗台与室内地面高差在 0.45m 以下且结构净高在 2.10m 以下的凸（飘）窗，窗台与室内地面高差在 0.45m 及以上的凸（飘）窗。

(8) 室外爬梯、室外专用消防钢楼梯。

(9) 无围护结构的观光电梯。

(10) 建筑物以外的地下人防通道，独立的烟囱、烟道、地沟、油（水）罐、气柜、水塔、储油（水）池、储仓、栈桥等构筑物。

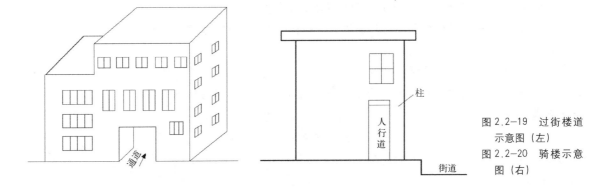

图 2.2-19 过街楼道示意图（左）

图 2.2-20 骑楼示意图（右）

项目三 楼地面工程量计算

楼地面是指建筑物的底层地面和楼层地面。底层地面是指无地下室建筑物的首层地面，或指有地下室建筑物的地下室最底层地面；楼层地面是指除去最底层楼层以上的楼层地面。其主要包括结构层、中间层和面层。根据楼地面使用的材料、构造方法及施工工艺的不同，可分为整体类楼地面、块材类楼地面、木地面及人造软制品楼地面等。

在《全国统一建筑装饰装修工程消耗量定额》中，楼地面工程包括整体面层、块料面层、橡塑面层、其他材料面层；包括踢脚线、楼梯装饰；包括扶手、栏杆、栏板装饰；包括台阶装饰及零星装饰等项目内容。

2.3.1 楼地面工程量计算规则

根据《江苏省建筑与装饰工程计价定额》(2014 年版)，其中楼地面工程量计算规则规定如下：

(1) 地面垫层按室内主墙间净面积乘以设计厚度以立方米计算，应扣除凸出地面的构筑物、设备基础、室内铁道、地沟等所占体积，不扣除柱、垛、间壁墙、附墙烟囱及面积在 0.3m² 以内孔洞所占体积，但门洞、空圈、散热器槽、壁龛的开口部分亦不增加。

(2) 整体面层、找平层均按主墙间净空面积以平方米计算，应扣除凸出地面建筑物、设备基础、地沟等所占面积，不扣除柱、垛、间壁墙、附墙烟囱及面积在 0.3m² 以内的孔洞所占面积，但门洞、空圈、散热器槽、壁龛的开口部分亦不增加。看台台阶、阶梯教室地面整体面层按展开后的净面积计算。

(3) 地板及块料面层，按图示尺寸实铺面积以平方米计算，应扣除凸出地面的构筑物、设备基础、柱、间壁墙等不做面层的部分，0.3m² 以内的孔洞面积不扣除，门洞、空圈、散热器槽、壁龛的开口部分的工程量另增并入相应的面层内计算。

(4) 楼梯整体面层按楼梯的水平投影面积以平方米计算，包括踏步、踢脚板、中间休息平台、踢脚线、梯板侧面及堵头。楼梯井宽在 200mm 以内者不扣除，超过 200mm 者，应扣除其面积，楼梯间与走廊连接的，应算至楼梯梁的外侧。

(5) 楼梯块料面层，按展开实铺面积以平方米计算，踏步板、踢脚板、休息平台、踢脚线、堵头工程量应合并计算。

(6) 台阶（包括踏步及最上一步踏步口外延 300mm）整体面层按水平投影面积以平方米计算；块料面层，按展开（包括两侧）实铺面积以平方米计算。

(7) 水泥砂浆、水磨石踢脚线按延长米计算，其洞口、门口长度不予扣除，但洞口、门口、垛、附墙烟囱等侧壁也不增加；块料面层踢脚线按图示尺寸以实贴延长米计算，门洞扣除，侧壁另加。现场制作的踢脚线按平方米以面积计算，成品踢脚线按延长米计算。

(8) 多色简单、复杂图案镶贴石材块料面板，按镶贴图案的矩形面积计算。成品拼花石材铺贴按设计图案的面积计算。计算简单、复杂图案之外的面积，扣除简单、复杂图案面积时，也按矩形面积扣除。

(9) 楼地面铺设木地板、地毯以实铺面积计算。楼梯地毯压棍安装以套计算。

(10) 其他：

①栏杆、扶手、扶手下托板均按扶手的延长米计算，楼梯踏步部分的栏杆与扶手应按水平投影长度乘以系数 1.18。

②斜坡、散水、搓牙均按水平投影面积以平方米计算，明沟与散水连在一起，明沟按宽 300mm 计算，其余为散水，散水、明沟应分开计算。散水、明沟应扣除踏步、斜坡、花台等的长度。

③明沟按图示尺寸以延长米计算。

④地面、石材面嵌金属和楼梯防滑条均按延长米计算。

2.3.2 楼地面工程量计算案例分析

【例2.3-1】 某建筑物平面如图2.3-1所示，其地面做法如下，试计算该地面工程量。① 80mm厚C15混凝土垫层；② 素水泥砂浆结合层一遍；③ 20mm厚1:2水泥砂浆抹面压光。

【案例分析】 根据地面做法，可列为两项：80mm厚C15混凝土垫层、20mm厚1:2水泥砂浆整体面层。根据工程量计算规则，垫层按体积计算，整体面积按净面积计算，其计算式如下：

垫层体积 ＝ 室内净面积 × 垫层厚度

整体面层按室内净面积，即垫层面积

室内净面积 ＝ 建筑面积 － 墙结构面积

【解】 ①整体面层面积 ＝ (3.9－0.24) × (8－0.24) + (5.1－0.24) × (4－0.24) ×2=64.95 （m²）

②垫层体积 =64.95×0.08=5.2 （m³）

【答】 整体面层面积为64.95m²，垫层体积为5.2m³。

【例2.3-2】 如图2.3-2所示尺寸，某建筑物室内地面铺设某品牌花岗石，踢脚线铺贴150mm高的某品牌大理石，求地面及踢脚线的工程量。

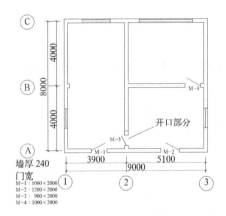
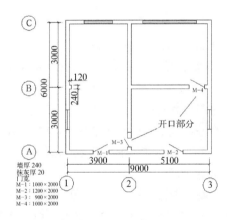

图2.3-1 某建筑平面图（一）（左）
图2.3-2 某建筑平面图（二）（右）

【案例分析】 根据地面块料工程量计算规则：地板及块料面层，按图示尺寸实铺面积以平方米计算，应扣除凸出地面的构筑物、设备基础、柱、间壁墙等不做面层的部分，0.3m²以内的孔洞面积不扣除。门洞、空圈、散热器槽、壁龛的开口部分的工程量另增并入相应的面层内计算。这里要注意门洞的开口处及左边房间的附墙柱所占有的面积。块料面层踢脚线按图示尺寸以实贴延长米计算，门洞扣除，侧壁另加。现场制作的踢脚线按平方米以面积计算，成品踢脚线按延长米计算。

【解】 (1)花岗石地面面积 ＝ 室内地面净面积＋门洞开口部分面积 － 室内附墙构筑物面积

①室内地面净面积 ＝ (3.9－0.24) × (6－0.24) + (5.1－0.24) × (3－0.24) ×2=47.91 （m²）

②门洞开口部分面积 = （1.0+1.2+0.9+1.0）×0.24=0.98 （m²）

③室内附墙构筑物面积 =0.12×0.24=0.03 （m²）

④花岗石地面面积 =47.91+0.98-0.03=48.86 （m²）

(2)踢脚线工程量 =[（3.9-0.24+6.0-0.24）(左边大房间)×2-（1.0+0.9）（门洞）+0.12×2（左边房间附墙柱侧壁）+（3.0-0.24+5.1-0.24）（右上房间）×2-1.0（门洞）+（3.0-0.24+5.1-0.24）（右下房间）×2-（1.2+0.9+1.0）(门洞)+（0.12×4+0.24×4）(门洞侧壁)]×0.15（踢脚线高）=45.00×0.15=6.75 （m²）

【答】花岗石地面面积为 48.86m²。踢脚线工程量为 6.75m²。

【例 2.3-3】某建筑物内一楼梯平面如图 2.3-3 所示，同走廊连接，采用直线双跑形式，墙厚 240mm，梯井宽 600mm，楼梯整体面层，试计算其工程量。

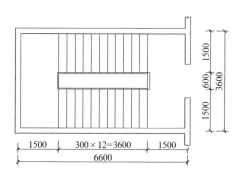 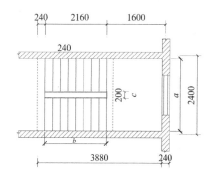

图 2.3-3 楼梯平面图
（一）（左）

图 2.3-4 楼梯平面图
（二）（右）

【案例分析】根据计算规则：楼梯面层包括踏步、休息平台，以及小于 200mm 宽的楼梯井，按水平投影面积计算。不包括楼梯踢脚线、底面侧面抹灰。楼梯井是由梯段、楼梯平台围合而成的井状空间。

【解】楼梯工程量 = (3.6-0.24) × (6.6-0.24) - (3.6×0.6)（楼梯井面积）
=19.21 （m²）

【答】楼梯面层工程量为 19.21m²。

【例 2.3-4】图 2.3-4 为某六层房屋楼梯设计图，楼梯水泥砂浆贴花岗石面层，楼梯端部的三角形堵头不考虑，如图 2.3-5 所示（踏步大样图），靠墙一边做踢脚线。踢脚线高度为 150mm，踏步板高度（踢面）为 160mm，踏步板宽（踏面）为 270mm，每一楼梯段为 8 步，求其工程量。

【案例分析】根据本章计算规则第 5 条：楼梯块料面层，按展开实铺面积以平方米计算，踏步板、踢脚板、休息平台、踢脚线、堵头工程量应合并计算。

【解】

①水平贴面层面积 =[（2.4-0.24）×3.88-（2.16×0.2）（楼梯井面积）]×（6-1）（楼层数）=39.74 （m²）

②踢脚板（踢面）面积 =（2.4-0.24-0.2（楼梯井宽））×0.16×8（踢脚板个数）×（6-1）=12.54 （m²）

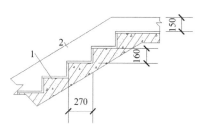

图 2.3-5 楼梯剖面图
（三）

③踢脚线面积：

每一梯段斜长 $=\sqrt{2.16^2+(0.16\times8)^2}=2.51$ （m）

每个踏步端面积 $=\frac{1}{2}\times0.27\times0.16=0.02$ （m²）

每层踢脚线面积 ＝ 踢脚线长 × 踢脚线高－端部三角形面积

$=[2.51\times2+(2.4-0.24)+(1.6-0.12)\times2]\times0.15-0.02\times8\times2$

$=1.20$ （m²）

注释：[(2.4-0.24)+(1.6-0.12)×2m] 为楼梯休息平台处踢脚线长度,0.15m 为踢脚线高度。

④楼梯石材面层工程量 ＝ 水平踏步板面积 ＋ 垂直踢脚板（踢面）面积 ＋ 侧面踢脚线面积 =39.74+12.54+1.20×（6－1）=58.28 （m²）

【答】楼梯石材面层工程量为 58.28m²。

【例 2.3-5】如图 2.3-6 所示为一顶层木楼梯平面图,求木扶手工程量（踏步高 150mm, 墙厚 240mm）。

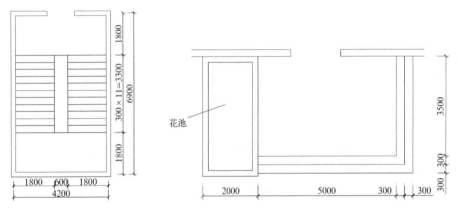

图 2.3-6 某木楼梯（左）

图 2.3-7 某建筑物门前台阶示意图（右）

【案例分析】根据本章计算规则第 10 条：栏杆、扶手、扶手下托板均按扶手的延长米计算。注意：楼梯斜长的计算依据勾股定理，踏步数为 11+1,不要丢掉顶层水平扶手。

【解】木扶手工程量按斜长计算。

木扶手工程量 $=\sqrt{(0.3\times12)^2+(0.15\times12)^2}\times2+0.6\times2+(1.8-0.12)$

$=8.05+1.2+1.68=10.93$ （m）

【答】木扶手工程量为 10.93m。

【例 2.3-6】某建筑物门前台阶如图 2.3-7 所示，求铺贴水磨石整体面层的工程量。

【案例分析】根据本章计算规则第 6 条：台阶（包括踏步及最上一步踏步口外延 300mm）整体面层按水平投影面积以平方米计算；块料面层,按展开（包括两侧）实铺面积以平方米计算。如台阶面层与平台的面层使用同一材料时,平台计算面层后,台阶不再计算最上一层踏步面积；如台阶计算最上一层踏步（加 300mm）,平台面层中必须扣除该面积。

【解】台阶面层工程量

$S=S_1-S_2$

式中 S_1——门前平台和踏步投影面积；

S_2——门前平台投影面积；

$S_1=$ (5.0+0.3×2) × (3.5+0.3×2) =5.6×4.1=22.96 （m²）

$S_2=$ (5.0-0.3) × (3.5-0.3) =4.7×3.2=15.04 （m²）

$S=S_1-S_2=$22.96-15.04 =7.92 （m²）

【答】台阶面层工程量为 7.92m²。

项目四　墙柱面工程量计算

墙面装修按材料和施工方法不同分为抹灰、贴面、涂刷和裱糊四类。抹灰分为一般抹灰和装饰抹灰。在《全国统一建筑装饰装修工程消耗量定额》中，墙柱面工程主要包括（墙面、柱面、零星）抹灰、镶贴块料、墙饰面;柱（梁）饰面、隔断、隔墙、幕墙等工程。

2.4.1　墙柱面工程量计算规则

2.4.1.1　内墙面抹灰

(1) 内墙面抹灰面积应扣除门窗洞口和空圈所占的面积，不扣除踢脚线、挂镜线、0.3m² 以内的孔洞和墙与构件交接处的面积；但其洞口侧壁和顶面抹灰也不增加。垛的侧面抹灰面积应并入内墙面工程量内计算。内墙面抹灰长度，以主墙间的图示净长计算，其高度按实际抹灰高度确定，不扣除间壁所占的面积。

(2) 石灰砂浆、混合砂浆粉刷中已包括水泥护角线，不另行计算。

(3) 柱和单梁的抹灰按结构展开面积计算，柱与梁或梁与梁接头的面积不予扣除。砖墙中平墙面的混凝土柱、梁等的抹灰（包括侧壁）应并入墙面抹灰工程量内计算。凸出墙面的混凝土柱、梁面（包括侧壁）抹灰工程量应单独计算，按相应子目执行。

(4) 厕所、浴室隔断抹灰工程量,按单面垂直投影面积乘以系数 2.3 计算。

2.4.1.2　外墙抹灰

(1) 外墙面抹灰面积按外墙面的垂直投影面积计算，应扣除门窗洞口和空圈所占的面积，不扣除 0.3m² 以内的孔洞面积。但门窗洞口、空圈的侧壁、顶面及垛等抹灰，应按结构展开面积并入墙面抹灰中计算。外墙面不同品种砂浆抹灰，应分别计算按相应子目执行。

(2) 外墙窗间墙与窗下墙均抹灰，以展开面积计算。

(3) 挑沿、天沟、腰线、扶手、单独门窗套、窗台线、压顶等，均以结构尺寸展开面积计算。窗台线与腰线连接时，并入腰线内计算。

(4) 外窗台抹灰长度，如设计图纸无规定时，可按窗洞口宽度两边共加20cm 计算。窗台展开宽度一砖墙按 36cm 计算，每增加半砖宽则累增 12cm。

单独圈梁抹灰（包括门、窗洞口顶部）、附着在混凝土梁上的混凝土装饰线条抹灰均以展开面积以平方米计算。

(5) 阳台、雨篷抹灰按水平投影面积计算。定额中已包括顶面、底面、侧面及牛腿的全部抹灰面积。阳台栏杆、栏板、垂直遮阳板抹灰另列项目计算。栏板以单面垂直投影面积乘以系数 2.1 计算。

(6) 水平遮阳板顶面、侧面抹灰按其水平投影面积乘以系数 1.5 计算，板底面积并入天棚抹灰内计算。

(7) 勾缝按墙面垂直投影面积计算，应扣除墙裙、腰线和挑沿的抹灰面积，不扣除门、窗套、零星抹灰和门、窗洞口等面积，但垛的侧面、门窗洞侧壁和顶面的面积亦不增加。

2.4.1.3 挂、贴块料面层

(1) 内、外墙面、柱梁面、零星项目镶贴块料面层均按块料面层的建筑尺寸（各块料面层＋粘贴砂浆厚度 ＝25mm）面积计算。门窗洞口面积扣除，侧壁、附垛贴面应并入墙面工程量中。内墙面腰线花砖按延长米计算。

(2) 窗台、腰线、门窗套、天沟、挑檐、盥洗槽、池脚等块料面层镶贴，均以建筑尺寸的展开面积（包括砂浆及块料面层厚度）按零星项目计算。

(3) 石材块料面板挂、贴均按面层的建筑尺寸（包括干挂空间、砂浆、板厚度）展开面积计算。

(4) 石材圆柱面按石材面外围周长乘以柱高（应扣除柱墩、帽高度）以平方米计算。石材柱墩、柱帽按石材圆柱面外围周长乘以其高度以平方米计算。圆柱腰线按石材圆柱面外围周长计算。

2.4.1.4 墙、柱木装饰及柱包不锈钢镜面

(1) 墙、墙裙、柱（梁）面：木装饰龙骨、衬板、面层及粘贴切片板按净面积计算，并扣除门、窗洞口及 $0.3m^2$ 以上的孔洞所占的面积，附墙垛及门、窗侧壁并入墙面工程量内计算。单独门、窗套按相应子目计算。柱、梁按展开宽度乘以净长计算。

(2) 不锈钢镜面、各种装饰板面均按展开面积计算。若地面、天棚面有柱帽、柱脚，则高度应按从柱脚上表面至柱帽下表面计算。柱帽、柱脚按面层的展开面积以平方米计算，套柱帽、柱脚子目。

(3) 幕墙以框外围面积计算。幕墙与建筑顶端、两端的封边按图示尺寸以平方米计算，自然层的水平隔离与建筑物的连接按延长米计算（连接层包括上、下镀锌钢板在内）。幕墙上下设计有窗者，计算幕墙面积时，窗面积不扣除，但每 $10m^2$ 窗面积另增加人工 5 个工日，增加的窗料及五金按实计算（幕墙上铝合金窗不再另外计算）。其中：全玻璃幕墙以结构外边按玻璃（带肋）展开面积计算，支座处隐藏部分玻璃合并计算。

2.4.1.5 隔断面积计算

隔断按设计图示框外围尺寸以面积计算。扣除单个 $0.3m^2$ 以上的孔洞所占面积。

（1）浴厕门的材质与隔断相同时，门的面积并入隔断面积内。

（2）全玻璃隔断的不锈钢边框工程量按展开面积计算，如有加强肋（指带玻璃肋）者，工程量按展开面积计算。

2.4.2 墙柱面工程量计算案例分析

【例2.4-1】某房间立面图如图2.4-1所示,计算墙面块料石材的工程量。

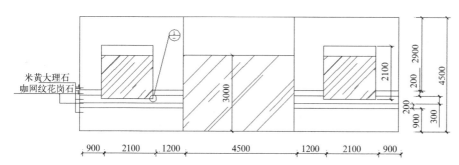

图 2.4-1 某房间立面图（一）

【案例分析】按照墙柱面工程量计算规则:墙柱面镶贴块料按设计图示尺寸以面积计算,图中两种石材应分别计算。

【解】（1）咖网纹花岗石工程量 = [（0.9 + 1.2）×2 + 2.1] ×2×0.2 = 2.52（m²）

（2）米黄大理石工程量 = （0.9 + 2.1 + 1.2 + 4.5 + 1.2 + 2.1 + 0.9）×4.5 − 2.1×2.1×2 − 4.5×3 − 2.52=33.21（m²）

【答】咖网纹花岗石工程量为 2.52m²;米黄大理石工程量为 33.21m²。

【例2.4-2】计算图2.4-2所示的木龙骨胶合板墙饰面工程量。

【案例分析】按照墙柱面工程量计算规则:墙饰面工程量按设计图示墙净长乘以净高以面积计算。

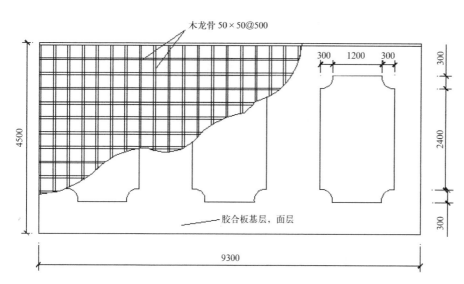

图 2.4-2 某房间立面图（二）

【解】根据计算规则，工程量计算如下：

（1）木龙骨工程量 = 9.3×4.5 = 41.85（m²）

（2）胶合板工程量 = 9.3×4.5+3×（3×1.8−π（3.14）×0.3×0.3）= 57.20（m²）

【答】木龙骨工程量为 41.85m²；胶合板工程量为 57.20m²。

【例 2.4-3】某建筑钢筋混凝土柱的构造如图 2.4-3 所示。柱面挂贴花岗石面层，试计算柱面的设计构造面积。

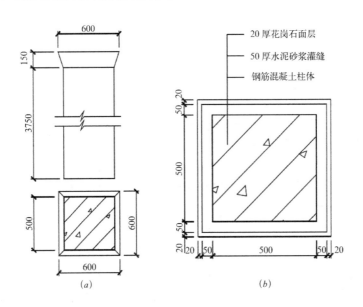

图 2.4-3 某建筑钢筋混凝土柱的构造图
（a）装饰前柱身构造图；
（b）柱身装饰设计图

【案例分析】按照墙柱面工程量计算规则：柱外围工程量以设计尺寸计算。

【解】（1）柱身工程量 = 0.64×4×3.75 = 9.60（m²）

（2）柱帽工程量 = （0.64+0.74）×（$\sqrt{0.15^2+0.05^2}$/2）×4
　　　　　　　　 = 1.38×0.158×2 = 0.44（m²）

（3）总工程量 = 9.6+0.44 = 10.04（m²）

【答】装饰柱外围工程量为 10.04m²。

【例 2.4-4】某建筑平面图如图 2.4-4 所示，墙厚 240mm，室内净高 3.9m，门洞尺寸 1500mm×2700mm，内墙中级抹灰。试计算南立面（靠门立面）内墙抹灰工程量。

【案例分析】按照墙柱面工程量计算规则：计算内墙面抹灰工程量时，应扣除墙裙、门窗洞口及 0.3m² 以上的孔洞面积，不扣除踢脚线、挂镜线和墙与构件交接处的面积，门窗洞口和孔洞的侧壁及顶面也不增加面积，附墙柱、梁、垛、烟囱侧壁并入相应的墙面面积内。

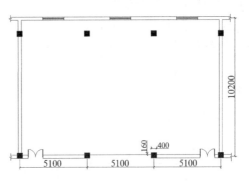

图 2.4-4 某建筑平面图

墙面抹灰不扣除与构件交接处的面积，是指墙与梁的交接处所占面积，不包括墙与楼板的交接。

内墙面的长度以主墙间的图示净长计算，高度按室内地面至天棚底面净高计算。

【解】南立面内墙面抹灰工程量＝墙面工程量＋柱侧面工程量－门洞洞口工程量

(1) 内墙面净长＝5.1×3－0.24＝15.06（m）

(2) 门洞口工程量＝1.5×2.7×2＝8.1（m²）

(3) 柱侧面工程量＝0.16×3.9×6＝3.74（m²）

(4) 南立面抹灰工程量＝15.06×3.9＋3.74－8.1

＝58.73＋3.74－8.1

＝54.37（m²）

【答】南立面内墙面抹灰工程量为54.37m²。

【例2.4－5】某厕所平面图、立面图如图2.4－5所示，隔断及门采用某品牌塑钢门窗材料制作。试计算厕所塑钢隔断工程量。

【案例分析】按照墙柱面工程量计算规则：隔断按设计图示框外围尺寸以平方米计算。计算时，扣除单个面积在0.3m²以上的孔洞所占面积；浴厕门的材质与隔断相同时，门的面积并入隔断面积内计算。

【解】厕所隔断工程量＝隔间隔断工程量＋隔间门的工程量

(1) 厕所隔间隔断工程量＝（1.35＋0.15）×（0.3×3＋0.18＋1.18×3）＝6.93（m²）

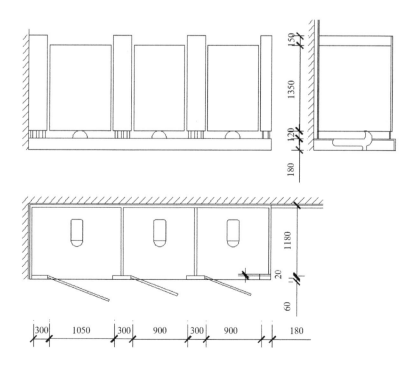

图2.4－5 某厕所平面图、立面图

(2) 隔间门的工程量 = (1.05+0.9×2) ×1.35=3.85 （m²）

(3) 厕所隔断工程量 = 6.93+3.85=10.78 （m²）

【答】厕所隔断工程量为 10.78m²。

项目五 天棚工程量计算

天棚是指建筑物屋顶和楼层下表面的装饰构件，俗称天花板。当悬挂在承重结构下表面时，又称吊顶。天棚按造型不同分为平面、跌级天棚，锯齿形、阶梯形、吊挂式、藻井式天棚，如图 2.5-1 所示。天棚按饰面与基层的关系可归纳为直接式天棚与悬吊式天棚两类。天棚工程一般包括抹灰面层、吊顶天棚、艺术造型天棚和其他天棚等内容。

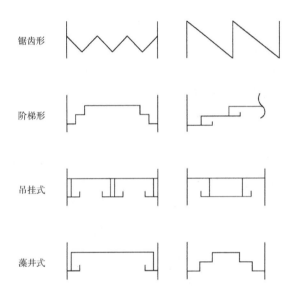

锯齿形

阶梯形

吊挂式

藻井式

图 2.5-1 艺术造型天棚断面示意图

2.5.1 天棚工程量计算规则

(1) 天棚饰面的面积按净面积计算，不扣除间壁墙、检修孔、附墙烟囱、柱垛和管道所占面积，但应扣除独立柱、0.3m² 以上的灯饰面积（石膏板、夹板天棚面层的灯饰面积不扣除）与天棚相连接的窗帘盒面积，整体金属板中间开孔的灯饰面积不扣除。

(2) 天棚中假梁、折线、叠线等圆弧形、拱形、特殊艺术形式的天棚饰面，均按展开面积计算。

(3) 天棚龙骨的面积按主墙间的水平投影面积计算。天棚龙骨的吊筋按每 10m² 龙骨面积套相应子目计算；全丝杆的天棚吊筋按主墙间的水平投影面积计算。

(4) 圆弧形、拱形的天棚龙骨应按其弧形或拱形部分的水平投影面积计算套用复杂型子目，龙骨用量按设计进行调整，人工和机械按复杂型天棚子目乘以系数 1.8 计算。

（5）天棚每间以在同一平面上为准，设计有圆弧形、拱形时，按其圆弧形、拱形部分的面积：圆弧形面层的人工按其相应子目乘以系数1.15计算，拱形面层的人工按相应子目乘以系数1.5计算。

（6）铝合金扣板雨篷、钢化夹胶玻璃雨篷均按水平投影面积计算。

（7）天棚面抹灰：

①天棚面抹灰按主墙间天棚水平面积计算，不扣除间壁墙、垛、柱、附墙烟囱、检查洞、通风洞、管道等所占的面积。

②密肋梁、井字梁、带梁天棚抹灰面积，按展开面积计算，并入天棚抹灰工程量内。斜天棚抹灰按斜面积计算。

③天棚抹面如抹小圆角者，人工已包括在定额中，材料、机械按附注增加。如带装饰线者，其线分别按三道线以内或五道线以内，以延长米计算（线角的道数以每一个突出的阳角为一道线）。

④楼梯底面、水平遮阳板底面和沿口天棚，并入相应的天棚抹灰工程量内计算。混凝土楼梯、螺旋楼梯的底板为斜板时，按其水平投影面积（包括休息平台）乘以系数1.18计算；底板为锯齿形时（包括预制踏步板），按其水平投影面积乘以系数1.5计算。

2.5.2 天棚（吊顶）工程量计算案例分析

【例2.5-1】某酒店包厢天棚平面图如图2.5-2所示，设计轻钢龙骨石膏板吊顶（龙骨间距450mm×450mm，不上人），面涂白色乳胶漆，暗窗帘盒，宽为200mm，墙厚为240mm。试计算天棚龙骨、基层和面层的工程量。

【案例分析】根据工程量计算规则规定：各种吊顶龙骨均按主墙间净空面积计算，不扣除间壁墙、检查口、附墙烟囱、柱垛和管道所占面积；天棚基层按展开面积计算；天棚装饰面层，按主墙间实钉（胶）面积以平方米计算，不扣除间壁墙、检查口、附墙烟囱、柱垛和管道所占面积，但应扣除0.3m² 以上的孔洞、独立柱及与天棚相连的窗帘盒所占的面积。

【解】根据计算规则，工程量计算如下：

（1）轻钢龙骨的工程量 =（3.6 − 0.24）×（3.9 − 0.24）=12.30（m²）

（2）石膏板基层的工程量 = 主墙间的面积 − 窗帘盒的工程量

=（3.6 − 0.24）×（3.9 − 0.24）−（3.6 − 0.24）×0.2=11.63（m²）

（3）天棚装饰面层工程量 =11.63（m²）

【答】轻钢龙骨的工程量为12.30m²；石膏板基层及饰面层的工程量均为11.63m²。

【例2.5-2】某客厅天棚设计为带艺术造型的跌级天棚，其尺寸如图2.5-3所示，

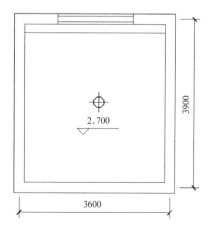

2.700

3900

3600

图2.5-2 某酒店包厢天棚平面图

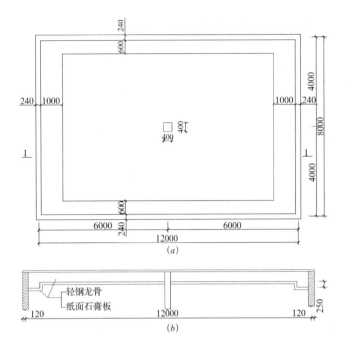

图 2.5-3　某客厅天棚
平面图及剖面图

为不上人 U 形轻钢龙骨，石膏板刷乳胶漆三遍，面层规格为 600mm×600mm，计算天棚龙骨、基层和面层的工程量。

【案例分析】 由图可知，客厅天棚属于跌级形式。由计算规则可知，跌级吊顶的龙骨按设计图示尺寸以水平投影面积计算，跌级基层、面层按展开面积计算。不扣除间壁墙、检查口、附墙烟囱、柱垛和管道所占面积，扣除单个 0.3m² 以外的孔洞、独立柱及与天棚相连的窗帘盒所占的面积。

【解】 根据计算规则，工程量计算如下：

(1) 轻钢龙骨的工程量 = (12−0.24)×(8−0.24) = 91.26 (m²)

(2) 天棚纸面石膏板工程量 = (12−0.24)×(8−0.24)−0.4×0.4+[(12−0.24−2)+(8−0.24−1.2)]×2×0.25=99.26 (m²)

(3) 天棚纸面石膏板刷乳胶漆工程量 =99.26 (m²)

【答】 轻钢龙骨的工程量为 91.26m²；天棚纸面石膏板及刷乳胶漆工程量都为 99.26m²。

项目六　门窗工程量计算

门窗工程主要包括木门、金属门、金属卷帘门、其他材料门等以及木窗、金属窗、门窗套、窗帘盒、窗帘轨、窗台板等，均适用于门窗工程。

2.6.1　门窗工程量计算规则

(1) 购入成品的各种铝合金门窗安装，按门窗洞口面积以平方米计算；购入成品的木门扇安装，按购入门扇的净面积计算。

（2）现场铝合金门窗扇制作、安装按门窗洞口面积以平方米计算。

（3）各种卷帘门按实际制作面积计算，卷帘门上有小门时，其卷帘门工程量应扣除小门面积。卷帘门上的小门按扇计算，卷帘门上电动提升装置以套计算，手动装置的材料、安装人工已包括在定额内，不另增加。

（4）无框玻璃门按其洞口面积计算。无框玻璃门中，部分为固定门扇、部分为开启门扇时，工程量应分开计算。无框门上带亮子时，其亮子与固定门扇合并计算。

（5）门窗框上包不锈钢板均按不锈钢板的展开面积以平方米计算，木门扇上包金属面或软包面均以门扇净面积计算。无框玻璃门上亮子与门扇之间的钢骨架横撑（外包不锈钢板），按横撑包不锈钢板的展开面积计算。

（6）门窗扇包镀锌薄钢板，按门窗洞口面积以平方米计算；门窗框包镀锌薄钢板、钉橡皮条、钉毛毡按图示门窗洞口尺寸以延长米计算。

（7）木门窗框、扇制作、安装工程量按以下规定计算：

①各类木门窗（包括纱门、纱窗）制作、安装工程量均按门窗洞口面积以平方米计算。

②连门窗的工程量应分别计算，套用相应门、窗定额，窗的宽度算至门框外侧。

③普通窗上部带有半圆窗的工程量应按普通窗和半圆窗分别计算，其分界线以普通窗和半圆窗之间的横框上边线为分界线。

④无框窗扇按扇的外围面积计算。

2.6.2　门窗工程量计算案例分析

【例2.6-1】某建筑物塑钢门联窗，如图2.6-1所示，图示尺寸为洞口尺寸。试计算门连窗安装子目的工程量。

【案例分析】《全国统一建筑装饰装修工程消耗量定额》规定：塑钢门窗按洞口面积以平方米计算，塑钢门窗分为制作安装与成品安装项目，门、窗应分别计算工程量。

【解】（1）塑钢门安装工程量 $= 0.8 \times 2.2 = 1.76$（m^2）

（2）塑钢窗安装工程量 $= 1.2 \times 1.2 = 1.44$（m^2）

【答】塑钢门安装工程量为1.76m^2；塑钢窗安装工程量为1.44m^2。

【例2.6-2】某单位车库如图2.6-2所示，安装遥控电动铝合金卷闸门（带卷筒罩），门洞口尺寸为3500mm×3300mm，卷闸门上有一活动小门，尺寸为750mm×2000mm，求车库卷闸门工程量。

【案例分析】《全国统一建筑装饰装修工程消耗量定额》规定：卷帘门安装按其安装高度乘以卷帘门的实际宽度以平方米计算。安装高度算全滚筒顶点为准。如图样无安装尺寸，按门洞宽加100mm乘以门洞高加600mm计算。卷筒罩按其展开面积增加。电动装置安装以套计，小门安装以个计算，小门面积不扣除。

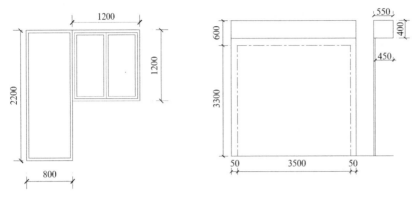

图 2.6-1 门连窗示意
　　　　图（左）
图 2.6-2 电动铝合金
　　　　卷闸门（右）

【解】（1）铝合金卷门消耗工程量＝门帘工程量＋卷筒罩工程量

＝(3.3+0.6)×(3.5+0.05×2)+(0.55+0.4+0.45)（卷筒罩三个侧面的宽度之和）x(3.5+0.05×2)

＝3.8×3.6+1.4×3.6

＝19.08(m²)

（2）电动装置安装工程量＝1套

（3）小门安装工程量＝1个

【答】铝合金卷门消耗工程量为19.08m²；电动装置安装工程量为1套；小门安装工程量为1个。

【例2.6-3】如图2.6-3所示，某房间门洞尺寸为3000mm×2000mm，设计制作门套（筒子板及门贴脸）。筒子板构造：木板制作，板宽300mm，板厚30mm；贴脸构造：柚木制作，宽80mm，试计算筒子板及贴脸（双面）的工程量。

【案例分析】注意筒子板的厚度使用，在计算时注意门洞上部的两个左右角的重叠部分不要重复，应该扣除。

【解】

（1）筒子板工程量 ＝(1.97×2+3.00)×0.3

＝6.94×0.3

＝2.08(m²)

（2）贴脸工程量 ＝(1.97×2+3−0.03×2+0.08×2)×0.08×2

＝7.04×0.08×2

＝1.12(m²)

【答】筒子板工程量为2.08m²；贴脸工程量为1.12m²。

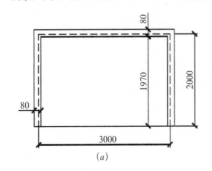

(a)

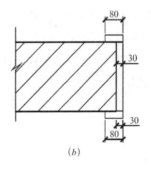

(b)

图 2.6-3　门洞及门套
　　　　示意图
(a) 门洞立面图；
(b) 门套截面图

项目七　油漆、涂料、裱糊工程量计算

油漆、涂料、裱糊工程包括油漆、涂料、裱糊三个部分的内容。油漆施工按基层可分为木材面油漆、金属面油漆、抹灰面油漆。涂料施工有刷涂、喷涂、滚涂、弹涂、抹涂等形式。油漆、涂料施工一般经过基层处理、打底子、刮腻子、磨光、涂刷等工序。裱糊有对花和不对花两种类型。

油漆、涂料、裱糊工程分部主要包括门窗油漆，扶手、板条面、线条面、木材面油漆，金属面油漆，抹灰面油漆，喷刷涂料，裱糊等工程。

2.7.1　油漆、涂料、裱糊工程量计算规则

（1）天棚、墙、柱、梁面的喷（刷）涂料和抹灰面乳胶漆，工程量按实喷（刷）面积计算，但不扣除 $0.3m^2$ 以内的孔洞面积。

（2）木材面油漆：

各种木材面的油漆工程量按构件的工程量乘以相应系数计算，其具体系数如下：

①套用单层木门定额的项目工程量乘以表 2.7-1 系数。

套用单层木门定额工程量系数表　　　　表2.7-1

项目名称	系数	工程量计算方法
单层木门	1.00	按洞口面积计算
带上亮木门	0.96	
双层（一玻一纱）木门	1.36	
单层全玻门	0.83	
单层半玻门	0.90	
不包括门套的单层木扇	0.81	
凹凸线条几何图案造型单层木门	1.05	
木百叶门	1.50	
半木百叶门	1.25	
厂库房木大门、钢木大门	1.30	
双层（单裁口）木门	2.00	

注：1. 门、窗贴脸、披水条、盖口条的油漆已包括在相应定额内，不予调整。
　　2. 双扇木门按相应单扇木门项目乘以系数0.9计算。
　　3. 厂库房木大门、钢木大门上的钢骨架、零星铁件油漆已包含在系数内，不另计算。

②套用单层木窗定额的项目工程量乘以表 2.7-2 所示系数。

套用单层木窗定额工程量系数表　　　　表2.7-2

项目名称	系数	工程量计算方法
单层玻璃窗	1.00	按洞口面积计算
双层（一玻一纱）窗	1.36	
双层（单裁口）窗	2.00	
三层（二玻一纱）窗	2.60	

项目名称	系数	工程量计算方法
单层组合窗	0.83	按洞口面积计算
双层组合窗	1.13	
木百叶窗	1.50	
不包括窗套的单层木窗扇	0.81	

③套用木扶手定额的项目工程量乘以表 2.7-3 所示系数。

套用木扶手定额工程量系数表　　　　　　　　　表2.7-3

项目名称	系数	工程量计算方法
木扶手（不带托板）	1.00	按延长米
木扶手（带托板）	2.60	
窗帘盒（箱）	2.04	
窗帘棍	0.35	
装饰线条宽在150mm内	0.35	
装饰线条宽在150mm外	0.52	
封檐板、顺水板	1.74	

④套用其他木材面定额的项目工程量乘以表 2.7-4 所示系数。

套用其他木材面定额工程量系数表　　　　　　　　　表2.7-4

项目名称	系数	工程量计算方法
纤维板、木板、胶合板天棚	1.00	长×宽
木方格吊顶天棚	1.20	
鱼鳞板墙	2.48	
散热器罩	1.28	
木间壁木隔断	1.90	外围面积 长×（斜长）×高
玻璃间壁露明墙筋	1.65	
木栅栏、木栏杆（带扶手）	1.82	
零星木装修	1.10	展开面积

⑤套用木墙裙定额的项目工程量乘以表 2.7-5 所示系数。

套用木墙裙定额工程量系数表　　　　　　　　　表2.7-5

项目名称	系数	工程量计算方法
木墙裙	1.00	净长×高
有凹凸、线条几何图案的木墙裙	1.05	

⑥踢脚线按延长米计算，如踢脚线与墙裙油漆材料相同，应合并在墙裙
工程量中。

⑦橱、台、柜工程量按展开面积计算。零星木装修、梁、柱饰面按展开面积计算。

⑧窗台板、筒子板（门、窗套），不论有无拼花图案和线条均按展开面积计算。

⑨套用木地板定额的项目工程量乘以表2.7-6所示系数。

套用木地板定额工程量系数表　　　　　表2.7-6

项目名称	系数	工程量计算方法
木地板	1.00	长×宽
木楼梯（不包括底面）	2.30	水平投影面积

（3）抹灰面、构件面油漆、涂料、刷浆：

①抹灰面的油漆、涂料、刷浆的工程量与抹灰的工程量相同。

②混凝土板底、预制混凝土构件仅油漆、涂料、刷浆的工程量按表2.7-7所示方法计算，套抹灰面相应子目。

套抹灰面定额工程量计算表　　　　　表2.7-7

项目名称		系数	工程量计算方法
槽形板、混凝土折板底面		1.30	长×宽
有梁板底（含梁底、侧面）		1.30	
混凝土板式楼梯底（斜板）		1.18	水平投影面积
混凝土板式楼梯底（锯齿形）		1.50	
混凝土花格窗、栏杆		2.00	长×宽
遮阳板、栏板		2.10	长×宽（高）
混凝土预制构件	屋架、天窗架	40m²	每立方米构件
	柱、梁、支撑	12m²	
	其他	20m²	

（4）金属面油漆：

①套用单层钢门窗定额的项目工程量乘以表2.7-8所示系数。

套用单层钢门窗定额工程量计算表　　　　　表2.7-8

项目名称	系数	工程量计算方法
单层钢门窗	1.00	洞口面积
双层钢门窗	1.50	
单钢门窗带纱门窗扇	1.10	
钢百叶门窗	2.74	
半截百叶钢门	2.22	
满钢门或包镀锌薄钢板门	1.63	
钢折叠门	2.30	
射线防护门	3.00	框（扇）外围面积
厂库房平开、推拉门	1.70	

项目名称	系数	工程量计算方法
间壁	1.90	长×宽
平板屋面	0.74	斜长×宽
瓦垄板屋面	0.89	
镀锌薄钢板排水、伸缩缝盖板	0.78	展开面积
吸气罩	1.63	水平投影面积

②其他金属面油漆，按构件油漆部分表面积计算。

③套用金属面定额的项目：原材料每米重量5kg以内为小型构件，防火涂料用量乘以系数1.02；人工乘以系数1.1；网架上刷防火涂料时，人工乘以系数1.4。

(5) 刷防火涂料计算规则如下：

①隔墙、护壁木龙骨按其面层正立面投影面积计算。

②柱木龙骨按其面层外围面积计算。

③天棚龙骨按其水平投影面积计算。

④木地板中木龙骨及木龙骨带毛地板按地板面积计算。

⑤隔墙、护壁、柱、天棚面层及木地板刷防火涂料，执行其他木材面刷防火涂料相应子目。

2.7.2 油漆、涂料、裱糊工程量计算案例分析

【例2.7-1】 如图2.7-1所示为内墙刷乳胶漆，做法为：满批腻子两遍，刷乳胶漆两遍。设楼层高度为2.9m，预制空心楼板厚120mm；门及空圈高2.1m，窗洞尺寸2.2m×1.4m。求其工程量。

【案例分析】 根据《江苏省建筑工程消耗量定额》规定：抹灰面乳胶漆，工程量按实喷（刷）面积计算，但不扣除0.3m²以内的孔洞面积，注意扣除门窗洞口的面积，但要增加门窗洞口两侧壁及顶边面积。

【解】

工程量 = 内墙净长 × 高 − 应扣除面积 + 门窗侧壁面积

=[（3.6−0.24）×2×4+（7−0.24×2）×4]×（2.9−0.12）−（1.0+0.9×2+0.8×4）(门面积)×2.1−2.2×1.4×4(窗户面积)+（2.1×6+0.8×2+0.9）×0.24（内门洞侧壁）+（2.1+1.0+2.1−1.4）×0.12（外门洞侧壁）+（2.2×4+1.4×2×3+1.4）×0.12（窗洞侧壁）=147.23−12.6−12.32+3.62+0.46+2.23=128.62（m²）

【答】 内墙刷乳胶漆工程量为128.62m²。

【例2.7-2】 某建筑如图2.7-2所示(注意：平面图尺寸为轴线尺寸)，外墙刷防水乳胶漆，窗连门（图2.7-3），全玻璃门、推拉窗，居

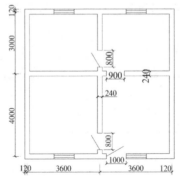

图2.7-1 某建筑物平面图

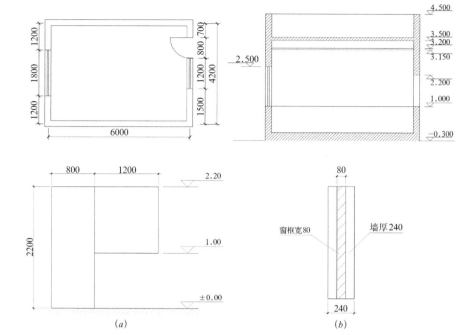

图 2.7-2 某建筑物平
面图及剖面图

图 2.7-3 窗连门、窗
框布置示意图
(a) 窗连门示意图；
(b) 窗框布置示意图

中立樘，框宽 80mm，墙厚 240mm。试计算外墙防水乳胶漆工程量、门窗工程量（参照《江苏省建筑工程消耗量定额》）。

【案例分析】抹灰面油漆按设计图示尺寸以面积计算。计算时，依据设计要求注意门窗洞口侧壁面积的增加；连窗门可按单面洞口面积计算，其油漆工程量按木门窗定额工程量系数表计算。

【解】（1）外墙防水乳胶漆工程量＝墙面工程量＋洞口侧面工程量

＝（6+0.12×2+4.2+0.12×2）×2×4.8－（0.8×2.2+1.2×1.2+1.8×1.5）（门窗洞口）＋（2.2+0.8+1.2×3+1.0+1.8×2+1.5×2）（门窗洞口框外侧壁）（0.24－0.08)/2

＝（6.24+4.44）×2×4.8－（1.76+1.44+2.7）＋（7.6+6.6）×0.08

＝102.53－5.9+1.14=97.77（m²）

（2）门油漆工程量＝0.8×2.2×1＝1.76（m²）

（3）窗油漆工程量＝1.8×（2.5－1）＋1.2×（2.2－1）

＝2.7+1.44＝4.14（m²）

【答】外墙防水乳胶漆工程量为 97.77m²；门油漆工程量为 1.76m²；窗油漆工程量 4.14m²。

【例 2.7-3】如图 2.7-2、图 2.7-3 所示，木墙裙高 1000mm，上润油粉、刮腻子、油色、清漆四遍、磨退出亮；内墙抹灰面满刮腻子两遍，贴对花墙纸；挂镜线 25mm×50mm，刷底油一遍、调和漆两遍；挂镜线以上及顶棚刷内墙乳胶漆两遍。试计算木墙裙油漆、墙纸裱糊、挂镜线油漆和室内乳胶漆工程量（参照《江苏省建筑工程消耗量定额》）。

【案例分析】《江苏省建筑工程消耗量定额》规定：木墙裙油漆按正立面

投影面以平方米计算；墙纸裱糊工程量按展开面积以平方米计算；挂镜线按延长米乘以 0.35 的系数计算油漆工程量；顶棚内墙乳胶漆工程量按展开面积以平方米计算。

【解】（1）木墙裙油漆的工程量

＝内墙净长 × 木墙裙高度—门窗洞洞口面积＋洞口侧面面积

＝（6−0.12×2+4.2−0.12×2）×2×1−0.8×1.0（门洞）

＋1.0×2×（0.24−0.08）/2（门洞口内侧壁面积）

＝（5.76+3.96）×2×1−0.8+2×0.08

＝19.44−0.8+0.16 = 18.80（m²）

（2）墙纸工程量＝内墙净长 × 裱糊高度—洞口面积＋洞口侧面面积

＝（6−0.12×2+4.2−0.12×2）×2×（3.15−1）−[（0.8+1.2）×1.2+1.8×1.5]（门窗洞口面积）+（1.5+1.8）×2×（0.24−0.08）/2（独立窗洞口内侧面面积）+（1.2×4+0.8）×（0.24−0.08）/2（门联窗洞口内侧面面积）

＝（5.76+3.96）×2×2.15−2×1.2−1.8×1.5+6.6×0.08 + 5.6×0.08

＝41.8−2.4−2.7+0.53+0.45

＝37.68（m²）

（3）挂镜线油漆工程量＝（6−0.12×2 + 4.2−0.12×2）×2×0.35

＝（5.76+3.96）×2×0.35（0.35 为挂镜线油漆系数，参见表 2.7−3）

＝6.80（m）

（4）室内乳胶漆工程量＝天棚乳胶漆工程量＋内墙面乳胶漆工程量

＝（6−0.12×2）×（4.2−0.12×2）（天棚工程量）+（6−0.12×2+4.2−0.12×2）×2×（3.5−3.2）（内墙面乳胶漆工程量）

＝5.76×3.96+（5.76+3.96）×2×0.3

＝22.81+9.72×0.6

＝28.64（m²）

【答】木墙裙油漆的工程量为 18.80m²；墙纸工程量为 37.68m²；挂镜线油漆工程量为 6.80m；室内乳胶漆工程量为 28.64m²。

项目八　其他装饰工程量计算

其他工程一般包括货架、柜台、招牌、灯箱、美术字、压条、装饰线条、栏杆、栏板、扶手、门窗套、筒子板、窗帘盒（布）、卫生间配件、隔断及其他内容。

2.8.1　其他装饰工程量计算规则

（1）招牌、灯箱：

①平面招牌基层按设计图示正立面面积以平方米计算，复杂型的凹凸造型部分也不增减。

②沿雨篷、檐口或阳台走向的立式招牌基层，按平面招牌复杂型执行时，应按展开面积以平方米计算。

③箱体招牌和竖式标箱的基层，按外围体积计算。突出箱外的灯饰、店徽及其他艺术装潢等均另行计算。

④灯箱的面层按展开面积以平方米计算。

⑤广告牌钢骨架以吨计算。

(2) 招牌字按每个字面积在 $0.2m^2$ 内、$0.5m^2$ 内、$0.5m^2$ 外三个子目划分，字不论安装在何种墙面或其他部位均按字的个数计算。

(3) 单线木压条、木花式线条、木曲线条、金属装饰条及多线木装饰条、石材线等安装均按外围延长米计算。

(4) 石材及块料磨边、胶合板刨边、打硅酮密封胶，均按延长米计算。

(5) 门窗套、筒子板按面层展开面积计算。窗台板按平方米计算。如图纸未注明窗台板长度时，可按窗框外围两边共加 100mm 计算；窗口凸出墙面的宽度按抹灰面另加 30mm 计算。

(6) 散热器罩按外框投影面积计算。

(7) 窗帘盒及窗帘轨按延长米计算，如设计图纸未注明尺寸可按洞口尺寸加 30cm 计算。

(8) 窗帘装饰布：

①窗帘布、窗纱布、垂直窗帘的工程量按展开面积计算。

②窗水波幔帘按延长米计算。

(9) 石膏浮雕灯盘、角花按个数计算，检修孔、灯孔、开洞按个数计算，灯带按延长米计算，灯槽按中心线延长米计算。

(10) 石材防护剂按实际涂刷面积计算。成品保护层按相应子目工程量计算。台阶、楼梯按水平投影面积计算。

(11) 卫生间配件：

①石材洗漱台板工程量按展开面积计算。

②浴帘杆按数量以每 10 支计算，浴缸拉手及毛巾架按数量以每 10 副计算。

③无基层成品镜面玻璃、有基层成品镜面玻璃，均按玻璃外围面积计算。镜框线条另计。

(12) 隔断的计算：

①半玻璃隔断是指上部为玻璃隔断，下部为其他墙体，其工程量按半玻璃设计边框外边线以平方米计算。

②全玻璃隔断是指其高度自下横档底算至上横档顶面，宽度按两边立框外边以平方米计算。

③玻璃砖隔断按玻璃砖格式框外围面积计算。

④浴厕木隔断，其高度自下横档底算至上横档顶面以平方米计算。门扇面积并入隔断面积内计算。

⑤塑钢隔断按框外围面积计算。

(13) 货架、柜橱类均以正立面的高（包括脚的高度在内）乘以宽以平方米计算。收银台以个计算，其他以延长米为单位计算。

2.8.2 其他装饰工程量计算案例分析

【例 2.8-1】 如图 2.8-1 所示，单间客房卫生间内设大理石洗漱台，同种材料挡板、吊沿，车边镜面玻璃及毛巾架等配件。尺寸如下：大理石台板 1400mm×700mm×20mm，挡板宽度 120mm，吊沿 180mm，开单孔；台板磨半圆边；玻璃镜 1400mm（宽）×1100mm（高），50mm 宽不锈钢框边；毛巾架为不锈钢架，1 只/间。试计算这个标准间客房卫生间上述配件的工程量。

【案例分析】 分析依据该客房卫生间装饰做法，应列 3 项，即大理石洗漱台、镜面玻璃和不锈钢架三项。大理石洗漱台应按台面投影面积计算（不扣除孔洞面积）。但挡板和吊沿应并入台面面积。镜面玻璃应按其立面面积计算。毛巾架按数量以"副"计算。

【解】（1）大理石洗漱台工程量

$= 1.40×0.70 + (1.40 + 0.70×2) ×0.12 + 1.40×0.18$

$= 1.57 (m^2)$

（2）镜面玻璃工程量 $= 1.40×1.10 = 1.54 (m^2)$

（3）毛巾架 $= 1$（副）

【答】 大理石洗漱台工程量为 $1.57m^2$；镜面玻璃工程量（含不锈钢边）为 $1.54m^2$；毛巾架 1 副。

【例 2.8-2】 如图 2.8-2 所示，某大楼有等高的 8 跑楼梯，采用不锈钢管扶手栏杆，每跑楼梯高为 2.00m，每跑楼梯扶手水平长度为 4.00m，楼梯井宽 0.30m，最后一跑楼梯连接的水平安全栏杆长 1.60m，求该大楼的扶手栏杆工程量。

【案例分析】 栏杆扶手包括弯头长度按延长米计算，注意不要遗漏顶层水平段长度。

【解】 不锈钢栏杆扶手工程量

$= \sqrt{(2^2+4^2)} ×8 + 0.3×7 + 1.6 = 39.48 (m)$

【答】 不锈钢栏杆扶手工程量为 39.48m。

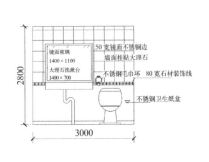

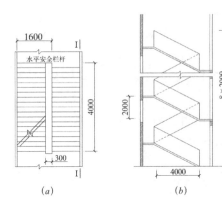

图 2.8-1 某卫生间示意图（左）

图 2.8-2 某楼梯扶手示意图（右）

(a) 楼梯平面图；
(b) I-I 剖面图

项目九　装饰装修脚手架工程量计算

脚手架是专为高空施工操作、堆放和运送材料、保证施工过程工人安全而设置的架设工具或操作平台。脚手架虽不是工程实体，但也是施工中不可缺少的设施之一，其费用也是构成工程造价的一个组成部分。

脚手架按用途分为砌筑脚手架、装修用脚手架、支撑用脚手架；按搭设位置分为外脚手架、里脚手架；按材料划分为木脚手架、竹脚手架和金属脚手架；按结构形式分为多立杆式、框组式、碗扣式、桥式、挂式、挑式及其他工具式脚手架；按高度分为高层脚手架、低层脚手架。

装饰装修脚手架工程分部主要包括满堂脚手架、外脚手架、内墙面粉饰脚手架、安全过道、封闭式安全笆、斜挑式安全笆、满挂安全网。吊篮架由各省、市根据当地实际情况编制。

（1）外脚手架是为完成外墙局部的个别部位和个别构件的施工（砌筑、混凝土浇灌、装修等）及安全所搭设的脚手架。

（2）里脚手架是指沿室内墙面搭设的脚手架，常用于内墙砌筑、室内装修和框架外墙砌筑等。里脚手架一般为工具式脚手架，常用的有折叠式里脚手架、支柱式里脚手架和马凳式里脚手架。

（3）满堂脚手架是指在工作范围内满设的脚手架，形如棋盘井格，主要用于室内顶棚安装、装饰。

（4）吊篮脚手架通称吊脚手架、悬吊脚手架，简称吊篮，是通过特设的支撑点，利用吊索来悬吊吊篮（或称吊架）进行施工操作的一种脚手架。它的主要组成部分为：吊篮、支撑设施、吊索及升降装置和安全设施等。吊篮按驱动机构不同，可分为卷扬机式和爬升式两大类。

吊篮脚手架适用于外装饰装修工程，包括用于玻璃和金属玻璃幕墙的安装、维修及清理，外墙钢窗及装饰物的安装，外墙面料施工，及墙面的清洁、保养、修理等。特别是对高层建筑的外装饰作业和维修保养，采用吊篮作业比使用外脚手架更为经济、方便。

2.9.1　装饰装修脚手架工程量计算规则

1）外墙镶（挂）贴脚手架工程量计算规则：

（1）外墙脚手架按外墙外边线长度（如外墙有挑阳台，则每个阳台计算一个侧面宽度，计入外墙面长度内，两户阳台连在一起的也只算一个侧面）乘以外墙高度以平方米计算，不扣除门窗洞口面积。同一建筑物各面墙的高度不同，且不在同一定额步距内时，应分别计算工程量。外墙高度指室外设计地坪至檐口（或女儿墙上表面）高度，坡屋面至屋面板下（或椽子顶面）墙中心高度，墙算至山尖1/2处的高度。

（2）吊篮脚手架按装修墙面垂直投影面积以平方米计算（计算高度从室外地坪至设计高度）。安拆费按施工组织设计或实际数量确定。

2) 内墙脚手架以内墙净长乘以内墙净高计算，不扣除门窗洞口面积，有山尖时，高度算至山尖1/2处；有地下室时，高度自地下室室内地坪算至墙顶面。

3) 抹灰脚手架、满堂脚手架工程量计算规则：

（1）抹灰脚手架：

①钢筋混凝土单梁、柱、墙按以下规定计算脚手架：

a. 单梁：以梁净长乘以地坪（或楼面）至梁顶面高度计算；

b. 柱：以柱结构外围周长加3.6m乘以柱高计算；

c. 墙：以墙净长乘以地坪（或楼面）至板底高度计算。

②墙面抹灰：以墙净长乘以净高计算。

③如有满堂脚手架可以利用时，不再计算墙、柱、梁面抹灰脚手架。

④天棚抹灰高度在3.60m以内时，按天棚抹灰面（不扣除柱、梁所占的面积）以平方米计算。

（2）满堂脚手架：天棚抹灰高度超过3.60m时，按室内净面积计算满堂脚手架，不扣除柱、垛、附墙烟囱所占面积。

①基本层：高度在8m以内计算基本层；

②增加层：高度超过8m，每增加2m，计算一层增加层，计算式如下：

增加层数＝（室内净高(m)−8m）/2m

增加层数计算结果保留整数，小数在0.6以内舍去，在0.6以上进位。

③满堂脚手架高度以室内地坪面（或楼面）至天棚面或屋面板的底面为准（斜的天棚或屋面板按平均高度计算）。室内挑台栏板外侧共享空间的装饰如无满堂脚手架利用时，按地面（或楼面）至顶层栏板顶面高度乘以栏板长度以平方米计算，套相应抹灰脚手架定额。

4) 安全过道按实际搭设的水平投影面积（架宽×架长）计算。

5) 封闭式安全笆按实际封闭的垂直投影面积计算。实际用封闭材料与定额不符时，不作调整。

6) 斜挑式安全笆按实际搭设的（长、宽）斜面面积计算。

7) 满挂安全网按实际满挂的垂直投影面积计算。

8) 檐高超过20m脚手架材料增加费：

（1）综合脚手架：建筑物檐高超过20m可计算脚手架材料增加费。建筑物檐高超过20m脚手架材料增加费以建筑物超过20m部分建筑面积计算。

（2）单项脚手架：建筑物檐高超过20m可计算脚手架材料增加费。建筑物檐高超过20m脚手架材料增加费同外墙脚手架计算规则，从设计室外地面起算。

2.9.2 装饰装修脚手架工程量计算案例分析

【例2.9-1】如图2.9-1所示，计算某建筑物外墙装饰外脚手架工程量。

【案例分析】按照《江苏省建筑工程消耗量定额》规定：装饰装修外脚手架，按外墙的外边线长度乘以墙高以平方米计算，不扣除门窗洞口的面积。同一建筑物各面墙的高度不同，且不在同一定额步距内时，应分别计算工程量。定额

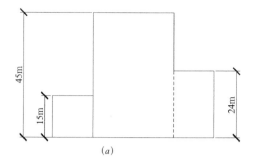
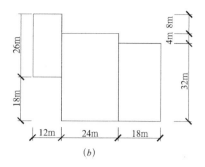

图 2.9-1 某建筑物平
面、立面示意图（一）
(a) 建筑物立面示意图；
(b) 建筑物平面示意图

中所指的檐口高度在 5～45m，是指建筑物自设计室外地坪面至外墙顶点或构筑物顶面的高度。

【解】（1）15m 高装饰外脚手架工程量

$$S_{15}=（8+12\times2+26）\times15$$
$$=58\times15$$
$$=870（m^2）$$

（2）24m 高装饰外脚手架工程量

$$S_{24}=（18\times2+32）\times24$$
$$=68\times24$$
$$=1632（m^2）$$

（3）45m 高装饰外脚手架工程量

$$S_{45}=（18+24\times2+4）\times45$$
$$=70\times45$$
$$=3150（m^2）$$

（4）30m 高装饰外脚手架工程量

$$S_{30}=（26-8）\times（45-15）$$
$$=18\times30$$
$$=540（m^2）$$

（5）21m 高装饰外脚手架工程量

$$S_{21}=32\times（45-24）$$
$$=32\times21$$
$$=672（m^2）$$

（6）建筑物外墙装饰外脚手架工程量总计

$$=870+1632+3150+540+672$$
$$=6864（m^2）$$

【答】建筑物外墙装饰外脚手架工程量总计为 6864m²。

【例 2.9-2】试计算如图 2.9-2 所示某建筑一层满堂脚手架工程量。墙厚为 240mm。（平面尺寸都是轴线尺寸）

【案例分析】该建筑物一层满堂脚手架高度为室内地面至一层天棚底，即为 4.8m，所以按基本层计算。满堂脚手架的工程量按室内净面积计算。

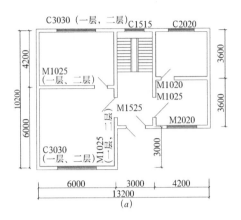

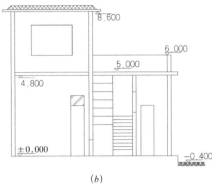

图 2.9-2 某建筑物平
面、立面示意图（二）
(a) 平面图；
(b) 立面图

【解】 建筑物一层满堂脚手架工程量

$= (6-0.24) \times (10.2-0.24\times2) + (3-0.24) \times (3.6\times2-0.24)$

$+ (4.2-0.24) \times (3.6\times2-0.24\times2)$

$=101.81 \ (m^2)$

【答】 建筑物一层满堂脚手架工程量为 101.81m^2。

【例 2.9-3】 如图 2.9-3 所示为某钢筋混凝土柱面贴大理石，柱断面尺寸为 600mm×600mm，柱高 6.0m，试计算装饰柱脚手架工程量。

【案例分析】 根据《江苏省建筑工程消耗量定额》规定：独立柱按柱周长增加 3.6m 乘以柱高，套用装饰装修外脚手架相应高度的定额。

【解】 柱装饰脚手架工程量 =（柱外围周长 + 3.6m）× 柱高

$= (0.60\times4+3.60) \times 6.0$

$=36.0 \ (m^2)$

【答】 柱装饰脚手架工程量为 36.0m^2。

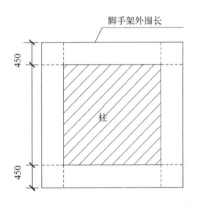

图 2.9-3 某装饰柱脚手架断面示意图

项目训练二

一、单项选择题

1. 楼地面工程中拼花项目按（　　）计算。

A. 净面积　　　B. 实铺面积　　　C. 展开面积　　　D. 投影面积

2. 台阶面层按水平投影面积计算，包括踏步及最上一层踏步外沿（　　）。

A. 300mm　　　B. 250mm　　　C. 350mm　　　D. 200mm

3. 柱饰面工程量按（　　）计算。

A. 柱体积

B. 柱结构周长 × 高度

C. 柱装饰截面周长 × 高度

D. 长度

4. 装饰抹灰的分格缝按（　　）计算。

A. 装饰抹灰面积　　　　　　　　B. 分格面积

C. 分格长度　　　　　　　　　　D. 外墙面积

5. 各种吊顶天棚（　　　）按主墙间净空面积计算,不扣除间壁墙、检查洞、附墙烟囱、柱、垛和管道所占面积。

A. 龙骨　　　　B. 面层　　　　C. 基层　　　　D. 垫层

6. 门窗工程量计算正确的是（　　　）。

A. 铝合金门窗制作安装工程量均按框外围面积计算

B. 防盗门以洞口面积计算

C. 实木门框制作安装按框的面积计算

D. 窗台板按实铺面积计算

7. 根据《建筑工程建筑面积计算规范》GB／T 50353—2013,多层建筑物二层及以上楼层应以层高判断如何计算建筑面积,关于层高的说法,正确的是（　　　）。

A. 最上层按楼面结构标高至屋面板板面结构标高之间的垂直距离

B. 以屋面板找坡的,按楼面结构标高至屋面板最高处标高之间的垂直距离

C. 有基础底板的按底板下表面至上层楼面结构标高之间的垂直距离

D. 没有基础底板的按基础底面至上层楼面结构标高之间的垂直距离

8. 下列材料中,主要用作室内装饰的材料是（　　　）。

A. 花岗石　　　B. 陶瓷锦砖　　　C. 瓷质砖　　　D. 合成石面板

9. 柱面装饰板工程量应按设计图示饰面外尺寸以面积计算,且（　　　）。

A. 扣除柱帽、柱面积

B. 扣除相柱、不扣除柱墩面积

C. 扣除柱、不扣除柱帽面积

D. 柱帽、柱墩并入相应柱饰面工程量内

10. 计算单位工程工程量时,强调按照既定的顺序进行,其目的是（　　　）。

A. 便于制订材料采购计划　　　　B. 便于有序安排施工进度

C. 避免因人而异,口径不同　　　D. 防止计算错误

11. 装饰装修工程中可按设计图示数量计算工程量的是（　　　）。

A. 镜面玻璃　　　B. 厨房柜　　　C. 美术字　　　D. 灯箱面层

12. 计算独立柱脚手架工程量时,长度按柱的设计周长加（　　　）。

A.3.0m　　　　B.3.3m　　　　C.3.6m　　　　D.4.0m

13. 某建筑物 240mm 厚内墙的砌筑高度为 4m,则其砌筑脚手架应执行（　　　）定额。

A. 里脚手架　　B. 双排脚手架　　C. 满堂脚手架　　D. 单排脚手架

14. 建筑面积包括使用面积、辅助面积和（　　　）

A. 居住面积　　B. 有效面积　　　C. 结构面积　　　D. 净面积

15. 建筑装饰工程量计算的主要依据是（　　　）。

A.施工图纸和施工说明

B.施工图纸和建筑面积计算规则

C.施工图纸和单位估价汇总表

D.施工图纸和实际测量建筑面积

16.整体面层、块料面层按设计图示尺寸以面积计算，不扣除间壁墙和（　　　）m^2以内的柱、垛、附墙烟囱及孔洞所占的面积，门洞、空圈、散热器槽和壁龛的开口部分的工程量并入相应的面层计算。

A.0.6m^2 　　　　B.0.3m^2 　　　　C.0.1m^2 　　　　D.0.2m^2

17.整体楼梯的工程量分层按水平投影面积以平方米计算。不扣除宽度小于（　　　）的楼梯井空隙。

A.200mm 　　　　B.500mm 　　　　C.700mm 　　　　D.900mm

二、多项选择题

1.楼梯饰面面积按水平投影面积计算，应包括（　　　）。

　A.踏步 　　　　B.休息平台 　　　　C.小于500mm的楼梯井

　D.平台 　　　　E.梯梁

2.镶贴块料和装饰抹灰的零星项目适用于（　　　）。

　A.挑檐 　　　　B.门窗套 　　　　C.压顶

　D.天沟 　　　　E.勒脚

3.下列各项目按延长米计算的是（　　　）。

　A.成品踢脚板 　　　　B.窗帘盒 　　　　C.门窗套

　D.灯光槽 　　　　E.栏杆

4.下列各项目按实铺面积计算工程量的是（　　　）。

　A.窗台板 　　　　B.墙面贴块料面层 　　　　C.室内楼面面层

　D.天棚面层 　　　　E.天棚基层

5.在门窗工程中工程量按洞口面积计算的有（　　　）。

　A.成品防火门 　　　　B.电子感应门 　　　　C.防盗门窗

　D.塑钢门窗 　　　　E.铝合金门窗

三、问答题

1.简述正确计算工程量的重要性。

2.房屋建筑中哪些部位应计算建筑面积？如何计算？哪些部位不应计算建筑面积？

3.简述楼地面工程定额工程量计算规则。

4.简述墙柱面工程定额工程量计算规则。

5.简述天棚工程定额工程量计算规则。

6.简述油漆、涂料工程定额工程量计算规则。

7.简述门窗工程定额工程量计算规则。

8.脚手架工程包括哪些定额项目？脚手架工程定额工程量应怎样计算？

四、计算题

某经理室装修工程如图 XL2 所示，间壁轻隔墙厚 120mm，承重墙厚 240mm，踢脚、墙面门口侧边的工程量不计算，柱面与墙踢脚做法相同，柱装饰面层厚度 50mm。试计算下列分项工程工程量：①块料楼地面；② 120mm 高木质踢脚线；③红桦饰面板包柱面；④轻钢龙骨石膏板平面天棚；⑤ A、C 立面的墙纸面积。

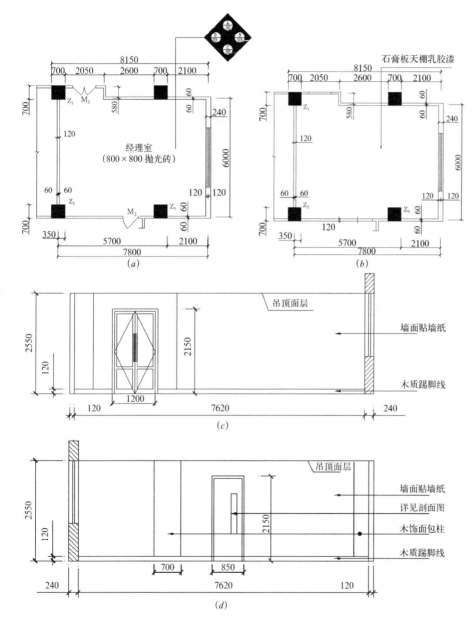

图 XL2 某经理室装修
工程图
(a) 平面图；
(b) 天棚图；
(c) A 立面图；
(d) C 立面图

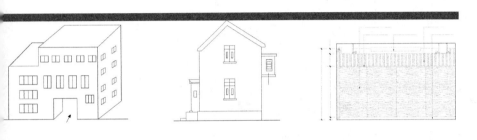

3

单元三　建筑装饰工程定额

知识点

1. 工程建设定额概述及分类。
2. 建筑装饰工程消耗量定额的构成。
3. 建筑装饰工程定额消耗量指标的确定。
4. 定额基价的确定。
5. 建筑装饰工程消耗量定额的应用。

着力点

1. 熟悉建筑装饰工程消耗量定额的构成。
2. 掌握定额基价的确定。
3. 重点掌握装饰工程消耗量定额的直接套用、调差与换算。

项目一　工程建设定额概述及分类

定额是指在实践基础上科学总结出来的标准额度。指人们在生产活动中，根据不同的需要规定的数量标准，它反映了在一定的社会生产力水平下，生产成果与生产要素（人、材、机）之间的数量关系，它是企业管理的一门分支学科。

实际上，定额是指在一定的生产力水平条件下，完成单位（指一定计量单位，下同）合格产品所必需消耗的人工、材料、机械及资金的数量标准，它反映了一定的社会生产力水平条件下的产品生产和生产消耗之间的数量关系。

3.1.1　工程建设定额概述

工程建设定额是指在正常的施工条件和合理劳动组织、合理使用材料及机械的条件下，完成单位（指一定计量单位）合格产品所必须消耗资源的数量标准。

（1）正常的施工条件：是界定定额研究对象的前提条件，因此，一般在定额的总说明、章节说明和定额子目的说明中均对定额编制的依据、工作内容、使用条件、调整方法等作了详细的规定和说明，了解具体工程建设的施工条件是正常使用定额的基础。

（2）合理劳动组织、合理使用材料和机械：指应该按照定额规定的劳动组织条件来组织生产（包括人员、设备的配置和质量标准），施工过程中应当遵守国家现行的施工规范、规程和标准等。

（3）一定计量单位：是指一个规定的计量范围。如 $1m^2$、$10m^2$、$10m^3$、$100m$ 等。

（4）合格产品：指施工生产所完成的成品或半成品必须符合国家或行业现行的施工验收规范和质量评定标准的要求。

（5）资源：主要包括在建设生产过程中所投入的人工、材料、机械和资金等生产要素。

从以上可以看出，工程建设定额不仅规定了建设工程投入产出的数量标准，同时还规定了具体的工作内容、质量标准和安全要求。

3.1.2　工程建设定额分类

工程建设定额是工程建设中多种定额的总称，针对一个特定项目的不同建设阶段，所使用的定额也不同。

按照不同的原则和方法，工程建设定额大致可以分为四个方面：按生产要素分类、按编制程序及用途分类、按专业分类、按主编单位及管理权限分类等。

1. 按生产要素分类

生产过程是劳动者利用劳动手段，对劳动对象进行加工改造的过程。可见生产活动包括劳动者、劳动手段和劳动对象三个不可缺少的要素。劳动者是指生产活动中各专业工种的技术人员，劳动手段是指劳动者使用的生产工具和机械设备，劳动对象是指原材料、半成品和构配件等。

与其相对应的定额便是劳动消耗定额、材料消耗定额、机械台班消耗定额。

（1）劳动消耗定额：又称人工定额，是指在正常的施工技术和组织条件下，生产单位合格产品所需要的劳动消耗量标准。它反映生产工人劳动生产率的平均水平，反映建筑安装企业的社会平均先进水平。

劳动消耗定额根据其表现形式可分为时间定额和产量定额。

①时间定额：又称工时定额，是指在合理的劳动组织与合理使用材料的条件下，完成单位合格产品所必须消耗的劳动时间。时间定额的单位是以完成单位合格产品的工日数来表示的，如工日／（m 或 m²、m³、t、座、组等）。每个工日按现行制度规定为 8h。

②产量定额：又称每工产量，是指在合理的劳动组织与合理使用材料的条件下，规定某工种某技术等级的工人（或人工班组）在单位时间里所完成的质量合格的产品数量。产量定额单位是以一个工日完成合格产品的数量来表示的，如（m 或 m²、m³、t、座、组等）／工日。

由此可见，时间定额与产量定额在数值上互为倒数，即：

$$时间定额 = 1 ／产量定额$$
$$产量定额 = 1 ／时间定额$$
$$时间定额 × 产量定额 = 1$$

（2）材料消耗定额：简称材料定额。它是指在节约与合理使用材料条件下，生产质量合格的单位工程产品所必须消耗的一定规格的质量合格的材料、成品、半成品、构配件、动力与燃料的数量标准。

（3）机械台班消耗定额：又称机械台班使用定额，简称机械定额。指某种机械在合理的劳动组织、合理的施工条件和合理使用机械的条件下，完成质量合格的单位产品所必须消耗的一定规格的施工机械的台班数量标准。反映了机械在单位时间内的生产率。

机械台班定额按表现形式分为时间定额和产量定额两种形式。

①机械台班时间定额：指在合理组织施工和合理使用机械的条件下，某种机械完成质量合格的产品所必须消耗的工作时间。其计量单位以完成单位产品所需的台班数或工日数来表示，如台班（或工日）／（m 或 m²、m³、t、座、组等），每一台班指施工机械工作 8h。

②机械台班产量定额：指在合理的劳动组织、合理的施工组织和正常使用机械的条件下，某种机械在单位机械时间内完成质量合格的产品数量。计量单位为（m 或 m²、m³、t、座、组等）／台班（或工日）。

从上可知，机械台班时间定额与机械台班产量定额在数值上互为倒数，即：

机械台班时间定额 = 1 ／机械台班产量定额

机械台班产量定额 = 1 ／机械台班时间定额

机械台班时间定额额 × 机械台班产量定额额 = 1

2. 按编制程序和用途分类

（1）施工定额：指在合理的劳动组织与正常的施工条件下，完成单位合格产品所必须消耗的人工、材料和施工机械台班的数量标准。

施工定额属于企业定额性质，是施工企业组织生产和加强管理，在企业内部使用的一种定额。施工定额是以某一施工过程或基本工序为研究对象，表示生产产品数量与生产要素消耗的综合关系而编制的定额，由劳动定额、材料消耗定额和机械台班定额三个相对独立的部分组成。

(2) 预算定额：指在合理的施工条件下，为完成一定计量单位的合格建筑产品所必需消耗的人工、材料和施工机械台班的数量标准及其费用标准。预算定额不仅可以表现为计"量"的定额，还可以表现为计"价"的定额，即在包括人工、材料、机械台班消耗量的同时，还包括人工、材料和施工台班费用基价，即建筑工程直接工程费。

(3) 概算定额：指完成单位合格产品（扩大的工程结构构件或分部分项工程）所消耗的人工、材料和机械台班的数量标准及其费用标准，是在预算定额基础上，根据有代表性的工程通用图和标准图等资料进行综合扩大而成的一种计价性定额。

概算定额是编制扩大初步设计概算、确定建设项目投资额的依据。概算定额一般是在预算定额的基础上综合扩大而成的，每一综合分项概算定额都包含了数项预算定额。概算定额是编制概算指标的依据，是进行方案设计、进行技术经济比较和选择的依据，也是编制主要材料需要量的计算基础。

(4) 概算指标：是以整个建筑物为对象，按照建筑面积、体积或构筑物，以座为计量单位，规定所需人工、材料、机械台班的消耗量和资金数。概算指标的设定和初步设计的深度相适应，是设计单位编制设计概算或建设单位编制年度投资计划的依据，也可作为编制估算指标的基础。

(5) 投资估算指标：是在项目建议书、可行性研究和编制设计任务书阶段编制投资估算、计算投资需要量时使用的一种定额。

投资估算指标通常是以独立的单项工程或完整的工程项目为计算对象，编制确定的生产要素消耗的数量标准或项目费用标准，是根据已建工程或现有工程的价格数据和资料，经分析、归纳和整理编制而成的。投资估算指标是在项目建议书和可行性研究阶段编制投资估算、计算投资需要量时使用的一种指标，是合理确定建设工程项目投资的基础。

3. 按专业分类

(1) 建筑工程消耗量定额：指建筑工程人工、材料及机械的消耗量标准。

(2) 装饰工程消耗量定额：装饰工程是指房屋建筑的装饰装修工程。装饰工程消耗量定额是指建筑装饰装修工程人工、材料及机械的消耗量标准。

(3) 安装工程消耗量定额：安装工程是指各种管线、设备等的安装工程。安装工程消耗量定额是指安装工程人工、材料及机械的消耗量标准。

(4) 市政工程消耗量定额：市政工程是指城市的道路、桥梁等公共设施及公用设施的建设工程。市政工程消耗量定额是指市政工程人工、材料及机械的消耗量标准。

（5）仿古园林工程消耗量定额：指仿古园林工程人工、材料及机械的消耗量标准。

4. 按主编单位和管理权限分类

（1）全国统一定额：指由国家建设行政主管部门，综合全国工程建设中技术和施工组织管理的情况编制的，并在全国范围内执行的定额。

（2）地区统一定额：包括省、自治区、直辖市等各级地方制定的定额。地区定额主要是考虑地区性特点和全国统一定额水平作适当调整的。地区定额仅在规定的地区范围内执行。

（3）行业统一定额：指由各行业主管部门根据本行业生产技术特点，参照统一定额的水平编制的定额，通常仅在本行业内执行。如铁路行业工程定额、石油行业工程定额、电力行业工程定额、煤炭行业工程定额等。

（4）企业定额：指施工企业根据本企业的施工技术和管理水平，参照国家、部门或地区定额的水平制定的企业内部使用的定额。企业定额水平一般应高于国家现行定额。

按企业定额计算得到的费用是企业进行生产活动所需的成本，因此，企业定额是施工企业进行成本管理、经济核算的基础，同时，企业定额也是企业进行投标报价和编制施工组织设计的主要依据。

（5）补充定额：指随着设计、施工技术的发展，现行定额不能满足需要的情况下，为了补充缺陷所编制的定额。补充定额只能在指定的范围内使用，可以作为以后修订定额的基础。

项目二　建筑装饰工程预算定额

随着人民的生活进入富裕阶段，迫切改善工作、生活环境就催生了建筑装饰行业的快速发展，为了正确地、独立地、专业化地对建筑装饰工程进行计价，确定标底和进行投标报价，必须使用针对性很强的建筑装饰工程预算定额。为教学方便，本单元使用的预算定额为《江苏省建筑装饰工程预算定额》(1998年)，也可以参考《全国统一建筑装饰装修工程消耗量定额》GYD 901—2002。

3.2.1　建筑装饰工程预算定额的概念

装饰装修工程预算定额（以下简称预算定额）是在一定合理的施工技术条件和建筑艺术综合条件下，消耗在质量合格的装饰装修分项工程或结构构件上的人工、材料和施工机械的数量标准及相应的费用额度。预算定额包括了劳动定额、材料消耗定额和机械台班定额三个基本部分，是一种计价性质的定额。

预算定额是工程建设中的一项重要的技术经济文件，建筑装饰工程预算定额适用于新建、扩建和改建工程的建筑装饰工程，它是依据国家有关现行产品标准、设计规范、施工及验收规范、技术操作规程、质量评定标准和安全操作规程编制的，并参考了有关地区标准和有代表性的工程设计、施工资料及其他资料。它的各项指标反映了完成规定计量单位且符合设计标准和施工质量验收规范的分项工程所消耗的劳动和物化劳动的限度，这种限度最终决定着单项工程和单位工程的成本和造价。

3.2.2 建筑装饰工程预算定额的作用

(1) 编制施工图预算、编制招标控制价及投标报价的依据。当施工图设计完成之后，需要计算工程量并且套用预算定额的基价或参考预算定额中生产要素的消耗量编制施工图预算，从而为业主编制招标控制价或施工方进行投标报价提供依据。

(2) 编制装饰装修工程施工组织设计的依据。装饰装修施工企业在施工中需要编制施工组织设计，需要确定施工中所需人力、材料与施工机械的消耗量，目前，大多施工企业不具备体现自身管理水平的企业定额，因此，预算定额便是为施工企业作出最佳计划安排的主要计算依据。

(3) 工程结算的依据。工程结算是指施工企业按照合同的规定，向建设单位申请支付已完工程款清算的一项工作。单位工程验收后，应按竣工工程量、预算定额和施工合同规定进行结算，以保证建设单位建设资金的合理使用和施工单位的经济收入。

(4) 施工单位进行经济活动分析的依据。预算定额规定的物化劳动和劳动消耗指标，是施工单位在生产经营中允许消耗的最高标准。施工单位必须以预算定额作为评价企业工作的重要标准，作为努力实现的目标。

施工单位可根据预算定额对施工中的劳动、材料、机械的消耗情况进行具体分析，以便找出并克服低功效、高消耗的薄弱环节，以提高竞争能力。

(5) 编制建筑装饰装修工程概算定额的基础。概算定额是在预算定额的基础上，根据有代表性的工程通用图和标准图等，进行综合、扩大和合并而成的。利用预算定额作为编制概算定额的依据，不仅可以节约时间、人力、物力，还可在定额制定的水平上保持一致。

3.2.3 建筑装饰工程预算定额的构成

预算定额的具体表现形式是单位估价表，既包括人工、材料和施工机械台班消耗量，又综合了人工费、材料费、机械使用费和基价，是计算工程费用的基础。预算定额由总说明、定额目录、建筑面积计算规范、分部分项说明及其相应的工程量计算规则、分项工程定额项目表、附录等组成，可以分为以下几项。

1. 文字说明

文字说明由建筑面积计算规范、总说明、目录、分部分项说明及工程量计算规则所组成。

(1) 建筑面积计算规范是全国统一的建筑面积计算规则，阐述了该规则的适用范围、相关术语及建筑面积的规定，是计算建设或单项工程建筑面积的主要依据。

（2）总说明阐述了装饰工程预算定额的用途、编制依据、适用范围、编制原则等。

（3）分部分项说明阐述了该分部工程内综合的内容、定额换算及增减系数的条件和定额应用时主要的参考依据。

（4）工程量计算规则是江苏省建设委员会参考国家相关规范而制定的各个分部工程的工程量计算规则，便于计算各分项工程的工程量。

2. 分项工程定额项目表

定额项目表是由分项定额所组成的，其是预算定额的核心内容，见表3.2-1。（《江苏省建筑装饰工程预算定额》（1998年）摘选）

3. 附录

附录中包含了混凝土配合比表、砌筑砂浆配合比表、抹灰砂浆配合比表、建筑装饰工程预算定额材料预算价格取定表、机械台班单价取定表等。

块料楼地面（大理石）工程定额项目表 表3.2-1

工作内容：清理基层、锯板磨边、贴大理石、擦缝、清理净面、调制水泥浆、刷素水泥浆。

计量单位：10m²

定额编号				1—22		1—23		1—24	
项目	单位	单价		楼地面		楼梯		台阶	
				水泥砂浆					
				数量	合价	数量	合价	数量	合价
基价		元		2546.96		2711.84		2591.59	
其中	人工费	元		124.75		213.25		170.00	
	材料费	元		2409.86		2482.49		2413.49	
	机械费	元		12.35		16.10		8.10	
综合工日	工日	25.00		4.99	124.75	8.53	213.25	6.80	170.00
材料	大理石板	m²	230.00	10.20	2346.00	10.50	2415.00	10.20	2346.00
	水泥砂浆1:1	m³	227.72	0.081	18.45	0.081	18.45	0.081	18.45
	水泥砂浆1:3	m³	160.67	0.202	32.46	0.202	32.46	0.202	32.46
	素水泥浆	kg	379.76	0.01	3.80	0.01	3.80	0.01	3.80
	白水泥	kg	0.58	1.00	0.58	1.00	0.58	1.00	0.58
	棉纱头	m³	6.04	0.10	0.60	0.10	0.60	0.10	0.60
	锯木屑	片	12.00	0.06	0.72	0.06	0.72	0.06	0.72
	合金钢切割锯片	m³	56.73	0.035	1.99	0.099	5.62	0.099	5.62
	水	元	0.99	0.26	0.26	0.26	0.26	0.26	0.26
	其他材料费				5.00		5.00		5.00
机械	灰浆拌合机 200L	台班	45.00	0.05	2.25	0.05	2.25	0.05	2.25
	石料切割机	台班	15.00	0.14	2.10	0.39	5.85	0.39	5.85
	垂直运输费	元			8.00		8.00		

注：当地面遇到弧形贴面时，其弧形部分的石材损耗可按实调整，并按弧形图示尺寸每10m另外增加：切贴人工0.60工日，合金钢切割锯片0.14片，石料切割机0.60台班。

项目三　建筑装饰工程定额消耗量指标的确定

3.3.1　定额人工消耗量指标的确定

人工消耗量指标是指完成一定计量单位分项工程或结构构件所必需的各种用工量，包括基本用工和其他用工两部分内容。

基本用工是指完成单位合格产品所必需消耗的技术工种用工，以不同工种列出定额工日。

其他用工是指技术工种劳动定额内并不包括，而计价定额内又必须考虑的工时，其内容包括辅助用工、超运距用工和人工幅度差。

1）辅助用工是指材料加工的用工和施工配合的用工，如筛砂子、洗石子、整理模板、机械土方配合用工等。

2）超运距用工是指超距离运输所增加的用工。

3）人工幅度差是指在劳动定额中未包括，而在计价定额中又必须考虑的用工。国家现行规范规定，建筑装饰工程人工幅度差系数为10%～15%。

（1）人工幅度差具体内容包括：

①各工种间的工序搭接及交叉作业相互配合所发生的停歇用工。

②施工机械的转移及临时水、电线路移动所造成的停工。

③质量检查和隐蔽工程验收工作的影响。

④班组操作地点转移用工。

⑤工序交接时对前一工序不可避免的修正用工。

⑥施工中不可避免的其他零星用工。

（2）定额人工消耗量指标计算公式为：

定额人工消耗量指标＝（基本用工量＋辅助用工量＋超运距用工量）×（1＋人工幅度差系数）

3.3.2　定额材料消耗量指标的确定

1. 材料消耗量包括的内容

（1）直接用于建筑安装工程之上并构成工程实体的材料。

（2）施工操作过程中不可避免产生的施工废料。

（3）施工操作过程中不可避免产生的正常的材料损耗。

2. 材料消耗净用量与损耗量的划分

（1）材料净用量：直接构成工程实体的材料。

（2）材料损耗量：不可避免的施工废料和施工操作损耗。

3. 净用量与损耗量之间的关系

（1）材料消耗量＝材料消耗净用量＋材料损耗量

（2）损耗率＝$\dfrac{损耗量}{净用量}$

4. 材料消耗量＝材料净用量＋材料净用量 × 损耗率

　　　　　＝材料净用量 ×(1+ 损耗率)

【例 3.3-1】 某室内地面铺设地砖，地砖规格为 300mm × 300mm × 10mm，结合层 20mm，灰缝宽 1mm，地砖损耗率 1.5%，砂浆损耗率 2%，试计算每 100m² 地面地砖和砂浆的材料消耗量。

【案例分析】 计算时不要忘记灰缝的宽度及深度的应用，还有损耗率的使用方法，计算单位要换算统一。地砖消耗量计算要取整，但砂浆消耗量计算不需要取整。

【解】 (1) 计算地砖消耗量

①地砖净用量 $= \dfrac{100}{(0.3+0.001)\ (0.3+0.001)} = 1103.74 \approx 1104$ （块）

②地砖消耗量 $= 1103.74 \times (1 + 1.5\%) = 1120.30 \approx 1121$ （块）

(2) 计算砂浆消耗量

①结合层砂浆净用量 $= 100 \times 0.02 = 2$ （m³）

②灰缝砂浆净用量 $= (100 - 0.3 \times 0.3 \times 1103.74) \times 0.01$ （灰缝深度，

　　　　　　　　　也是瓷砖的厚度）

　　　　　　　$= 0.0067$ （m³）

③砂浆总消耗量 $= (2 + 0.0067)\ (1 + 2\%) = 2.047$ （m³）

【答】 地砖消耗量 1121 块；砂浆总消耗量 2.047m³。

3.3.3　定额机械台班消耗量指标的确定

　　施工机械台班定额是施工机械生产率的反映。编制高质量的机械台班定额是合理组织机械施工，有效利用施工机械，进一步提高机械生产率的必备条件。

　　机械台班消耗量指标是指完成一定计量单位分项工程或结构构件所必需的各种机械台班用量。定额的机械化水平是以多数施工企业采用和已推广的先进方法为标准的。

　　确定机械台班消耗量是以统一劳动定额中机械施工项目的台班产量为基础进行计算，考虑在合理施工组织条件下机械的停歇时间、机械幅度差等因素。

项目四　定额基价的确定

　　定额基价是指在合格的施工条件下，完成一定计量单位质量合格的分部分项工程，所需 "人、材、机" 的消耗量以及相应的货币表现形式。即人工费、材料费和机械费，三者之和即为定额基价。可见，建筑装饰工程造价的高低，不仅取决于建筑装饰工程预算定额中的 "人、材、机" 消耗量的多少，同时还取决于各地区建筑装饰行业 "人、材、机" 单价的高低。因此，正确确定 "人、材、机" 单价是计算建筑装饰工程造价的重要依据。

$$定额基价＝人工费＋材料费＋机械费$$

$$其中：人工费＝\Sigma（定额工日数 \times 人工单价）$$

$$材料费＝\Sigma（定额材料用量 \times 材料单价）$$

$$机械费＝\Sigma（定额机械台班用量 \times 机械台班单价）$$

3.4.1 人工工日单价的确定

1.人工单价的构成

人工工日单价简称人工单价。它是指施工企业平均技术熟练程度的生产工人在每工作日（国家法定工作时间内），按规定从事施工作业应得的日工资总额。它基本反映了建筑装饰工人的工资水平和一个工人在一个工作日中可以得到的劳动报酬。

人工单价的构成在各地区、各部门不尽相同，按现行有关规定，其内容组成如下：

（1）基本工资：指发放给生产工人的基本工资，包括岗位工资、技能工资和年终工资。它与工人的技术等级有关，一般来说，技术等级越高，工资就越高。表现为计时工资或计件工资。

（2）奖金：指对超额劳动和增收节支支付给个人的劳动报酬，如节约奖、劳动竞赛奖等。

（3）津贴补贴：指为了补偿职工特殊或额外的劳动消耗和因其他特殊原因支付给个人的津贴，以及为了保证职工工资水平不受物价影响支付给个人的物价补贴，如流动施工津贴、特殊地区施工津贴、高温（寒）作业临时津贴、高空津贴等。

（4）加班加点工资：指按规定支付的在法定节假日工作的加班工资和在法定日工作时间外延时工作的加点工资。

（5）特殊情况下支付的工资：指根据国家法律、法规和政策规定,因病、工伤、产假、计划生育假、婚丧假、事假、探亲假、定期休假、停工学习、执行国家或社会义务等原因按计时工资标准或计时工资标准的一定比例支付的工资。

2.日工资单价的两种表现形式

（1）主要适用于施工企业投标报价时自主确定人工费，也是工程造价管理机构编制计价定额、确定定额人工单价或发布人工成本信息的参考依据。

（2）适用于工程造价管理机构编制计价定额时确定定额人工费，是施工企业投标报价的参考依据。

工程造价管理机构确定日工资单价应通过市场调查、根据工程项目的技术要求，参考实物工程量人工单价综合分析确定，最低日工资单价不得低于工程所在地人力资源和社会保障部门所发布的最低工资标准：普工1.3倍、一般技工2倍、高级技工3倍。

工程计价定额不可只列一个综合工日单价，应根据工程项目技术要求和工种差别适当划分多种日工资单价，确保各分部工程人工费的合理构成。

3.4.2 材料预算单价的确定

材料预算单价是指施工过程中耗费的构成工程实体的建筑装饰材料（如原材料、辅助材料、构配件、零件、半成品或成品）由其来源地（或交货地点），经中间转运，到达工地仓库（或施工现场）并经检验合格后的全部价格。材料预算单价包括材料的原价、运杂费、采购保管费等，其计算公式为：

材料单价 ＝［(材料原价 ＋ 运杂费) × (1 ＋ 运输损耗率)］ × (1 ＋ 采购保管费率) － 包装品回收值

1. 材料原价

指材料的出厂价格或商家供应价格。出厂价由政府物价管理部门根据成本、利润分析确定（政府指导价），或生产者、经营者根据市场供求关系确定（市场调节价）。供应价是指材料没有直接从厂家采购、订货，而是经过了供销部门，在原价基础上加上了供销部门手续费。

同种材料如果因数量关系需要从不同来源地采购，而且采购数量及采购单价也不尽相同，此时要按加权平均数进行计算，而不能用简单的数学方法平均。加权平均原价有两种情境算法。

1）已给出不同地点供应量占比的计算方法

加权平均原价 ＝ $K_1C_1 + K_2C_2 + \cdots + K_nC_n$

式中　K_1、K_2、$\cdots$、K_n——不同地点的供应量占所有供应量的比例；

　　　C_1、C_2、$\cdots$、C_n——不同地点的供应价。

【例 3.4-1】某建筑工地需要某种材料共计 500t，选择 A、B、C 三个供货地点，A 地出厂价为 350 元／t，可供货 60%；B 地出厂价为 400 元／t，可供货 25%；C 地出厂价为 450 元／t，可供货 15%。计算该种材料的原价。

【解】材料加权平均原价 ＝ 350×60% ＋ 400×25% ＋ 450×15%
＝ 377.50（元／t）

【答】该种材料的加权平均原价为 377.50 元／t。

2）只给出不同地点供应量的计算方法

加权平均原价 ＝ $\dfrac{M_1C_1 + M_2C_2 + \cdots + M_nC_n}{M_1 + M_2 + \cdots + M_n}$

式中　M_1、M_2、$\cdots$、M_n——不同地点的供应量；

　　　C_1、C_2、$\cdots$、C_n——不同地点的供应价。

【例 3.4-2】某建筑工地需要的某种材料无法在一个地方采购完成，需要选择 A、B、C 三个供货地点，A 地出厂价为 350 元／t，可供货 300t；B 地出厂价为 400 元／t，可供货 125t；C 地出厂价为 450 元／t，可供货 75t。计算该种材料的原价。

【解】加权平均原价 ＝ $\dfrac{300 \times 350 + 125 \times 400 + 75 \times 450}{300 + 125 + 75}$ ＝ 377.50(元/t)

【答】该种材料的加权平均原价为 377.50 元／t。

2. 材料运杂费

指材料自来源地（交货地）起，运至施工地仓库或堆放场地，全部运输过程中所支出的一切费用，包括运输费、调车费、装卸费、损耗费等。运输费、调车费、装卸费根据不同来源地的供应数量及不同运输、调车、装卸的单价，均按加权平均数计算（方法同前）。

【例3.4-3】某材料有A、B、C三个货源地，各地的运距、运费见表3.4-1所示，试计算该材料的平均运费。

三个货源地的运距、运费 表3.4-1

货源地	供应量（t）	运距（km）	运输方式	运费单价 [元/（t·km）]
A	600	54	汽车	0.35
B	800	65	汽车	0.35
C	1600	80	火车	0.30

【解法1】

每吨材料的运费分别为：

A地：$54 \times 0.35 = 18.90$（元/t）

B地：$65 \times 0.35 = 22.75$（元/t）

C地：$80 \times 0.30 = 24.00$（元/t）

$$该材料的平均运费 = \frac{18.90 \times 600 + 22.75 \times 800 + 24.00 \times 1600}{600 + 800 + 1600}$$
$$= 22.65（元/t）$$

【解法2】

$$汽车运输的平均运距 = \frac{54 \times 600 + 65 \times 800}{600 + 800} = 60.29（km）$$

$$汽车运输的平均运费 = 60.29 \times 0.35$$
$$= 21.10（元/t）$$

$$火车运输的运费 = 80 \times 0.30 = 24.00（元/t）$$

$$该材料的平均运费 = \frac{21.10 \times (600 + 800) + 24.00 \times 1600}{600 + 800 + 1600} = 22.65（元/t）$$

【答】该材料的平均运费为22.65元/t。

3. 运输损耗费

指材料在装卸、运输过程中发生的不可避免的合理损耗。该费用可以计入材料运输费，也可以单独计算。

运输损耗费 =（材料原价 + 材料运杂费）× 运输损耗率

4. 采购保管费

指材料部门在组织采购、供应和保管材料过程中所发生的各种费用。它包括采购费、仓储费、工地保管费和仓储损耗。

由于建筑装饰材料的种类、规格繁多，采购保管费不可能按每种材料在采购过程中所发生的实际费用计取，只能规定几种费率。目前，由国家统一规定的综合采购保管费率为2.5%（其中，采购费率为1%，保管费率为1.5%）。由建设单位供应材料到现场仓库的，施工企业只收保管费。

采购保管费 = （材料原价＋材料运杂费＋运输损耗费） × 采购保管费率

或采购保管费 = ［(材料原价＋材料运杂费) × （1＋运输损耗率)］ × 采购保管费率

5. 检验试验费

指对建筑材料、构件和建筑安装物进行一般鉴定、检查所发生的费用。包括自设实验室进行试验所耗用的材料和化学药品等费用。不包括新结构、新材料的试验费和建设单位对具有出厂合格证明的材料进行检验，对构件作破坏性试验及其他特殊要求检验试验的费用。

6. 材料包装费

包装费是指为便于材料运输和保护材料而进行包装所需要的费用。包装费的计算一般有两种情况。

1) 由生产厂家负责包装的材料

由生产厂家负责包装的材料，如袋装水泥、铁钉、玻璃、油漆、卫生陶瓷等，其包装费已计入原价，不再另行计算，但应在材料预算价格中扣除包装品的回收价值。

包装品的回收价值 = 包装品原价 × 回收率 × 残值率

包装品的回收价值，如地区有规定的，按地区规定计算；地区无规定的，可根据实际情况计算。

【例 3.4—4】 假如每吨水泥用纸袋 20 个，每个纸袋 1 元，试计算其包装品的回收价值。设定纸袋回收率按 50%，残值率按材料原价的 50% 计算。

【解】 每吨水泥包装品的回收价值 = 1 × 20 × 50% × 50%

= 5.00 （元 /t）

【答】 每吨水泥包装品的回收价值为 5.00 元 /t。

2) 由采购单位自备包装品的材料

由采购单位自备包装品的材料，如麻袋、铁桶等，应计算包装费，列入材料预算价格中。此时，材料包装费应按多次使用、分次摊销的方法计算。如：麻袋按 5 次周转，回收率按 50%，残值率按材料原价的 50% 计算。

【例 3.4—5】 根据表中资料计算某一级别袋装水泥的预算价格。

① 货源地、出厂价、运距、运价见表 3.4—2 所示。

② 包装费已包括在原价内，每个纸袋 0.90 元；回收率及残值率均为 50%。（注：每吨水泥用纸袋 20 个）

③ 运输损耗率为 2%，采购保管费率为 2%。

货源地、出厂价、运距、运价表　　　　　　　表3.4—2

货源地	供应量(t)	原价（元/t）	汽车运距（km）	运输单价[元/（t·km）]	装卸费（元/t）
甲	8000	248.00	28	0.60	6.00
乙	10000	252.00	30	0.60	5.50
丙	5000	253.00	32	0.60	5.00

【解】

(1) 水泥原价 $= \dfrac{248.00 \times 8000 + 252.00 \times 10000 + 253.00 \times 5000}{8000 + 10000 + 5000}$

$\qquad\qquad\qquad = 250.83$（元/t）

(2) 回收值 $= 1 \times 20 \times 50\% \times 50\% \times 0.9 = 4.50$（元/t）

(3) 运杂费：

①平均运距 $= \dfrac{28 \times 8000 + 30 \times 10000 + 32 \times 5000}{8000 + 10000 + 5000} = 29.74$（km）

②运输费 $= 0.60 \times 29.74 = 17.84$（元/t）

③装卸费 $= \dfrac{6.00 \times 8000 + 5.50 \times 10000 + 5.00 \times 5000}{8000 + 10000 + 5000} = 5.57$（元/t）

水泥的运杂费 $= 17.84 + 5.57 = 23.41$（元/t）

(4) 运输损耗费 $=$（材料原价 $+$ 运杂费）$\times$ 运输损耗率

$\qquad\qquad\qquad = (250.83 + 23.41) \times 2\%$

$\qquad\qquad\qquad = 5.48$（元/t）

(5) 水泥预算价格 $=$（材料原价 $+$ 运杂费 $+$ 损耗费）$\times$（$1 +$ 采购保管费率）$-$ 回收值

$\qquad\qquad\qquad = (250.83 + 23.41 + 5.48) \times (1 + 2\%) - 4.50$

$\qquad\qquad\qquad = 280.81$（元/t）

【答】 水泥预算价格为 280.81 元/t。

3.4.3 机械台班单价的确定

机械台班单价是指一台施工机械在一个台班内所需分摊和开支的全部费用之和。按费用性质的不同，可以分为两大类。

1）第一类费用：属于不变费用，即不管机械运转情况如何，不管施工地点和条件，都需要支出的比较固定的经常性费用。主要包括：折旧费、大修理费、经常修理费、安拆费及场外运费。

（1）折旧费：指施工机械在规定的使用年限内，陆续收回其原值的费用。

（2）大修理费：指施工机械按规定的大修理间隔台班进行必要的大修理，以恢复其正常功能所需的费用。

（3）经常修理费：指施工机械除大修理以外的各级保养和临时故障排除所需的费用，包括为保障机械正常运转所需替换设备与随机配备工具器具的摊销和维护费用，机械运转中日常保养所需润滑与擦拭的材料费用及机械停滞期间的维护和保养费用等。

（4）安拆费及场外运费：

①安拆费：指施工机械（大型机械除外）在现场进行安装与拆卸，所需的人工、材料、机械和试运转费用以及机械辅助设施的折旧、搭设、拆除等费用；

②场外运费：指施工机械整体或分件自停放地点运至施工现场，或由一施工地点运至另一施工地点的运输、装卸、辅助材料及架线等费用。

2）第二类费用：属于可变费用，即只有机械运转工作时才发生的费用，且不同地区、不同季节、不同环境下的费用标准也不同。主要包括：台班人工费、台班燃料动力费、台班税费。

（1）人工费：指机上司机（司炉）和其他操作人员的人工费。

（2）燃料动力费：指施工机械在运转作业中所消耗的各种燃料及水、电等。

（3）税费：指施工机械按照国家规定应缴纳的车船使用税、保险费及年检费等。

项目五　建筑装饰工程预算定额的应用

地区建筑装饰装修预算定额的应用有定额的直接套用、定额的换算和定额的补充。地区建筑装饰装修预算定额的应用应该从以下几个方面着手：

（1）熟悉定额组成，精准查找定额编号。在编制施工图预算时，对工程项目均须填写定额编号，目的是便于检查使用定额时，项目套用是否正确、合理，以起到减少差错、提高管理水平的作用。

（2）预算定额的查阅方法。定额表查阅目的是在定额表中找出所需的项目名称、人工、材料、机械名称及它们所对应的数值，一般查阅分两步进行。

第一步：从目录（参见附录一《江苏省建筑装饰工程预算定额》（1998年）（节选））入手找到相应的分部工程，再在其中找到对应的分项工程子目。

第二步：按照目录中所示的相应子目页码查找相关定额内容。

（3）预算定额表。预算定额表（参见附录一《江苏省建筑装饰工程预算定额》（1998年）（节选））是定额最基本的表现形式。看懂定额表，是学习预算重要的一步，一张完整的定额表必须列有工作内容、计量单位、项目名称、定额编号、定额基价等。

3.5.1　建筑装饰工程预算定额的直接套用

当分项工程项目的实际设计要求、材料做法等与预算定额表中相应子目的工作内容一致或基本一致时，可以直接套用该相应定额子目的"人材机"消耗量、定额基价，计算出分项工程的直接工程费及分项工程的综合用工量、各种材料用量、各种机械台班用量。

【例3.5-1】某楼地面工程铺设大理石200m²，其构造为素水泥一道，1∶3水泥砂浆粘贴500mm×500mm的单色大理石板。试计算该项工程定额直接费及定额人工费、材料费和施工机械使用费。

【案例分析】以《江苏省建筑装饰工程预算定额》（1998年）为例（参见附录一《江苏省建筑装饰工程预算定额》（1998年）（节选）），根据题目中已知条件判断得知，该工程内容与定额中编号为1-22子目的工程内容相一致，因此可以直接套用该定额子目。

【解】 从定额 1-22 子目中，可以查出：

①大理石楼地面的基价为 2546.96 元 / 10m^2。

其中，人工费 124.75 元 / 10m^2；

材料费 2409.86 元 / 10m^2；

机械费 12.35 元 / 10m^2。

②定额工程直接费 =2546.96×200/10=50939.20（元）

③定额人工费 =124.75×200/10=2495.00（元）

④定额材料费 =2409.86×200/10=48197.20（元）

⑤定额机械费 =12.35×200/10=247.00（元）

【答】 定额工程直接费为 50939.20 元；定额人工费为 2495.00 元；定额材料费为 48197.20 元；定额机械费为 247.00 元。

3.5.2 建筑装饰工程预算定额的调差与换算

由于定额子目的制定与实际应用有个时间差，加之新材料、新工艺的诞生，以及"人材机"的市场价格波动，这就导致了部分分项工程的项目特征与定额子目内容不能完全匹配，从而无法直接套用定额。这就必须对原建筑装饰工程预算定额进行调差与换算，也就是在"原定额基价"基础上经过调整，继而得到了新的基价，我们称之为"新基价"。有了"新基价"，再乘以分项工程的工程量，就可以得到调整后的工程直接费。

下面是几种不同情况下的换算案例。

1. 抹灰砂浆配合比换算

预算定额中规定：凡注明砂浆种类、配合比的，如与设计规定不同，可按设计规定调整，但人工、机械消耗量不变。

换算公式如下：

新基价（换算后定额基价）＝原定额基价＋定额砂浆用量×（设计砂浆配合比单价－定额砂浆配合比单价）

【例 3.5-2】 某楼面工程的混凝土上做 1：2 的水泥砂浆找平层，厚 20mm，面积为 80m^2，计算水泥砂浆找平层的直接工程费、人工费、材料费和机械费。（市场显示：1：2 水泥砂浆单价为 192.55 元 /m^3。定额显示：1：3 水泥砂浆单价为 160.67 元 / m^3。其他定额人材机价格不变）

【解】 查附录一《江苏省建筑装饰工程预算定额》(1998 年)(节选)P$_{1-3}$ 可知：子目 1-1 符合要求，基价为 60.60 元 / 10m^2；定额中 1：3 水泥砂浆含量为 0.202m^3/10m^2。

①新基价 =60.60+0.202×（192.55−160.67）=67.04（元 / 10m^2）

②工程直接费 =67.04×80/10=536.32（元）

③人工费 =18.75×80/10=150（元）

④材料费 =[36.32+0.202×（192.55−160.67）]×80/10=342.08（元）

⑤机械费 =5.53×80/10=44.24（元）

【答】水泥砂浆找平层的直接工程费、人工费、材料费和机械费分别为：536.32 元、150 元、342.08 元、44.24 元。

2. 定额项目增减倍数换算

《江苏省建筑装饰工程预算定额》(1998 年)的"找平层""地面整体面层""墙面抹灰"都是按照一定厚度编制的，"涂装工程"是按照涂装遍数编制的，当实际装饰项目的厚度或遍数与编制内容不符时，要按定额中"每增（减）项目"进行调整（参见附录一《江苏省建筑装饰工程预算定额》(1998 年)（节选）1—3 子目），以达到设计要求，调整公式为：

新基价（换算后定额基价）＝定额基价＋每增（减）项目定额基价 × 倍数

【例 3.5—3】某楼面工程的混凝土上做 1：3 的水泥砂浆找平层，厚 23mm，面积为 100m²，试计算水泥砂浆找平层的直接工程费（为计算方便，暂认可定额里的所有人材机单价）。

【案例分析】以《江苏省建筑装饰工程预算定额》(1998 年)为例，没有找到厚 23mm 对应的子目，只有 20mm 厚对应的 1—1 子目，以及每增减 5mm 对应的子目 1—3。因此，必须对厚度对应的子目进行换算。

【解】查附录一《江苏省建筑装饰工程预算定额》(1998 年)（节选）P$_{1-3}$ 可知：结合子目 1—1 及子目 1—3 进行换算。子目 1—1 基价为 60.60 元／10m²；子目 1—3 基价为 13.10 元／10m²。

①厚 23mm 砂浆对应的新基价

$$=60.60+\frac{(23-20)}{5}\times 13.10=68.46\ （元／10m^2）$$

②直接工程费 ＝68.46×100/10=684.60 （元）

【答】直接工程费为 684.60 元。

3. 定额项目乘以系数的换算

《江苏省建筑装饰工程预算定额》(1998 年)的各章说明要求某些项目需要乘以系数进行调整，即在定额基价或在人工费、材料费、机械费某一项或几项上乘以系数，其计算公式为：

调整后新基价＝定额调整前基价 ± 换算部分费用 × 相应调整系数

【例 3.5—4】某圆弧形砖墙面水泥砂浆粘贴大理石 100m²，试计算其调整后的新基价及工程直接费。

【案例分析】《江苏省建筑装饰工程预算定额》(1998 年)规定：圆弧形、锯齿形墙面抹灰、镶贴块料按相应人工乘以系数 1.15，材料乘以系数 1.05 计算。

【解】查附录一《江苏省建筑装饰工程预算定额》(1998 年)（节选）P$_{2-10}$ 可知子目 2—21 符合要求。定额显示：子目 2—21 原定额基价为 2688.42 元/10m²；其中人工费为 211.00 元/10m²；材料费为 2463.83 元/10m²；机械费为 13.59 元/10m²。

①新基价=2688.42+211.00×0.15+2463.83×0.05=2843.26 （元/10m²）

②工程直接费 =2843.26×100/10=28432.60 （元）

【答】新基价为 2843.26 元 /10m²；工程直接费为 28432.60 元。

4. 定额中"人材机"单价换算

由于定额"人材机"采用的单价久远，市场单价发生了很大变化，所以要对定额"人材机"单价进行换算（说明：考虑到学生练习方便，案例中只对分项工程部分主材及人工进行换算，其他项目单价保持不变，但毕业后，如果从事相关预算造价工作，所有项目价格都必须是最新市场价，都要按照要求进行换算）。

换算公式如下：

新基价 = 原定额基价 + ΣΔ 人工 + ΣΔ 材料 + ΣΔ 机械

ΣΔ 人工 = Σ 定额人工消耗量 ×（市场人工单价 − 原定额人工单价）

ΣΔ 材料 = Σ 定额材料消耗量 ×（市场材料单价 − 原定额材料单价）

ΣΔ 机械 = Σ 定额机械消耗量 ×（市场机械单价 − 原定额机械单价）

【例 3.5—5】现有 100m² 的吊顶需要做成轻钢龙骨石膏板吊顶（上人），请你计算其预算造价。（设计要求：轻钢龙骨为 U 形，面层规格为 400mm×400mm，简单平面型。目前，市场的人工费为 180 元 / 工日；大龙骨 20 元 /m，中龙骨 8 元 /m；石膏板价格为 200 元 / 张，规格为 3000mm×1200mm×12mm，其他项目单价不变）

【案例分析】这里要注意两点：一是轻钢龙骨石膏板吊顶包含两个施工内容，要分别调差；另一个是各个项目市场单价的计量单位应与原定额单价的计量单位统一。

【解】查附录一《江苏省建筑装饰工程预算定额》（1998 年）（节选）P_{3-7} 可知子目 3—15 符合龙骨要求：轻钢龙骨基价为 499.73 元 /10 m²；大龙骨单价为 8.76 元 /m，大龙骨消耗量为 14.42m/10 m²；中龙骨单价为 2.94 元 /m，中龙骨消耗量为 36.85m/10 m²；人工消耗量为 2.25 工日 /10 m²；查 P_{3-20} 可知子目 3—49 符合饰面板要求：石膏板基价为 216.56 元 /10 m²，消耗量为 11.00 m²/10 m²，定额单价为 15.13 元 /m²，人工消耗量为 1.30 工日 /10 m²。定额人工单价均为 25 元 / 工日。

①轻钢龙骨新基价 = 499.73 + 2.25 ×（180−25）+ 14.42 ×（20−8.76）

　　　　　　　　+ 36.85 ×（8−2.94）

　　　　　　　　= 1197.02（元 /10m²）

②石膏板新基价 = 216.56 + 1.30 ×（180−25）+ 11.00

　　　　　　× $\left(\dfrac{200}{3 \times 1.2} - 15.13 \right)$（市场价与定额价单位要统一）

　　　　　　= 862.74（元 /10m²）

③吊顶预算造价 =（1197.02 + 862.74）× 100/10

　　　　　　　 = 20597.60（元）

【答】吊顶预算造价为 20597.60 元。

5. 综合换算

有些情况下，某些砂浆工程除了调整定额单价外，还要调整厚度，这是一个综合调整。为此，要先同时调整相对应的原定额子目及需要辅助调整厚度的增减项子目的定额单价；在此基础上，再按照前述的厚度调整法进行调整，从而得到所需要的新基价，继而可以计算出工程预算价格。

【例 3.5—6】现有 100m² 的楼地面要用 1：2 的水泥砂浆压光做整体面层，厚度 24mm。请计算其预算价格。（目前，市场人工费为 150 元／工日，1：2 的水泥砂浆为 280.00 元／m³，其他价格不变）

【案例分析】注意先调整定额单价，再调整厚度。

【解】查附录一《江苏省建筑装饰工程预算定额》(1998 年)（节选）P₁₋₅ 可知子目 1—8（厚度 20mm）及子目 1—9（厚度每增减 5mm）符合项目要求。定额显示：厚度 20mm 水泥砂浆基价为 76.15 元／10m²，1：2 的水泥砂浆定额价格为 192.55 元／m³，消耗量为 0.202m³/10m²；人工消耗量为 1.01 工日／10m²。另：厚度每增减 5mm 其基价增减为 14.73 元／10m²，其中，人工消耗量为 0.14 工日／10m²，1：2 的水泥砂浆定额消耗量为 0.051m³/10m²，定额人工单价均为 25 元／工日。

(1) 先调单价

① 20mm 厚新基价 =76.15+1.01×（150—25）+0.202×（280—192.55）
                =220.06（元／10m²）

②厚度每增减 5mm 新基价 =14.73+0.14×（150—25）
                +0.051×（280—192.55）
                =36.69（元／10m²）

(2) 再调厚度

厚 24mm 水泥砂浆对应的新基价

$=220.06+\dfrac{24-20}{5}×36.69=249.41$（元／10m²）

(3) 本工程预算价格 =249.41×100/10=2494.10（元）

【答】本工程预算价格为 2494.10 元。

3.5.3 建筑装饰工程预算定额的补充

设计图样中的某些工程项目，由于采用了新结构、新材料和新工艺等原因，在现行定额中缺项，没有类似定额项目可供套用，又不属于换算范围，所以应该编制补充定额。

其编制方法与定额单价确定的方法相同。先计算所缺项目的人工、材料和机械台班的消耗数量，再根据本地区的人工工日单价、材料预算价格和机械台班单价，计算出该项目的人工费、材料费和机械费，最后汇总为补充定额单价。

由于补充定额还没有定额编号，因此在使用时，在定额编号一栏写上汉字"补"。

3.5.4 工料分析

工料分析是分析完成一个装饰工程项目所需要消耗的各种劳动力及不

同种类和规格的装饰材料的数量。装饰工程造价中人工费和材料费占比很大，有些项目的造价主要由人工费和材料费组成。因此，进行工料分析，合理地调配劳动力，正确地管理和使用材料，是降低工程造价的重要措施之一。

1. 工料分析的作用

(1) 在施工管理中为单位工程的分部分项工程项目提供人工、材料的预算用量。

(2) 生产计划部门根据它编制施工计划、安排生产、统计完成工作量。

(3) 劳资部门根据它组织、调配劳动力，编制工资计划。

(4) 材料部门根据它编制材料供应计划、储备材料、安排加工订货。

(5) 财务部门依据它进行财务成本核算，进行经济分析。

2. 工料分析案例

【例3.5-7】某地面用水泥砂浆铺大理石地面 200m²，求其用工量、大理石板用量、水、白水泥的用量。

【解】查附录一《江苏省建筑装饰工程预算定额》（节选）P_{1-9} 可知子目 1-22 符合项目要求：综合工日消耗量为 4.99 工日／10m²；大理石板定额消耗量为 10.20m²／10m²；水定额消耗量为 0.26m³／10m²；白水泥定额消耗量为 1.00kg／10m²。

① 综合工日 = 200 × 4.99/10 = 99.8（工日）

② 大理石板 = 200 × 10.20/10 = 204（m²）

③ 水 = 200 × 0.26／10 = 5.20（m³）

④ 白水泥 = 200×1.00/10 = 20（kg）

【答】综合工日、大理石板、水、白水泥数量分别为：99.8 工日；204m²；5.20m³；20kg。

项目训练三

一、单项选择题

1.（　　）是规定消耗在完整的结构构件或扩大的结构部分上的活劳动和物化劳动的数量标准。

A. 预算定额　　B. 概算定额　　　　C. 工程结算　　　　D. 工程概算

2.（　　）是规定消耗在单位工程基本构造要素上的劳动力、机械和材料的数量标准。

A. 预算定额　　B. 概算定额　　　　C. 工程结算　　　　D. 工程概算

3. 建筑安装工程定额编制的原则，按平均先进性编制的是（　　）。

A. 预算定额　　B. 企业定额　　　　C. 概算定额　　　　D. 概算指标

4. 工程概算，一般由（　　）编制。

A. 施工单位　　B. 监理单位　　　　C. 设计单位　　　　D. 咨询公司

5. 在正常施工条件下，以施工过程为标定对象而规定的单位合格产品所消耗的劳动力、材料、机械台班数量标准的是（　　　）。

A. 装饰定额　　　B. 施工定额　　　　C. 消耗量定额　　　D. 概算定额

6. 在正常施工条件下某工种工人在单位时间内完成合格产品的数量称为产量定额，下列产量定额的单位正确的是（　　　）。

A. m^2　　　　　B. 工日／m^2　　　C. m^2／工日　　　D. 工日

7. 建筑装饰工程消耗量定额是按（　　　）编制的。

A. 平均水平　　　B. 企业水平　　　　C. 平均先进水平　　D. 社会平均水平

8. 人工幅度差用工是在劳动定额中未包括，而在正常施工情况下不可避免但又无法计量的用工。国家现行规范规定：建筑装饰工程人工幅度差系数为（　　　）。

A. 5%　　　　　B. 15%　　　　　　C. 20%　　　　　　D. 25%

9. 在计算材料预算价格时，采购方自带包装品，材料的包装费应（　　　）。

A. 不计算　　　　　　　　　　B. 单独计算

C. 综合在材料费中　　　　　　D. 以上均不对

10. 某预算定额项目的基本用工为 2.8 工日，辅助用工为 0.7 工日，超运距用工为 0.2 工日，人工幅度差系数为 10%。该定额的人工工日消耗为（　　　）工日。

A. 3.98　　　　　B. 4.00　　　　　C. 4.05　　　　　D. 4.07

11. 某工程水泥从两个地方供货，甲地供货 200t，原价为 240 元／t；乙地供货 300t，原价为 250 元／t。甲、乙运杂费分别为 20 元／t、25 元／t，运输损耗率均为 2%。采购及保管费率均为 3%，则该工程水泥的材料预算单价为（　　　）。

A. 281.04　　　　B. 282.45　　　C. 282.61　　　D. 287.89

12. 某土方施工机械一次循环的正常时间为 2.2min，每循环工作一次挖土 0.5m^3，工作班的延续时间为 8h，机械正常利用系数为 0.85，则该土方施工机械的产量定额为（　　　）m^3／台班。

A. 7.01　　　　　B. 7.48　　　　　C. 92.73　　　　D. 448.80

13. 一砖厚砖墙中，若材料为标准砖（240mm×115mm×53mm），灰缝厚度为 10mm，砖损耗率为 2%，砂浆损耗率为 1%，则砂浆消耗量为（　　　）m^3。

A. 0.062　　　　B. 0.081　　　　C. 0.205　　　　D. 0.228

二、多项选择题

1. 劳动定额的表现形式有（　　　）。

A. 时间定额　　　B. 人工定额　　　C. 产量定额　　　D. 材料定额

2. 材料消耗定额由（　　　）构成。

A. 净用量定额　　B. 损耗量定额　　C. 损耗率定额　　D. 全用量定额

3. 材料预算价格由（　　　）组成。

A. 原价　　　　　B. 包装费　　　　C. 运杂费　　　　D. 采购保管费

4. 装饰分项工程的基价由（　　　）组成。

A. 人工费　　　　B. 材料费　　　　C. 工料费　　　　D. 机械费

三、计算题

1. 用水泥砂浆贴墙立面的瓷砖，时间定额为 0.444 工日／m^2，每天有 10 人投入施工，计算贴 $30m^2$ 墙面所需的施工天数和产量定额。

2. 窗扇面积在 $0.8m^2$ 以内的平开木窗的时间定额为 0.0909 工日／扇，计算 11 人 7d 应完成的总产量。

3. 利用附录一《江苏省建筑装饰工程预算定额》(1998 年)(节选)进行计算。

（1）用水泥砂浆粘贴花岗石成品踢脚板 230m，试计算其定额直接工程费。

（2）轻钢龙骨石膏板天棚，面层 $580m^2$，试计算其定额直接工程费。

四、问答题

1. 什么是工程建设定额？它是如何分类的？

2. 什么是装饰工程预算定额？它有什么作用？

3. 什么是人工（工日）单价？如何确定人工消耗量指标？

4. 什么是材料单价？何确定材料消耗量指标？

5. 什么是机械台班单价？如何确定机械台班消耗量指标？

6. 简述建筑装饰工程预算定额几种常见的换算方法。

7. 简述建设定额的概念及按照生产要素分类。

8. 如何区分施工定额与预算定额？

9. 如何正确套用预算定额？

4

单元四　建筑装饰装修工程定额计价法

知识点

1. 建筑装饰装修工程费用项目组成（按构成要素划分）。

2. 建筑装饰装修工程预算定额计价法编制程序。

着力点

1. 熟悉建筑装饰装修工程费用项目组成（按构成要素划分）。

2. 重点掌握建筑装饰装修工程预算定额计价法步骤。

3. 熟悉建筑装饰装修工程定额预算编制案例分析。

装饰装修工程计价是指按照规定的程序、方法和依据，对装饰装修工程造价及其构成内容进行估计或确定的行为。目前，我国装饰装修工程计价模式主要分为以下两种：一种是传统的"定额计价模式"，另一种是我国工程造价管理改革之后，为了与国际接轨，实行的"工程量清单计价模式"。为了适应深化工程计价改革的需要以及便于实施，住建部和财政部颁发了《建筑安装工程费用项目组成》（建标〔2013〕44号）。它从两个不同方向对费用项目组成进行了划分，即："按费用构成要素划分"及"按造价形成划分"，这两个划分相辅相成。本单元重点讲解"按费用构成要素划分"以及定额计价法，而"按造价形成划分"则放在工程量清单计价部分讲解。

项目一 建筑装饰装修工程费用项目组成（按构成要素划分）

装饰装修工程费用按照费用构成要素划分：由人工费、材料（包含工程设备）费、施工机具使用费、企业管理费、利润、规费和税金组成。其中，人工费、材料费、施工机具使用费、企业管理费和利润包含在分部分项工程费、措施项目费、其他项目费中，如图4.1-1所示。

4.1.1 人工费

人工费是指按工资总额构成规定，支付给从事建筑安装工程施工的生产工人和附属生产单位工人的各项费用。内容包括以下几点：

（1）计时工资或计件工资：指按计时工资标准和工作时间或对已做工作按计件单价支付给个人的劳动报酬。

（2）奖金：指对超额劳动和增收节支支付给个人的劳动报酬。如节约奖、劳动竞赛奖等。

（3）津贴补贴：指为了补偿职工特殊或额外的劳动消耗和因其他特殊原因支付给个人的津贴，以及为了保证职工工资水平不受物价影响支付给个人的物价补贴。如流动施工津贴、特殊地区施工津贴、高温（寒）作业临时津贴、高空津贴等。

（4）加班加点工资：指按规定支付的在法定节假日工作的加班工资和在法定日工作时间外延时工作的加点工资。

（5）特殊情况下支付的工资：指根据国家法律、法规和政策规定，因病、工伤、产假、计划生育假、事假、探亲假、定期休假、停工学习、执行国家或社会义务等原因按计时工资标准或计时工资标准的一定比例支付的工资。

4.1.2 材料费

材料费是指施工过程中耗费的原材料、辅助材料、构配件、零件、半成品或成品、工程设备费用。内容包括以下几点：

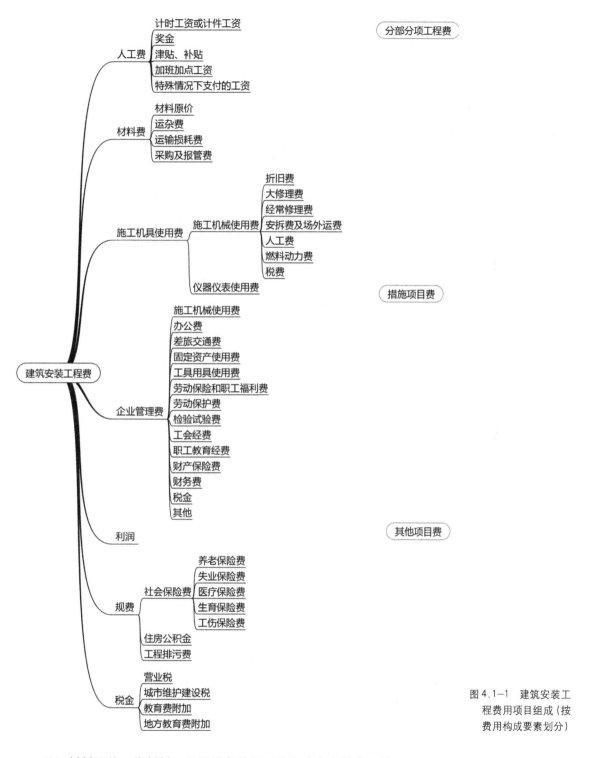

图 4.1-1　建筑安装工程费用项目组成（按费用构成要素划分）

（1）材料原价：指材料、工程设备的出厂价格或商家供应价格。

（2）运杂费：指材料、工程设备自来源地运至工地仓库或指定堆放地点所发生的各项费用。

（3）运输损耗费：指材料在运输装卸过程中不可避免的损耗。

(4)采购及保管费：指为组织采购、供应和保管材料、工程设备的过程中所需要的各项费用。包括采购费、仓储费、工地保管费、仓储损耗。

工程设备是指构成或计划构成永久工程一部分的机电设备、金属结构设备、仪器装饰及其他的设备及装置。

4.1.3 施工机具使用费

施工机具使用费是指施工作业所发生的施工机械、仪器仪表使用费或其租赁费。

施工机械使用费以施工机械台班耗用量乘以台班单价来表示，施工机械台班单价应由下列七项费用组成：

(1)折旧费：指施工机械在规定的使用年限内，陆续收回其原值及购置资金的时间价值。

(2)大修理费：指施工机械按规定的大修理间隔台班进行必要的大修理，以恢复其正常功能所需的费用。

(3)经常修理费：指施工机械除大修理以外的各级保养和临时故障排除所需的费用。包括为保障机械正常运转所需替换设备与随机配备工具附具的摊销和维护费用，机械运转中日常保养所需润滑与擦拭的材料费用及机械停滞期间的维护和保养费用等。

(4)安拆费及场外运费：安拆费指施工机械（大型机械除外）在现场进行安装与拆卸所需的人工、材料、机械和试运转费用以及机械辅助设施的拆旧、搭设、拆除等费用；场外运费指施工机械整体或分体，自停放地点运至施工现场或由一施工地点运至另一施工地点的运输、装卸、辅助材料及架线等费用。工地间移动较为频繁的小型机械及部分机械的安拆费及场外运费，已包含在机械台班单价中。大型机械安拆费及场外运费按本省的相关定额规定计取。

(5)人工费：指机上司机（司炉）和其他操作人员的人工费。

(6)燃料动力费：指施工机械在运转作业中所消耗的各种燃料及水、电等费用。

(7)税费：指施工机械按照国家和有关部门的规定应缴纳的车船使用税、保险费及年检费等。

4.1.4 企业管理费

企业管理费是指建筑安装企业组织施工生产和经营管理所需的费用。内容包括：

(1)管理人员工资是指按规定支付给管理人员的计时工资、奖金、津贴补贴、加班加点工资及特殊情况下支付的工资等。

(2)办公费是指企业管理办公用的文具、纸张、账表、印刷、邮电、书报、办公软件、现场监控、会议、水电、烧水和集体取暖、降温（包括现场临时宿舍取暖、降温）等费用。

（3）差旅交通费是指职工因公出差、调动工作的差旅费、住勤补助费、市内交通费和误餐补助费、职工探亲路费、劳动力招募费、职工退休、退职一次性路费，工伤人员就医路费，工地转移费以及管理部门使用的交通工具的油料、燃料等费用。

（4）固定资产使用费是指管理和试验部门及附属生产单位使用的属于固定资产的房屋、设备、仪器等的折旧、大修、维修或租赁费。

（5）工具用具使用费是指企业施工生产和管理使用的不属于固定资产的工具、器具、家具、交通工具和检验、试验、测绘、消防用具等的购置、维修和摊销费。

（6）劳动保险和职工福利费是指由企业支付的职工退职金、按规定支付给离休干部的经费、集体福利费、夏季防暑降温、冬季取暖补贴、上下班交通补贴等。

（7）劳动保护费是指企业按规定发放的劳动保护用品的支出。如工作服、手套、防暑降温饮料以及在有碍身体健康的环境中施工的保健费用等。

（8）检验试验费是指施工企业按照有关标准规定，对建筑以及材料、构件和建筑安装物进行一般鉴定、检查所发生的费用，包括自设实验室进行试验所耗用的材料等费用。不包括新结构、新材料的试验费，对构件作破坏性试验及其他特殊要求检验试验的费用和建设单位委托检测机构进行检测的费用，对此类检测发生的费用，由建设单位在工程建设其他费用中列支。但对施工企业提供的具有合格证明的材料进行检测不合格的，该检测费用由施工企业支付。

（9）工会经费是指企业按《中华人民共和国工会法》规定的全部职工工资总额比例计提的工会经费。

（10）职工教育经费是指按职工工资总额的规定比例计提，企业为职工进行专业技术和职业技能培训，专业技术人员继续教育、职工职业技能鉴定、职业资格认定以及根据需要对职工进行各类文化教育所发生的费用。

（11）财产保险费是指施工管理用财产、车辆等的保险费用。

（12）财务费是指企业为施工生产筹集资金或提供预付款担保、履约担保、职工工资支付担保等所发生的各种费用。

（13）税金是指企业按规定缴纳的房产税、车船使用税、土地使用税、印花税等。

（14）其他包括技术转让费、技术开发费、投标费、业务招待费、绿化费、广告费、公证费、法律顾问费、审计费、咨询费、保险费等。

4.1.5 利润

利率是指施工企业完成所承包工程获得的盈利。

4.1.6 规费

规费是指按国家法律、法规规定，由省级政府和省级有关权力部门规定必须缴纳或计取的费用。包括以下几个部分：

1. 社会保险费

(1) 养老保险费：指企业按照规定标准为职工缴纳的基本养老保险费。

(2) 失业保险费：指企业按照规定标准为职工缴纳的失业保险费。

(3) 医疗保险费：指企业按照规定标准为职工缴纳的基本医疗保险费。

(4) 生育保险费：指企业按照规定标准为职工缴纳的生育保险费。

(5) 工伤保险费：指企业按照规定标准为职工缴纳的工伤保险费。

2. 住房公积金

指企业按规定标准为职工缴纳的住房公积金。

3. 工程排污费

指企业按规定缴纳的施工现场工程排污费。

其他应列而未列入的规费，按实际发生计取。

4.1.7 税金

税金是指国家税法规定的应计入建筑安装工程造价内的营业税、城市维护建设税、教育费附加及地方教育附加。若实行营业税改增值税时，按纳税地点调整的税率另行计算。

项目二 建筑装饰工程定额计价法概述

4.2.1 定额计价模式

定额计价模式在我们国家基本上按照改革开放前后划分为两种表现形式：静态的定额计价模式和动态的定额计价模式。

(1) 静态的定额计价模式：从中华人民共和国成立至 20 世纪 90 年代初，我国工程造价基本上沿用了传统的定额计价模式，即先根据工程量计算规则计算工程量，再根据费用标准计算出工程造价。这种计价模式有如下特点：一是没有反映出各施工企业的个性，项目中的"人、材、机"的消耗量是按照社会平均水平给定的。二是没有反映出"人、材、机"费用单价的市场波动变化。所以说，这种模式是静态的，它在我国计划经济年代被广泛采用。

(2) 动态的定额计价模式：随着我国计划经济向市场经济的转变、改革开放及商品经济的发展，我国建筑市场的"人、材、机"费用单价的波动幅度及频率加快，按照传统的静态计价模式计算工程造价就显得不适应了。为适应社会主义市场经济发展的需要，我国对建筑装饰工程造价计算按照"量"和"价"分离的方式。即根据全国统一基础定额，国家对定额中的"人、材、机"等消耗"量"统一控制，而它们的单"价"则由当地造价管理部门定期发布市场信息价，作为计价的指导或参考，以确定装饰工程造价。

4.2.2 定额计价方法

定额计价法包括"工料单价法"及"实物计价法"，常用"工料单价法"。

1. 工料单价法

应用工料单价法编制装饰装修工程施工图预算时，应保证分项工程的名称、工作内容、施工方法、使用材料、计量单位等，均应与预算定额相应子目所列的内容一致，避免重项、错项、漏项的现象发生。大概分为以下几步：

（1）根据装饰装修工程预算定额，按分部分项工程的顺序确定预算项目，先计算出各分项工程工程量。

（2）再乘以对应定额子目的基价和"人、材、机"费用单价，求出各分项工程的费用和"人、材、机"费用。

（3）汇总，即为单位工程的分部分项工程费及其中的人工费、材料费、机械费。

（4）按照规定的计价规则，计算措施项目费（其中，单价措施费与分部分项工程费计算方法一样，总价措施项目费按计价基数乘以费率计算）、企业管理费、规费、利润、税金等，从而生成单位工程施工图预算，即装饰装修工程施工图预算。

若施工图纸的某些设计要求与预算定额的规定不完全符合时，应根据预算定额的使用说明，对分项工程定额基价进行调整、换算或补充。

若人工工日单价、材料市场价格、机械台班市场价格等与预算定额的预算价格不一致时，也应对分项工程定额基价进行调整或换算。

套定额时应套用换算后的定额，这样才可保证以工料单价法编制的装饰装修工程施工图预算更准确，更接近装饰装修工程造价的实际情况。

2. 实物计价法

定额计价法中的实物计价法，与"工料单价法"有异同点。

（1）同样根据建筑装饰工程预算定额，按分部分项工程的顺序确定预算项目，先计算出各分项工程工程量。

（2）套定额子目时不是套定额子目的基价或"人、材、机"费用单价，而是套用相应的"人、材、机"的定额消耗量。

（3）再分别乘以工程所在地当时的"人、材、机"的实际价格，从而求出各分项工程的费用和"人、材、机"费用。

（4）汇总即得到单位工程的分部分项工程费及其中的"人、材、机"费用。

其他费用的计算程序及方法与工料单价法一样，最后生成装饰装修工程施工图预算。

实物计价法以当地实时的"人、材、机"价格为计算依据，得出的各项费用与市场情况更接近，更具有实际意义。

应用实物计价法编制装饰装修工程施工图预算时应注意：若套用定额子目中所有材料的消耗量和市场价格，预算工作量太大，其实也没有多大意义，因为装饰工程中大多数辅助材料对预算造价的影响不大，所以在应用实物法时可以只考虑套用预算定额子目中主要材料的消耗量和市场价格，大多数辅助材料的价格还是以预算定额为准。这样既可以保证足够的预算准确度，又可以大大减少换算工作量，加快预算编制速度。

另外，应用实物计价法计算分项工程的费用和"人、材、机"费用的过程，还可以理解为是先进行定额换算后，再对上述费用的计算。

3. 工料单价法与实物计价法的不同之处

1) 计算直接费的方法不同

单价法是先用分项工程的工程量和预算基价计算分项工程的直接费，经汇总得到单位工程直接费。采用这种方法计算直接费较简便，便于不同工程之间进行比较。

实物法是先计算单位工程所需的各种"人、材、机"数量，乘以"人、材、机"单价，汇总为直接费。单位工程所用的工种多、材料品种规格复杂、机械设备型号不一，因此采用实物法计算单位工程所需的各种"人、材、机"用量较烦琐，"人、材、机"单价为市场价格，因此其工程造价能动态地反映建筑产品价格，符合价值规律。

2) 进行工料分析的目的不同

单价法在直接费计算后进行工料分析，目的是为价差调整提供数据。有些地区或某些单位工程只对主要材料进行价差调整，因此工料分析也只分析主要材料的用量。

实物法在计算直接费之前进行工料分析，主要是为了计算单位工程的直接费。为了保证单位工程直接费的准确、完整，工料分析必须计算单位工程所需的全部工料及用量。

项目三　建筑装饰工程预算定额计价法编制程序

建筑装饰工程预算是根据建筑装饰施工图以及相关的标准图、现行装饰工程预算定额或单位估价表，以及招标文件或工程承包合同、施工组织设计或施工方案、有关的计价文件、当地实时的装饰材料单价等，预先计算和编制确定装饰装修工程所需要的全部预算造价的经济文件。在装饰工程实践中，人们常将建筑装饰工程施工图预算称为建筑装饰工程预算。

4.3.1　建筑装饰工程预算定额计价法编制依据

1. 装饰工程施工图、会审记录等设计资料

建筑装饰工程施工图是经过有关方面批准认可的合法图样。施工图包括设计说明、平面图、立面图、剖面图和节点详图，有些项目还附有效果图以及施工图所涉及的标准图集等。图中对装饰工程施工内容、构造做法、材料品种及其颜色、质量要求等有明确表达。装饰施工图是装饰工程预算最根本的依据。

图样会审是由建设单位、设计单位、施工单位和监理单位等一起参与的

将施工图中的错误、遗漏、矛盾等问题找出来，并解决这些问题的过程。图样会审记录是装饰施工图的补充，也是装饰工程预算的重要依据。

2. 建筑装饰工程施工组织设计

施工组织设计是确定单位工程施工方案、施工方法、主要技术组织措施，以及施工现场平面布置等内容的技术文件。在装饰工程预算中，它是确定措施项目费最重要的依据。

3. 预算定额或单位估价表

预算定额或单位估价表是编制装饰工程预算必不可少的基本依据之一。从划分装饰工程分部分项项目到计算工程量都必须以此为标准。

4. 当地的计价依据和取费标准

当地的计价依据和取费标准是合理确定装饰工程预算费用组成和计算程序的重要依据。

5. 建筑装饰材料价格信息

建筑装饰材料价格信息是准确计算材料费的依据。

6. 装饰工程施工合同

装饰工程施工合同是确定工程价款支付方式、材料供应方式以及有关费用计算方法的依据。

4.3.2 建筑装饰工程预算书的编制内容

建筑装饰工程预算书一般由下列内容组成。

1. 封面

封面一般应有工程名称、建设单位名称、施工单位名称、工程造价、单方造价、编制单位、编制人、负责人、编制时间等内容（参见案例图 4.4-13、图 4.4-14）。

2. 编制说明

主要说明所编预算在预算表中无法表达而又需要相关单位人员必须了解的内容（参见案例图 4.4-12）。

3. 单位工程总价表

通常是指根据当地的装饰工程计价程序计算构成装饰工程造价的各项费用及装饰工程总造价（参见案例表 4.3-1）。

4. 分部分项工程计价表

指定额分部分项工程费汇总表。其中包括定额编号、各分部分项工程名称、工程数量、单位基价、各分部分项工程合价等（参见案例表 4.4-4）。

5. 分部分项工程取费计算表

主要反映措施项目费用、其他项目费、规费、利润等的名称、计算式、费率和金额（参见案例表 4.3-2）。

6. 调差表

反映人工、材料、机械价差情况（参见案例表 4.4-2）。

7. 工料分析表

反映装饰工程的"人、材、机"的消耗总量（参见案例表 4.4-7）。

8. 工程量计算表

该表格要根据工程具体情况和要求，纳入装饰工程预算书中（参见案例表 4.4-1）。

4.3.3　建筑装饰工程定额计价法步骤

1. 熟悉装饰施工图及相关施工说明

预算人员在编制预算之前，要充分、全面地熟悉施工图样及相关资料，了解设计意图，掌握工程全貌。阅读图纸时要仔细了解各分项工程的构造、尺寸以及规定的材料品种、规格。只有在对设计全部图样非常熟悉的基础上，才能结合预算定额，准确无误地对工程项目进行划分，从而保证既不漏项，也不重项、错项，继而保证预算计算的准确性。

另外，注意对比设计的分部分项工程项目与定额项目的内容是否一致，是否采用新材料、新工艺，从而导致定额缺项需要补充定额等，并及时做好记录，以便精确计算工程量，为正确套用定额项目奠定基础。

2. 熟悉施工组织设计

在编制装饰工程预算前，一定要认真熟悉并注意施工组织设计中影响预算造价的内容。例如：施工方法、施工机具、脚手架的搭设方式、材料垂直运输方式、安全文明施工、环境保证措施等。要严格按施工组织设计所确定的施工方法和技术组织设计措施，正确计算措施项目费，确保装饰工程预算的准确性。

3. 熟悉现行预算定额及取费标准

熟悉定额时首先应浏览目录，从中了解定额分部分项工程项目的划分方法及定额编排的顺序。其次应认真阅读和理解定额的总说明及分部说明。因为在这些说明中通常会指出定额的适用范围、已经考虑和未考虑的因素以及定额换算的原则和方法等，是正确套用定额的先决条件。当然，最应熟悉的还有定额的项目表。要理解定额项目表中各项目所包含的工作内容、定额子目基价的费用组成、适用条件等，保证不遗漏、不重复计算分部分项工程费用。

另外，由于各地区的取费标准各有不同，因此，编制装饰工程预算时，一定要熟悉当地的预算定额及取费标准，严格按当地的计价程序和费率标准进行计算。此外，还应及时掌握装饰工程材料的实时价格、工程合同等相关造价方面的规定，因为这些均会对装饰工程的造价有所影响。

4. 分项

在充分、全面地熟悉施工图纸及相关设计资料的基础上，按项目预算要求，依次对分部工程（如地面工程、墙面工程、吊顶工程等）进行分项。参照单元一所讲的"分项三原则"，即按分部工程所使用的不同材料（如地面工程中使用的地板、瓷砖等）、或同种材料不同规格（如地砖：500mm×500mm、300mm×300mm 等）、或不同施工工艺（如拼花地砖、异形吊顶等）完成分项。

5. 查定额，确定分项子目定额编号

分项完成并检查无误后，根据分项内容查定额（参考附录一《江苏省建筑装饰工程预算定额》(1998年)(节选)），从定额相应的分部工程中找到相符合的分项子目，并将分项子目的定额编号标入对应的分项工程编号栏内，以备用。

另外，在列项时要注意将需要换算和补充的分项工程项目，在定额编码栏里加以注明"换"及"补"字样，以示与直接套用之区别。

6. 计算分项工程工程量

根据施工图提供的信息计算每个分项工程的工程量，并填入工程量汇总表（参考案例相关表格）。工程量计算非常重要，它的准确与否将直接影响装饰工程预算造价的准确性。因此，要特别注意以下两点：

(1) 编制预算时，应严格按照预算定额各章节中的工程量计算规则进行计算，看清楚图示尺寸，不得随意增加或减少工程量。

(2) 要注意计量单位的统一。因为工程量是以物理计量单位或自然计量单位表示的具体分项工程的数量，如 m^2、m、个等。而定额项目表中所定的计量单位往往是扩大的计量单位，如 $100m^2$、10m、10 个等，主要是便于统计计算。因此，按惯例，工程量的计算结果还是要按定额的计量单位进行调整，使计算出来的工程量的计量单位与预算定额的计量单位保持一致。如石材地面的工程量为 $80m^2$，定额计量单位为 $100m^2$，则将工程量换算为 0.8 $(100m^2)$。

7. 套用预算定额

根据第 5 条查出的分项工程对应的定额编号来套用定额，查出该分项工程的定额基价（包括人工费单价、材料费单价、机械费单价）。

8. 调差

根据"人、材、机"的市场价格对各个分项工程进行调差，并计算出调整后的新基价。不过相应注意的是，如果是学生练习之用，为方便而不机械，在掌握相关知识的前提下，只需换算价格变化较大、价值占比较大的人工及主材价格就行了，其他辅材等对整体价格影响不大，暂不调整。但实际工程中，则需要全面调整。另外，对于需要换算和补充的分项工程，要事先做好换算及补充，计算出相应的新基价，以备用。

9. 计算直接费

根据已算出的各分项工程相对应的工程量和新基价，二者相乘，即可计算出各个分项工程的定额直接费（包括定额人工费、定额材料费、定额机械费），并分别汇总得到分部工程、单位工程直接费（参考教材案例相关表格）。

10. 工料分析

按照前一章节所讲工料分析的方法，对各分项工程进行工料分析，计算出各分项工程所需的"人、材、机"的消耗数量。

11. 取费

按照本地区相应装饰定额费率取费标准及计费程序，计算工程管理费、

利润、规费及税金（参考教材案例相关表格）。

12.汇总总造价

汇总总造价并填入汇总表（参考教材案例相关表格）。

13.编制装饰工程预算书

主要完成工程预算封面，编写编制说明，将组成装饰工程预算书的相关内容按照一定顺序装订成册，形成一份完整的工程预算书，最后送有关部门审核。如果是学生训练使用，则要写明班级、姓名、学号等。

4.3.4 建筑装饰工程定额计价法计价程序（表4.3-1）

定额计价程序表

表4.3-1

序号		费用项目	计算方法
1		分部分项工程费	Σ（分部分项工程费）
1.1	其中	人工费	Σ（人工费）
1.2		材料费	Σ（材料费）
1.3		施工机具使用费	Σ（施工机具使用费）
2		措施项目费	2.1+2.2
2.1		单价措施项目费	2.1.1+2.1.2+2.1.3
2.1.1	其中	人工费	Σ（人工费）
2.1.2		材料费	Σ（材料费）
2.1.3		施工机具使用费	Σ（施工机具使用费）
2.2		总价措施项目费	2.2.1+2.2.2
2.2.1	其中	安全文明施工费	(1.1+1.3+2.1.1+2.1.3)×费率
2.2.2		其他总价措施项目费	(1.1+1.3+2.1.1+2.1.3)×费率
3		总承包服务费	项目价值×费率
4		企业管理费	(1.1+1.3+2.1.1+2.1.3)×费率
5		利润	(1.1+1.3+2.1.1+2.1.3)×费率
6		规费	(1.1+1.3+2.1.1+2.1.3)×费率
7		索赔与现场签证	索赔与现场签证费用
8		不含税工程造价	1+2+3+4+5+6+7
9		税金	8×费率
10		含税工程造价	8+9

注：表中"索赔与现场签证"系指以费用形式表示的不含税费用。

4.3.5 建筑装饰工程定额计价法计价费率（表4.3-2）

江苏省建设工程费用取费费率表（简易）

表4.3-2

序号	费用项目	计算费率（%）
1	安全文明施工费	2.1
2	其他总价措施项目费	0.5

序号	费用项目	计算费率（%）
3	总承包服务费	2
4	企业管理费	43
5	利润	15
6	规费	2.81
7	税金	3.36

注：表中部分费率采用了简易记法，具体参见附录四《江苏省建筑与装饰工程计价定额》(2014年)(节选)。

项目四 建筑装饰工程预算定额计价法编制案例分析

因受篇幅限制，本单元只选择一个案例进行分析。下面通过某公司经理办公室的装饰装修工程预算编制实例，来说明在定额计价方式下采用单价法计算装饰工程预算造价的过程。(注：本案例参考饶武老师主编的《建筑装饰工程计量与计价》)

4.4.1 熟悉工程案例概况（注：学生练习叫设计任务书）

1. 经理办公室装修施工图

经理办公室装修施工图如图 4.4-1～图 4.4-11 所示。

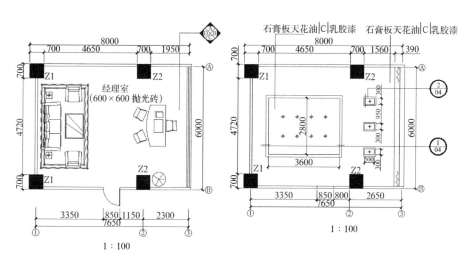

图4.4-1 经理室平面图（左）
图4.4-2 经理室吊顶图（右）

图4.4-3 经理室A立面图（左）
图4.4-4 经理室B立面图（右）

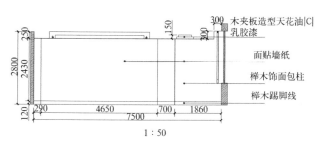
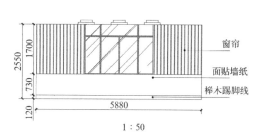

2. 经理办公室装修工程设计说明

(1) 本工程为土建初步完成后的室内二次装修，不包括室外装修。土建交工时地面已做找平层，墙体已砌筑，墙柱面已抹完底灰；除 B 立面墙为 180mm 砖墙外，其他间隔墙均为 120mm 砖墙。

(2) 顶棚为木骨架 9mm 胶合板基层及轻钢龙骨 9mm 石膏板基层，面层白色乳胶漆（底油两遍、面层两遍）。其他造型要求详见图样。

(3) 墙面贴装饰墙纸，Z_1 柱和 Z_2 柱为木龙骨 9mm 胶合板基层，榉木胶合板饰面，面油硝基清漆。

(4) B 立面的窗帘盒为 300mm 宽、300mm 高内藏式胶合板窗帘盒，盒内油乳胶漆；130mm 宽、20mm 厚大理石窗台板，现场磨边、抛光；100mm 宽窗洞侧边贴装饰墙纸，90mm 系列双扇带上亮铝合金推拉窗，百叶窗帘。门为木龙骨胶合板门扇，外贴榉木胶合板油硝基清漆。

(5) 为了防火，顶棚及包柱的木龙骨及胶合板基层，均油防火漆两遍。

(6) 共一层，层高 3.2m。现场交通状况良好，运输方便，粘贴块料所用 1 : 2 水泥砂浆均为现场搅拌机搅拌。其他详见图样。

(7) 市场人工费为 150 元 / 工日，材料单价为市场价。

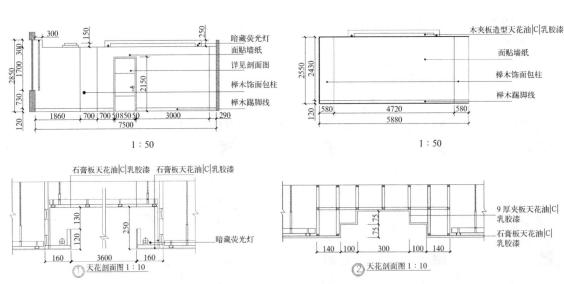

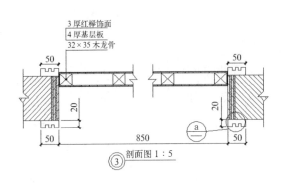

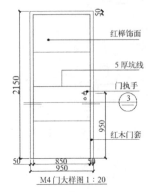

图 4.4-5　经理室 C 立面图（左上）

图 4.4-6　经理室 D 立面图（右上）

图 4.4-7　经理室吊顶剖面图 1（左中）

图 4.4-8　经理室吊顶剖面图 2（右中）

图 4.4-9　经理室 M4 门大样图（左下）

图 4.4-10　经理室 M4 门剖面图（右下）

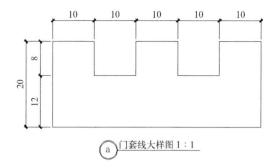

图 4.4-11　经理室 M4
门门套线大样图

4.4.2　分项并计算工程量

　　根据前节所讲"分项三原则"先对工程进行分项,然后按照本地区建筑装饰工程定额相关工程量计算规则进行工程量计算,并将计算结果及各分项工程定额编号一并填入表 4.4-1(注:本案例工程量计算规则及材料编码采用《江苏省建筑与装饰工程计价定额》(2014 年),分项工程定额编号采用附录一《江苏省建筑装饰工程预算定额》(1998 年)(节选))。

工程量计算表　　　　　　　　　　　　　　　　　　表4.4-1

工程名称：某经理办公室装饰装修工程

序号	定额编号	分部分项工程名称	单位	数量	计算式
		分部分项工程			
一		楼地面工程			
1	1-62换	600mm×600mm 抛光砖地面	m²	43.29	$7.5 \times 5.88 - 0.7 \times 0.58 \times 2$（扣除柱$Z_2$）
2	1-101换	榉木饰面胶合踢脚线	m	28.17	$(7.5 + 0.58 \times 2) \times 2 + 5.88 \times 2 - 0.95$
二		墙柱面工程			
3	2-96换	木龙骨榉木饰面板包方柱	m²	13.92	$(0.58 / 2 + 0.58) \times 2.55 \times 2$（柱$Z_1$）$+ (0.7 + 0.58 \times 2) \times 2.55 \times 2$（柱$Z_2$）
4	2-115	木龙骨榉木饰面板包方柱	m²	13.92	同上
三		天棚工程			
5	3-4	天棚木龙骨	m²	2.29	$[0.3 + (0.1 + 0.14) \times 2] \times [0.5 + (0.1 + 0.14) \times 2] \times 3$
6	3-12	天棚U形轻钢龙骨	m²	40.05	$44.1 - 2.29 - 1.764$
		其中：天棚净面积	m²	44.1	7.5×5.88
		扣减木龙骨面积	m²	-2.29	同序号5的计算式
		扣减窗帘盒面积	m²	-1.764	0.3×5.88
7	3-46换	天棚胶合板	m²	3.19	$[0.3 + (0.1 + 0.14) \times 2] \times [0.5 + (0.1 + 0.14) \times 2] \times 3 + [(0.3 + 0.1 \times 2 + 0.5 + 0.1 \times 2) \times 2 \times 0.075$（跌级侧立面）$+ (0.3 + 0.5) \times 2 \times 0.075]$（跌级侧立面）$\times 3$
8	3-50	天棚石膏板	m²	47.26	$40.05 + 2.15 + 1.54 + 3.52$
		其中：石膏板水平投影面积（不含灯槽）	m²	40.05	同序号6的计算式

序号	定额编号	分部分项工程名称	单位	数量	计算式
		灯槽顶板面积	m²	2.15	$(3.6+0.16\times2)\times(2.8+0.16\times2)-3.6\times2.8$
		灯槽挡板面积	m²	1.54	$(3.6+2.8)\times2\times0.12$
		跌级侧立面	m²	3.52	$[(3.6+0.16\times2)+(2.8+0.16\times2)]\times2\times0.25$
四		门窗工程			
9	4—3	铝合金双扇带上亮推拉窗安装	m²	11.76	$5.88\times(1.7+0.3)$
10	6—56	胶合板窗帘盒	m	5.88	$6-0.12$
11	6—64	百叶窗帘	m²	11.76	$5.88\times(1.7+0.3)$
12	1—24换	大理石窗台板	m²	0.76	$(6-0.12)\times0.13$
13	4—92	木龙骨胶合板门扇制作安装	m²	1.79	0.85×2.1
14	18—50	门筒子板	m²	0.81	$(0.85+2.1\times2)\times0.16$
15	6—26	50mm宽门贴脸	m	10.5	$(0.95+2.15\times2)\times2$
五		油漆涂料裱糊工程			
16	5—145	木门刷硝基清漆	m²	1.79	同序号15的计算式
17	5—149	踢脚线、包柱、门筒子板刷硝基清漆	m²	15.50	$2.78+12.07+0.66$
		其中：踢脚线	m²	2.77	3.38(见序号3计算式)×0.82(油漆工程量调整系数)
		包柱	m²	12.07	13.92(见序号4计算式)/2.55×(2.55-0.12)×0.91(油漆工程量调整系数)
		门筒子板	m²	0.66	0.81(见序号15计算式)×0.82(油漆工程量调整系数)
18	5—206	包柱木龙骨刷防火漆两遍	m²	13.92	同序号4的计算式
19	5—196	包柱基层板刷防火漆两遍	m²	13.92	同序号4的计算式
20	5—210	天棚木龙骨（含基层板）刷防火漆两遍	m²	2.29	同序号5的计算式
21	5—247	天棚石膏板面刷乳胶漆	m²	47.26	同序号8的计算式
22	5—249	天棚胶合板面、窗帘盒刷乳胶漆	m²	6.9	$2.59+3.71$
		其中：天棚胶合板面	m²	3.19	同序号7的计算式
		窗帘盒	m²	3.71	$5.88\times(0.3+0.3)+0.3\times0.3\times2$
23	5—293	墙面贴墙纸	m²	46.34	$15.82+4.17+0.99+13.89+11.47$
		其中：A立面	m²	15.82	$7.5\times2.43-0.29\times2.43$（柱$Z_1$）$-0.7\times2.43$（柱$Z_2$）
		B立面	m²	4.17	$5.88\times(0.73-0.02)$
		窗洞口的侧壁	m²	0.99	$[(1.7+0.3)\times2+5.88]\times0.1$
		C立面	m²	13.89	$7.5\times2.43-0.29\times2.43$（柱$Z_1$）$-0.7\times2.43$（柱$Z_2$）$-0.95\times(2.15-0.12)$（门及门贴脸）
		D立面	m²	11.47	$5.88\times2.43-0.58\times2\times2.43$（柱$Z_1$）
六		其他工程			
24	6—40	大理石窗台板磨边、抛光	m	5.88	$6-0.12$
七		措施项目			
25	7—1	天棚面活动脚手架	m²	44.1	7.5×5.88

4.4.3 套用定额并完成各分项工程直接费计算

4.4.3.1 套用定额并调差（注：为教学方便只调整人工及主材，见表 4.4—2）

分项工程调差表 表4.4—2

工程名称：某经理办公室装饰装修工程

序号	定额编号	分部工程名称	单位	人工				材料			
				市场价	定额价	消耗量	增量	市场价	定额价	消耗量	增量
一		楼地面工程									
1	1—62换	600mm×600mm抛光砖地面	10m²	150	25.00	3.34	417.50	10.20	8.93	29	36.83
2	1—101换	榉木饰面胶合踢脚线	100m	150	25.00	5.14	625.50	3800	2600	0.33	396.0
二		墙柱面工程									
3	2—96换	木龙骨包方柱	10m²	150	25.00	3.31	413.75	1800	1200	0.109	65.40
4	2—115	木龙骨榉木饰面板包方柱	10m²	150	25.00	1.20	150.00	34.26	14.59	10.50	19.67
三		顶棚工程									
5	3—4	天棚木龙骨	10m²	150	25.00	2.00	300.00	1800	1200	0.124	74.4
6	3—12	天棚U形轻钢龙骨	10m²	150	25.00	2.23	278.75	6.35	4.27	17.80	37.02
7	3—46换	天棚胶合板	10m²	150	25.00	1.45	181.25	38.65	23.71	11.00	164.34
8	3—50	天棚石膏板	10m²	150	25.00	1.96	245.00	27.80	15.13	1.96	24.83
四		门窗工程									
9	4—3	铝合金双扇带上亮推拉窗安装	10m²	150	25.00	4.85	606.25	260.00	180.00	9.6	768.00
10	6—56	胶合板窗帘盒	100m	150	25.00	26.35	3293.75	72.35	57.27	21.00	316.68
11	6—64	百叶窗帘	10m²	150	25.00	0.42	52.5	58.45	44.34	10.50	148.16
12	1—24换	大理石窗台板	10m²	150	25.00	6.80	850.00	320.00	230.00	10.20	918.00
13	4—92	木龙骨胶合板门扇制作安装	10m²	150	25.00	14.00	1750.00	133.70	46.69	19.71	1714.97
14	18—50	门筒子板	10m²	150	85.00	3.31	215.15	2200.0	1600.0	0.324	194.40
15	6—26	50mm宽门贴脸	100m	150	25.00	2.39	298.75	11.05	6.62	108.00	478.44
五		油漆涂料裱糊工程									
16	5—145	木门刷硝基清漆	10m²	150	25.00	13.67	1708.75	25.83	17.58	12.60	103.95
17	5—149	踢脚线、包柱、门筒子板刷硝基清漆	10m²	150	25.00	8.99	1123.75	25.83	17.58	5.40	44.55
18	5—206	包柱木龙骨刷防火漆两遍	10m²	150	25.00	0.93	116.25	26.18	17.05	1.96	17.89
19	5—196	包柱基层板刷防火漆两遍	10m²	150	25.00	1.32	165.00	26.18	17.05	1.78	16.25
20	5—210	天棚木龙骨（含基层板）刷防火漆两遍	10m²	150	25.00	1.56	195.00	26.18	17.05	2.98	27.21

序号	定额编号	分部工程名称	单位	人工				材料			
				市场价	定额价	消耗量	增量	市场价	定额价	消耗量	增量
21	5—247	天棚石膏板面刷乳胶漆	10m²	150	25.00	0.42	52.50	14.23	9.67	4.33	19.74
22	5—249	天棚胶合板面、窗帘盒刷乳胶漆	10m²	150	25.00	0.42	52.50	14.23	9.67	4.33	19.74
23	5—293	墙面贴墙纸	10m²	150	25.00	1.42	177.50	18.45	12.88	11.00	61.27
六		其他工程									
24	6—40	大理石窗台板磨边、抛光	100m	150	25.00	3.56	445	68.32	52.53	105	1657.95
七		措施项目									
25	7—1	天棚面活动脚手架	10m²	150	25.00	0.11	13.75	8.56	5.29	0.29	0.95

4.4.3.2 计算各分项工程新基价（表4.4—3）

新基价计算表   表4.4—3

工程名称：某经理办公室装饰装修工程

序号	定额编号	分部工程名称	单位	定额基价（元）	调差后增量（元）			新基价（元）
					人工	材料	机械	
一		楼地面工程						
1	1—62换	600mm×600mm 抛光砖地面	10m²	714.55	417.50	36.83	00.00	1168.88
2	1—101换	榉木饰面胶合踢脚线	100m	1686.51	625.50	396.0	00.00	2708.01
二		墙柱面工程						
3	2—96换	木龙骨包方柱	10m²	222.35	413.75	65.40	00.00	701.50
4	2—115	木龙骨榉木饰面板包方柱	10m²	189.27	150.00	19.67	00.00	358.94
三		顶棚工程						
5	3—4	天棚木龙骨	10m²	265.41	300.00	74.4	00.00	639.81
6	3—12	天棚U形轻钢龙骨	10m²	319.81	278.75	37.02	00.00	635.58
7	3—46换	天棚胶合板	10m²	307.12	181.25	164.34	00.00	652.71
8	3—50	天棚石膏板	10m²	243.35	245.00	24.83	00.00	513.18
四		门窗工程						
9	4—3	铝合金双扇带上亮推拉窗安装	10m²	2146.18	606.25	768.00	00.00	3520.43
10	6—56	胶合板窗帘盒	100m	3836.67	3293.75	316.68	00.00	7447.10
11	6—64	百叶窗帘	10m²	481.07	52.5	148.16	00.00	681.73
12	1—24换	大理石窗台板	10m²	2591.59	850.00	918.00	00.00	4359.59
13	4—92	木龙骨胶合板门扇制作安装	10m²	2417.73	1750.00	1714.97	00.00	582.70
14	18—50	门筒子板	10m²	934.18	248.25	194.40	00.00	1376.83
15	6—26	50mm宽门贴脸	100m²	451.76	298.75	478.44	00.00	1228.95
五		油漆涂料裱糊工程						
16	5—145	木门刷硝基清漆	10m²	995.11	1708.75	103.95	00.00	2807.81
17	5—149	踢脚线、包柱、门筒子板刷硝基清漆	10m²	504.97	1123.75	44.55	00.00	1673.27
18	5—206	包柱木龙骨刷防火漆两遍	10m²	57.91	116.25	17.89	00.00	192.05

序号	定额编号	分部工程名称	单位	定额基价（元）	调差后增量（元）			新基价（元）
					人工	材料	机械	
19	5-196	包柱基层板刷防火漆两遍	10m²	70.42	165.00	16.25	00.00	251.67
20	5-210	天棚木龙骨（含基层板）刷防火漆两遍	10m²	91.69	195.00	27.21	00.00	313.90
21	5-247	天棚石膏板面刷乳胶漆	10m²	53.93	52.50	19.74	00.00	126.17
22	5-249	天棚胶合板面、窗帘盒刷乳胶漆	10m²	54.22	52.50	19.74	00.00	126.46
23	5-293	墙面贴墙纸	10m²	191.50	177.50	61.27	00.00	430.27
六		其他工程						
24	6-40	大理石窗台板磨边、抛光	100m	5704.27	445.00	1657.95	00.00	7807.22
七		措施项目						
25	7-1	天棚面活动脚手架	10m²	5.61	13.75	0.95	00.00	20.31

4.4.3.3 计算各分项工程定额直接费（表4.4-4）

各分项工程定额直接费计算表　　　　　　　　　　　表4.4-4

工程名称：某经理办公室装饰装修工程

序号	定额编号	分部分项工程名称	单位	分项工程工程量	新基价（元）	分项工程直接费（元）
一		楼地面工程				
1	1-62换	600mm×600mm 抛光砖地面	10m²	4.329	1168.88	5060.08
2	1-101换	榉木饰面胶合踢脚线	100m	0.2817	2708.01	762.85
二		墙柱面工程				
3	2-96换	木龙骨包方柱	10m²	1.392	701.50	976.49
4	2-115	木龙骨榉木饰面板包方柱	10m²	1.392	358.94	499.64
三		顶棚工程				
5	3-4	天棚木龙骨	10m²	0.229	639.81	146.52
6	3-12	天棚U形轻钢龙骨	10m²	4.005	635.58	2545.50
7	3-46换	天棚胶合板	10m²	0.319	652.71	208.21
8	3-50	天棚石膏板	10m²	4.726	513.18	2425.29
四		门窗工程				
9	4-3	铝合金双扇带上亮推拉窗安装	10m²	1.176	3520.43	4140.03
10	6-56	胶合板窗帘盒	100m	0.0588	7447.10	437.89
11	6-64	百叶窗帘	10m²	1.176	681.73	801.71
12	1-24换	大理石窗台板	10m²	0.076	4359.59	331.33
13	4-92	木龙骨胶合板门扇制作安装	10m²	0.179	582.70	104.30
14	18-50	门筒子板	10m²	0.081	1376.83	111.52
15	6-26	50mm宽门贴脸	100m	0.105	1228.95	129.04
五		油漆涂料裱糊工程				
16	5-145	木门刷硝基清漆	10m²	0.179	2807.81	502.60
17	5-149	踢脚线、包柱、门筒子板刷硝基清漆	10m²	1.550	1673.27	2593.57
18	5-206	包柱木龙骨刷防火漆两遍	10m²	1.392	192.05	267.33

序号	定额编号	分部分项工程名称	单位	分项工程工程量	新基价（元）	分项工程直接费（元）
19	5—196	包柱基层板刷防火漆两遍	10m²	1.392	251.67	350.32
20	5—210	天棚木龙骨（含基层板）刷防火漆两遍	10m²	0.229	313.90	71.88
21	5—247	天棚石膏板面刷乳胶漆	10m²	4.726	126.17	596.28
22	5—249	天棚胶合板面、窗帘盒刷乳胶漆	10m²	0.69	126.46	87.26
23	5—293	墙面贴墙纸	10m²	4.634	430.27	1993.87
六		其他工程				
24	6—40	大理石窗台板磨边、抛光	100m	0.0588	7807.22	459.06
七		措施项目				
25	7—1	天棚面活动脚手架	10m²	4.41	20.31	89.57
						∑=25692.14

4.4.4 计算单位工程的各项取费及含税总造价

4.4.4.1 计算各分项工程人工费及机械费（表4.4—5）

各分项工程人工费及机械费计算 表4.4—5

工程名称：某经理办公室装饰装修工程

序号	定额编号	分部工程名称	单位	工程量	人工费（元）			机械费（元）		
					人工定额费	增量	合计	机械定额费	增量	合计
一		楼地面工程								
1	1—62换	600mm×600mm抛光砖地面	10m²	4.329	83.50	417.50	2168.83	6.27	0.00	27.14
2	1—101换	榉木饰面胶合踢脚线	100m	0.2817	187.50	625.50	229.02	21.19	0.00	5.97
二		墙柱面工程								
3	2—96换	木龙骨包方柱	10m²	1.392	78.25	413.75	684.86	9.91	0.00	13.79
4	2—115	木龙骨榉木饰面板包方柱	10m²	1.392	30.00	150.00	250.56	2.00	0.00	2.78
三		顶棚工程								
5	3—4	天棚木龙骨	10m²	0.229	50.00	300.00	80.15	11.73	0.00	2.67
6	3—12	天棚U形轻钢龙骨	10m²	4.005	55.75	278.75	1339.67	6.00	0.00	24.03
7	3—46换	天棚胶合板	10m²	0.319	36.25	181.25	69.38	2.00	0.00	0.64
8	3—50	天棚石膏板	10m²	4.726	49.00	245.00	1389.44	4.00	0.00	18.90
四		门窗工程								
9	4—3	铝合金双扇带上亮推拉窗安装	10m²	1.176	121.25	606.25	855.54	27.27	0.00	32.07
10	6—56	胶合板窗帘盒	100m	0.0588	658.75	3293.75	232.41	23.57	0.00	1.39
11	6—64	百叶窗帘	10m²	1.176	10.50	52.5	74.09	3.50	0.00	4.12
12	1—24换	大理石窗台板	10m²	0.076	170.00	850.00	77.52	8.10	0.00	0.62
13	4—92	木龙骨胶合板门扇制作安装	10m²	0.179	350.00	1750.00	375.90	23.25	0.00	4.16

序号	定额编号	分部工程名称	单位	工程量	人工费（元）			机械费（元）		
					人工定额费	增量	合计	机械定额费	增量	合计
14	18-50	门筒子板	10m²	0.081	281.35	248.25	42.90	3.08	0.00	0.25
15	6-26	50mm宽门贴脸	10m²	0.105	59.75	298.75	37.64	19.00	0.00	2.00
五		油漆涂料裱糊工程								
16	5-145	木门刷硝基清漆	10m²	0.179	341.75	1708.75	367.04	0.00	0.00	0.00
17	5-149	踢脚线、包柱、门筒子板刷硝基清漆	10m²	1.550	224.75	1123.75	2090.18	0.00	0.00	0.00
18	5-206	包柱木龙骨刷防火漆两遍	10m²	1.392	23.21	116.25	194.13	0.00	0.00	0.00
19	5-196	包柱基层板刷防火漆两遍	10m²	1.392	6.50	165.00	239.08	0.00	0.00	0.00
20	5-210	天棚木龙骨（含基层板）刷防火漆两遍	10m²	0.229	39.00	195.00	53.59	0.00	0.00	0.00
21	5-247	天棚石膏板面刷乳胶漆	10m²	4.726	10.50	52.50	297.74	0.00	0.00	0.00
22	5-249	天棚胶合板面、窗帘盒刷乳胶漆	10m²	0.69	10.50	52.50	43.47	0.00	0.00	0.00
23	5-293	墙面贴墙纸	10m²	4.634	35.50	177.50	987.04	0.00	0.00	0.00
六		其他工程								
24	6-40	大理石窗台板磨边、抛光	100m	0.0588	89.00	445.00	31.40	22.00	0.00	1.29
七		措施项目								
25	7-1	天棚面活动脚手架	10m²	4.41	2.75	13.75	72.77	0.33	0.00	1.46
		合计					Σ=12284.35			Σ=143.28

4.4.4.2 计算单位工程的各项取费及含税总造价（表4.4-6）

单位工程的各项取费及含税总造价　　　　　　　　表4.4-6

工程名称：某经理办公室装饰装修工程

序号	费用项目	单位工程的各项取费及含税总造价
1	分部分项工程费（含调差部分）	25692.14（参见表4.4-4计算结果）
1.1	分部分项人工费	12284.35（参见表4.4-5计算结果）
1.2	分部分项机械费	143.28（参见表4.4-5计算结果）
3	安全文明施工费	(12284.35+143.28) ×2.1%=260.98
4	其他总价措施项目费	(12284.35+143.28) ×0.5%=62.14
5	总承包服务费	25692.14×2%=513.84
6	企业管理费	(12284.35+143.28) ×43%=5343.88
7	利润	(12284.35+143.28) ×15%=1864.14
8	规费	(12284.35+143.28) ×2.81%=349.22
9	税金	25692.14×3.36%=863.26
10	含税总造价合计	Σ=34949.60

4.4.5 分部分项工程工料分析（表4.4-7）

工料机汇总表   表4.4-7

工程名称：某经理办公室装饰装修工程

序号	材料编号	名称、规格、型号	单位	工程量
1		综合工日	工日	63.88
2	013003	复合普通硅酸盐水泥 P.C 32.5	t	0.28
3	101022	中砂	m^3	0.49
4	105002	石膏粉	kg	0.02
5	403020	胶合板 2440mm×1220mm×9mm	m^2	29.61
6	403012	饰面胶合板	m^2	22.85
7	206043	平板玻璃δ_5	m^2	11.76
8	204056	瓷质抛光板600mm×600mm	m^2	44.37
9	607072	石膏板	m^2	49.62
10	608134	壁纸	m^2	50.97
11	601106	内墙乳胶漆	kg	13.15
12	601034	防火涂料	kg	5.63
13	601119	硝基清漆	kg	4.89
14		灰浆搅拌机，搅拌容量200L	台班	0.06

注：1.由于篇幅有限，表中数据仅为部分材料的汇总；

　　2.材料编号按照《江苏省建筑与装饰工程计价定额》（2014年）采集。

4.4.6 预算书编制说明（图4.4-12）

编制说明

1 工程概况

1.1 建设单位：ＸＸ公司

1.2 工程名称：经理办公室装饰装修工程

1.3 工程范围：经理室地面、墙面、顶棚工程、门窗等装饰装修工程

1.4 经济指标：建筑面积为47.74m^2，单方造价为732.08元/m^2

1.5 结构形式：钢筋混凝土框架结构

1.6 其他：首层，层高3.2m，现场交通运输方便。无甲方供材

2 编制依据

2.1 以经理办公室装饰装修施工图为依据

2.2 按照《江苏省建筑装饰工程预算定额》（1998年）计价

2.3 按照《江苏省建筑与装饰工程计价定额》（2014年）工程量计算规则计算工程量

2.3 人工单价调整为150元/工日。人工与主材按市场调差

2.4 按江苏省装饰装修工程计费程序计价

2.5 税金率：税金率按3.36%计算

3 预算未包括以下内容

3.1 水电及成品家具

图4.4-12 预算书编制说明

4.4.7 装饰工程预算书封面

4.4.7.1 装饰工程预算书封面（实际工程使用）（图4.4-13）

```
                    某经理办公室装饰装修工程
                          施工图预算
                        编号：_____
 建设单位（发包人）：ＸＸ    公司

 施工单位（承包人）：ＸＸ 装饰装修公司


 编制（审核）工程造价：34949.60元
 编制（审核）造价指标：732.08元


 编制（审核）单位：ＸＸ    公司    （单位盖章）
 造价工程师及证号：李ＸＸ          （签字盖执业专用章）
 负  责  人：张ＸＸ          （签字）
 编 制 时 间：ＸＸＸＸ年 ＸＸ月 ＸＸ日
```

图 4.4-13 装饰工程
预算书封面

4.4.7.2 装饰工程预算书封面（学生实训使用）（图4.4-14）

```
                    某经理办公室装饰装修工程
                         施工图预算

              编制（审核）工程造价：34949.60元
              编制（审核）造价指标：732.08元



              班  级：_____
              编制人：_____
              学  号：_____

         编 制 时 间：ＸＸＸＸ 年 ＸＸ月 ＸＸ日
```

图 4.4-14 装饰工程
预算书实训封面

项目训练四

一、单项选择题

1. 关于施工图预算的作用，下列说法中正确的是（   ）。

A. 施工图预算可以作为业主拨付工程进度款的基础

B. 施工图预算是工程造价管理部门制定招标控制价的依据

C. 施工图预算是业主方进行施工图预算与施工预算"两算"对比的依据

D. 施工图预算是施工单位安排建设资金计划的依据

2. 关于施工图预算文件的组成，下列说法中错误的是（   ）。

A. 当建设项目有多个单项工程时，应采用三级预算编制形式

B. 三级预算编制形式的施工图预算文件包括综合预算表、单位工程预算表和附件等

C. 当建设项目仅有一个单项工程时，应采用二级预算编制形式

D. 二级预算编制形式的施工图预算文件包括综合预算表和单位工程预算表两个主要报表

3. 定额单价法和实物量法是编制施工图预算的两种方法，关于这两种方法的编制步骤和特点，下列说法中正确的是（　　）。

A. 定额单价法在计算得到分项工程工程量后，先套用消耗量定额，再进行工料分析

B. 实物量法在计算得到分项工程工程量后，先套用消耗量定额，再进行工料分析

C. 定额单价法反映市场价格水平

D. 实物量法编制速度快，但调价计算繁琐

4. 采用定额单价法编制施工图预算时，下列做法正确的是（　　）。

A. 若分项工程主要材料品种与预算单价规定材料不一致，需要按实际使用材料价格换算预算单价

B. 因施工工艺条件与预算单价的不一致而致人工、机械的数量增加，只调价不调量

C. 因施工工艺条件与预算单价的不一致而致人工、机械的数量减少，既调价也调量

D. 对于定额项目计价中未包括的主材费用，应按造价管理机构发布的造价信息价补充进定额基价

5. 关于工程定额计价模式的说法，不正确的是（　　）。

A. 编制建设工程造价的基本过程包括工程量计算和工程计价

B. 定额具有相对稳定性的特点

C. 定额计价中不考虑不可预见费

D. 定额在计价中起指导性作用

二、问答题

1. 什么是施工图预算？施工图预算在工程造价中有什么作用？

2. 编制施工图预算应参照哪些依据？

3. 定额计价法编制装饰工程预算书的步骤有哪些？

4. 建筑装饰工程费用按造价形成由哪五项费用组成？

5. 什么是分部分项工程费？

6. 什么是措施项目费？它包括哪些费用？

7. 什么是规费？它包括哪些费用？

8. 什么是其他项目费？它包括哪些费用？

9. 建筑装饰工程费用的税金有哪些？

10. 什么是建筑装饰工程计费程序？各地的计费程序是否一样？为什么？

11. 简述建筑装饰装修工程预算的含义。

12. 简述建筑装饰装修工程预算书的内容。

5

单元五　建筑装饰工程量清单计价法

知识点

1. 建筑装饰工程费用项目组成（按造价形成划分）。

2. 工程量清单的概念及各清单格式。

3. 各分项工程综合单价的计算。

4. 工程量清单计价编制过程。

着力点

1. 熟悉建筑装饰工程费用项目组成（按造价形成划分）。

2. 重点掌握工程量清单的概念及各清单格式。

3. 熟练掌握各分项工程综合单价的计算。

4. 熟悉建筑装饰工程工程量清单计价法编制案例分析。

单元四我们重点介绍了装饰装修工程计价模式之一：传统的"定额计价模式"。本单元我们将重点介绍另一种计价模式："工程量清单计价模式"。

项目一　建筑装饰装修工程费用项目组成
（按造价形成划分）

装饰装修工程费用按照工程造价形成划分：由分部分项工程费、措施项目费、其他项目费、规费、税金组成，其中分部分项工程费、措施项目费、其他项目费包含人工费、材料费、施工机具使用费、企业管理费和利润。如图5.1-1所示。

5.1.1　分部分项工程费

是指各专业工程的分部分项工程应予列支的各项费用。

分部分项工程费＝Σ（分部分项工程量 × 相应分部分项综合单价）

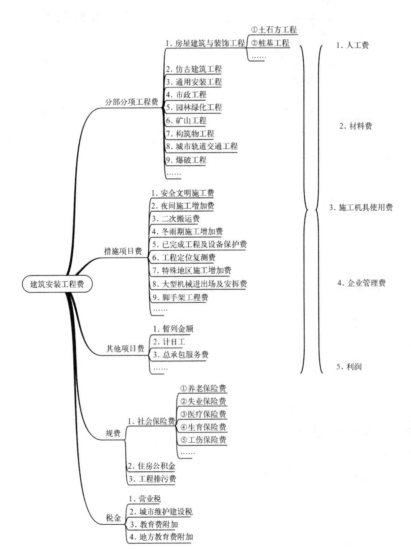

图 5.1-1　建筑装饰装修工程费用项目组成（按造价形成划分）

1. 专业工程

是指按现行国家计量规范划分的房屋建筑与装饰工程、仿古建筑工程、通用安装工程、市政工程、园林绿化工程、矿山工程、构筑物工程、城市轨道交通工程、爆破工程等各类工程。

2. 分部分项工程

按现行国家计量规范对各专业划分的项目。如房屋建筑与装饰工程的土石方工程、地基处理与桩基工程、砌筑工程、钢筋及钢筋混凝土工程等。

5.1.2 措施项目费

指为完成建设工程施工，发生于该工程施工前和施工过程中的技术、生活、安全、环境保护等方面的费用。

措施项目费 = Σ 各措施项目费

措施项目费内容包括以下几点：

1. 安全文明施工费

(1) 环境保护费：指施工现场为达到环保部门要求所需要的各项费用。

(2) 文明施工费：指施工现场文明施工所需要的各项费用。

(3) 安全施工费：指施工现场安全施工所需要的各项费用。

(4) 临时设施费：指施工企业为进行建设工程施工所必须搭设的生活和生产用的临时建筑物、构筑物和其他临时设施费用。包括临时设施的搭设、维修、拆除、清理费或摊销费等。

2. 夜间施工增加费

指因夜间施工所发生的夜班补助费、夜间施工降效、夜间施工照明设备摊销及照明用电等费用。

3. 二次搬运费

指因施工场地条件限制而发生的材料、构配件、半成品等一次运输不能达到堆放地点，必须进行二次或多次搬运所发生的费用。

4. 冬雨季施工增加费

指在冬季或雨季施工需增加的临时设施、防滑、排除雨雪、人工及施工机械效率降低等费用。

5. 已完工程及设备保护费

指竣工验收前，对已完工程及设备采取的必要保护措施所发生的费用。

6. 工程定位复测费

指工程施工过程中进行全部施工测量放线和复测工作的费用。

7. 特殊地区施工增加费

指工程在沙漠或其边缘地区、高海拔、高寒、原始森林等特殊地区施工增加的费用。

8. 大型机械设备进出场及安拆费

指机械整体或分体自停放场地运至施工现场或由一个施工地点运至另一

个施工地点，所发生的机械进出场运输及转移费用，以及机械在施工现场进行安装、拆卸所需的人工费、材料费、机械费、试运转费和安装所需的辅助设施的费用。

9. 脚手架工程费

指施工需要的各种脚手架搭、拆、运输费用以及脚手架购置费的摊销（或租赁）费用。

5.1.3 其他项目费

其他项目费＝暂列金额＋暂估价＋计日工＋总承包服务费

（1）暂列金额：是指建设单位在工程量清单中暂定的、并包括在工程合同价款中的一笔款项，用于合同签订时尚未确定或者不可预见的所需材料、工程设备、服务的采购，施工中可能发生的工程价款调整以及发生的索赔、现场签证确认等的费用。

（2）计日工：指在施工过程中，施工企业完成建设单位提出的施工图纸以外的零星项目或工作所需的费用。

（3）总承包服务费：指总承包人为配合、协调建设单位进行的专业工程发包，对建设单位自行采购的材料、工程设备等进行保管以及施工现场管理、竣工资料汇总整理等服务所需的费用。

5.1.4 规费

与按费用构成要素划分的规费定义相同。

5.1.5 税金

与按费用构成要素划分的税金定义相同。

装饰装修工程报价＝分部分项工程费＋措施项目费＋其他项目费＋规费＋税金

项目二 建筑装饰工程量清单概述

随着我国改革开放的进一步深化以及我国加入世界贸易组织（WTO）后建筑市场的进一步对外开放，我国建筑市场得到了快速发展，逐步推行招标投标制、合同制，在国外的企业以及投资的项目越来越多地进入国内市场的同时，我国建筑企业也逐渐走出国门进入国际市场，而国际与国内在工程招标投标报价的计价方式上是不一致的，国际市场通常采用工程量清单计价法，而我国现行的招标投标报价方式是定额计价法。

为了与国际惯例接轨，经原建设部批准，于 2003 年 7 月 1 日起，实行国家标准《建设工程工程量清单计价规范》GB 50500—2003，经住房和城乡建设部批准，2008 年 12 月 1 日起实施《建设工程工程量清单计价规范》GB 50500—

2008。经过十年的实施，通过经验总结，针对执行中存在的问题，对原规范进行了修编，于 2013 年实施《建设工程工程量清单计价规范》GB 50500—2013（后面简称"计价规范"）以及《房屋建筑与装饰工程工程量计算规范》GB 50584—2013。

该规范适用范围是工业与民用的房屋建筑与装饰、装修工程施工发承包计价活动中的"工程量清单编制和工程计量"，即房屋建筑与装饰工程计价，必须按《房屋建筑与装饰工程工程量计算规范》GB 50854—2013 规定的工程量计算规则进行工程计量。

5.2.1 工程量清单的概念

工程量清单是表现拟建工程的分部分项工程项目、措施项目、其他项目、规费项目和税金项目的名称和相应数量的明细清单。具体表现为分部分项工程量清单、措施项目清单、其他项目清单、规费项目清单和税金项目清单。

工程量清单应由招标人负责编制，若招标人不具有编制工程清单的能力，则可根据《工程造价咨询企业管理办法》（原建设部第 149 号令）的规定，委托具有工程造价咨询资质的工程造价咨询人编制。

工程量清单计价是指在建设工程招标投标中，招标人（或合法委托人）按照施工图和《房屋建筑与装饰工程工程量计算规范》GB 50854—2013 的工程量计算规则提供工程量，由投标人依据工程量清单自主报价，并按照"经评审低价中标"的工程造价计价方式择优定标。这种计价方式是市场定价体系的具体表现形式。

5.2.2 工程量清单计价特点

（1）计价规范起主导作用。工程量清单计价由国家颁布的《建设工程工程量清单计价规范》GB 50500—2013 来规范计价方法。该规范具有权威性和强制性。

（2）具有统一计价规则。通过制定统一的建设工程工程量清单计价办法、统一的工程量计量规则、统一的工程量清单项目设置规则，达到规范计价行为的目的。这些规则和办法是强制性的，各方面都应该遵守。将工程消耗量定额中的人工费、材料费、机械费和利润、管理费全面放开，由市场的供求关系自行确定价格，综合单价由企业自主确定。

工程量清单计价统一需要五个要件：即项目编码、项目名称、项目特征、计量单位和工程量。

（3）计价方法与国际同行做法接轨。工程量清单计价采用综合单价法的特点与 FIDIC 合同条件所要求的单价合同情况相符合，能较好地与国际同行的计价方法接轨。在我国，世界银行等一些国外金融机构、国外政府机构的贷款项目招标时，一般也要求采用工程量清单计价办法。

（4）有效控制消耗量，推动社会生产力。通过由政府发布统一的社会平均消耗量指导标准，为企业提供一个社会平均尺度，避免企业盲目减少或扩大消耗量，从而保证工程质量实行工程量清单计价，有利于促进社会生产力发展。采用清单招标投标，经过充分竞争形成中标价，中标价应是采用先进、合理、可靠且最佳的施工方案计算出的价格，降低工程造价是不用争辩的事实。而且，综合单价的固定性，也大大减少和有效控制了施工单位的不合理索赔，并且减少出现低价中标、高价索赔的现象。

5.2.3 工程量清单计价与传统的"定额"计价方式的不同点

(1) 工程量清单计价与定额计价的最大区别在于体现了我国建设市场发展过程中的不同定价阶段，定额计价模式反映了国家定价或国家指导价阶段；工程量清单计价模式反映了市场定价阶段。

(2) 工程量清单计价与定额计价的计价依据、性质及项目划分不同。工程量清单计价主要依据《建设工程工程量清单计价规范》GB 50500—2013，此规范为强制性国家标准（而地方清单计价表为参考性定额），清单的项目划分一般是按"综合实体"进行分项的，一个清单项目一般包括多项工程内容；定额计价主要依据国家、省级等部门编制的各种定额，其性质为指导性，定额的项目划分一般按施工工序分项，每个分项工程项目所包含的工程内容是单一的。

(3) 编制工程量的主体不同。工程量清单计价时，清单的工程量由招标人或招标人委托造价咨询单位统一计算；定额计价时，建设工程的工程量由招标人和投标人分别按图计算。

(4) 单价与报价的组成不同。工程量清单计价时，综合单价包括人工费、材料费、机械费、管理费、利润，并考虑风险因素。报价除包括定额计价法的报价外，还包括其他项目费。定额单价包括人工费、材料费、机械费。

(5) 合同价的调整方式不同。工程量清单计价时，综合单价一般是确定的，当清单项目工程量有变化时，合同价才有变化。合同价一般是稳定的，便于业主进行资金的准备和筹划。定额计价时，合同价可以通过变更签证、定额解释、政策性调整等方式调整。

(6) 工程量清单计价把施工措施性消耗单列并纳入了竞争的范畴；原定额计价方法则未把施工措施与工程实体项目进行分离。

(7) 工程量清单的工程量计算规则的编制原则一般是以工程实体的净尺寸计算，没有包含工程量合理损耗；原定额计价方法的工程量则包含工程量的损耗。

项目三　建筑装饰工程量清单计价法程序

5.3.1 工程量清单编制依据

(1)《建设工程工程量清单计价规范》GB 50500—2013 和相关工程的国家计量规范。

(2) 国家或省级、行业建设主管部门颁发的计价定额和办法。

(3) 建设工程设计文件及相关资料。

(4) 与建设工程有关的标准、规范、技术资料。

(5) 拟定的招标文件。

(6) 施工现场情况、地勘水文资料、工程特点及常规施工方案。

(7) 其他相关资料。

5.3.2 分部分项工程量清单及格式

"分部分项工程"是"分部工程"和"分项工程"的总称。(单元一作过详细讲解)。

分部分项工程量清单又称为实体分项工程量清单,它是根据设计图样和应完工的建筑产品进行划分确定的。另外,根据《房屋建筑与装饰工程工程量计算规范》GB 50854—2013 附录的规定,分部分项工程量清单包括项目编码、项目名称、项目特征、计量单位、工程量计算规则和工作内容六项内容。分部分项工程量清单格式是以表格形式展示的。如表 5.3-1 所示。

L.2　块面材料（编码：011102）　　　　表5.3-1

项目编码	项目名称	项目特征	计量单位	工程量计算规则	工程内容
011102001	石材楼地面	1.找平层厚度、砂浆配合比 2.结合层厚度、砂浆配合比 3.面层材料品种、规格、颜色 4.嵌缝材料种类 5.防护层材料种类 6.酸洗、打蜡要求	m²	按设计图示尺寸以面积计算。门洞、空圈、散热器槽、壁龛的开口部分并入相应的工程量内	1.基层清理 2.抹找平层 3.面层铺设、磨边 4.嵌缝 5.刷防护材料 6.酸洗、打蜡 7.材料运输
011102002	碎石材楼地面
011102003	块料瓷砖楼地面

5.3.2.1 项目编码

项目编码是指分部分项工程和措施项目清单名称的阿拉伯数字标识。工程量清单项目编码,应采用 12 位阿拉伯数字表示,其中 1～9 位应按《房屋建筑与装饰工程工程量计算规范》GB 50854—2013 附录的规定设置,为全国统一编码,不得变动。10～12 位应根据拟建工程的工程量清单项目名称设置,同一招标工程的项目编码不得有重码。如图 5.3-1 所示。

当同一标段(或合同段)的一份工程量清单中含有多个单位工程且工程量清单是以单位工程为编制对象时,在编制工程量清单时应特别注意项目编码第五级十至十二位的设置不得有重码的规定。

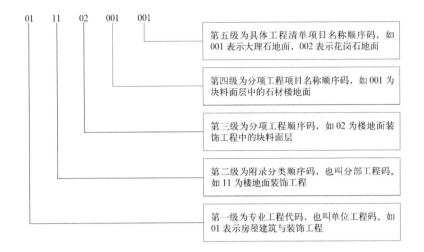

图 5.3–1　项目编码组成

例如，一个标段（或合同段）的一份工程量清单中含有三个单位工程，每一单位工程中都有项目特征相同的块料踢脚线，在工程量清单中又需反映三个不同单位工程的实心砖墙砌体工程量时，则第一个单位工程的块料踢脚线为011105003001，第二个单位工程的块料踢脚线为011105003002，第三个单位工程的块料踢脚线为011105003003，并分别列出各单位工程块料踢脚线的工程量。

5.3.2.2　补充项目编码

工程建设中新材料、新技术、新工艺不断涌现，《房屋建筑与装饰工程工程量计算规范》GB 50854—2013附录所列的工程量清单项目不可能包含所有项目。在编制工程量清单时，当出现附录未包括的项目时，编制人应作补充。在编制补充项目时应注意以下三个方面：

（1）补充项目的编码由《房屋建筑与装饰工程工程量计算规范》GB 50854—2013的代码01与B（补）和三位阿拉伯数字组成，并应从01B001起顺序编制，同一招标工程的项目不得重码。

（2）补充的工程量清单需附有补充项目的名称、项目特征、计量单位、工程量计算规则及工作内容。不能计量的措施项目，需附有补充项目的名称、工作内容及包含范围。

（3）将编制的补充项目报省级或行业工程造价管理机构备案。

补充项目举例见表5.3–2。

M.11隔墙（编码：011211）　　　　　　　　　　　　　　　表5.3–2

项目编码	项目名称	项目特征	计量单位	工程量计算规则	工作内容
01B001	成品GRC隔墙	1.隔墙材料品种、规格； 2.隔墙厚度； 3.嵌缝、塞口材料品种	m²	按设计图示尺寸以面积计算，扣除门窗洞口及单个≥0.3m²的孔洞所占面积	1.骨架及边框安装； 2.隔板安装； 3.嵌缝、塞口

5.3.2.3 项目名称

装饰工程分部分项工程量清单的项目名称应按照附录的项目名称再结合拟建工程的实际项目确定。

装饰工程清单项目的设置和划分以形成工程实体为原则。所谓实体是指形成生产或工艺作用的主要实体部分，对附属或次要部分均不设置项目。项目必须包括完成或形成实体部分的全部内容。清单分项名称常以其中的主要实体子项命名。例如，清单项目"块料楼地面"，该分项中包含了"找平层""面层"两个单一的子项。

5.3.2.4 项目特征

项目特征是表述构成分部分项工程项目及措施项目自身价值的本质特征，是对体现分部分项工程量清单、措施项目清单价值的特有属性和本质特征的描述。从本质上讲，项目特征体现的是对分部分项工程的质量要求，是确定一个清单项目综合单价不可缺少的重要依据。在编制工程量清单时，必须对项目特征进行准确和全面的描述。工程量清单项目特征描述的重要意义在于：项目特征是区分具体清单项目的依据，是确定综合单价的前提，是履行合同义务的基础。

分部分项工程量清单项目特征应按《房屋建筑与装饰工程工程量计算规范》GB 50854—2013 附录中规定的项目特征，结合拟建工程项目的实际、技术范围、标准图集、施工图纸，按照工程结构、使用材质及规格或安装位置等，予以详细而准确地表述和说明。

5.3.2.5 计量单位

分部分项工程量清单的计量单位应按附录中规定的计量单位确定。当计量单位有两个或两个以上时，应根据所编工程量清单项目的特征要求，选择最适宜表现该项目特征并方便计量的单位。

例如，《房屋建筑与装饰工程工程量计算规范》GB 50854—2013 中门窗工程的计量单位为"樘／m^2"两个计量单位，实际工作中，就应选择最适宜、最方便计量的单位来表示。

5.3.2.6 工程量计算规则

《房屋建筑与装饰工程工程量计算规范》GB 50854—2013 统一规定了分部分项工程项目的工程量计算规则（参见附录二）。其原则是按照施工图图示尺寸（数量）计算工程实体工程数量的净值。

5.3.2.7 工作内容

工作内容是指为了完成分部分项工程项目或措施项目所需要发生的具体施工作业内容，《房屋建筑与装饰工程工程量计算规范》GB 50854—2013 附录中给出的是一个清单项目所可能发生的工作内容。在确定综合单价时，需要根据清单项目特征的要求，或根据工程具体情况，或根据常规施工方案，从中选择其具体的施工作业内容。

5.3.3　措施项目清单及格式

措施项目清单是指为完成工程项目施工，发生于该工程施工前和施工过程中技术、生活、文明、安全等方面的非工程实体项目清单。通用措施项目是指各专业工程的措施项目清单均可列的措施项目，在措施项目清单中，各专业可以根据实际情况进行选择列项，见表5.3-3。

通用措施项目一览表　　　　　　　　　表5.3-3

序号	项目名称
1	安全文明施工（含环境保护、文明施工、安全施工、临时设施）
2	夜间施工
3	二次搬运
4	冬雨期施工
5	脚手架工程
6	已完工程及设备保护
7	工程定位复测费
8	特殊地区施工增加费
9	大型机械进出场及安拆费

5.3.3.1　单价措施项目清单及格式

措施项目中能计量的且以清单形式列出的项目（即单价措施项目），应同分部分项工程一样，编制工程量清单时，必须列出项目编码、项目名称、项目特征、计量单位。同时，明确了措施项目的项目编码、项目名称、项目特征、计量单位、工程量计算规则，按分部分项工程的有关规定执行。如：某工程综合脚手架（表5.3-4）。

某工程综合脚手架清单　　　　　　　　　表5.3-4

项目编码	项目名称	项目特征	计量单位	工程量	金额（元）	
					综合单价	合价
011701001001	综合脚手架	1.建筑结构形式：框剪； 2.檐口高度：80m	m²	10000		

注：表中工程量数据为示意数量。

5.3.3.2　总价措施项目清单及格式

对措施项目不能计量的仅列出项目编码、项目名称。对于未列出项目特征、计量单位和工程量计算规则的措施项目（即总价措施项目），在编制工程量清单时，必须按《房屋建筑与装饰工程工程量计算规范》GB 50854—2013 附录S措施项目规定的项目编码、项目名称确定清单项目，不必描述项目特征和确定计量单位。如：某工程安全文明施工、夜间施工（表5.3-5）。

某工程安全文明施工、夜间施工　　　　　表5.3-5

序号	项目编码	项目名称	计算基数	费率(%)	金额(元)	调整费率(%)	调整后金额(元)	备注
1	011707001001	安全文明施工	定额基价					
2	011707002001	夜间施工	定额人工费					

5.3.4　其他项目清单及格式

其他项目清单主要是因考虑工程建设标准的高低、工程的复杂程度、工程的工期长短、工程的组成内容、发包人对工程管理的要求等直接影响工程造价的部分而设置的，它是分部分项项目和措施项目之外的工程措施费用。其他项目清单应按照下列内容列项：暂列金额；暂估价（包括材料暂估单价、工程设备暂估单价、专业工程暂估价）、计日工、总承包服务费。

5.3.4.1　暂列金额

暂列金额是指招标人在工程量清单中暂定并包括在合同价款中的一笔款项。其用于施工合同签订时还未确定或者不可预见的所需材料、设备、服务的采购，施工中可能发生的工程变更、合同约定调整因素出现时的工程价款调整以及发生的索赔、现场签证确认等的费用。

这里要强调一点，暂列金额列入合同价格并不一定属于承包人（中标人）所有。事实上，即使是总价包干合同，也不是列入合同价格的任何金额都属于中标人的，是否属于中标人应得金额应取决于具体的合同约定。暂列金额的定义是非常明确的，只有按照合同约定程序实际发生后，才能成为中标人的应得金额，纳入合同结算价款中。扣除实际发生金额后的暂列金额余额仍属于招标人所有（表5.3-6）。

暂列金额明细表　　　　　表5.3-6

序号	项目名称	计量单位	暂定金额（元）	备注
1	工程量偏差及设计变更	项	30000	
2	政策性调整及价格波动	项	20000	
3	其他	项	10000	
	合计		60000	

注：1.此表为招标人填写，也可只列暂列金额总额，投标人应将上述暂列金额计入招标总价。
　　2.表中数字为示意数据。

5.3.4.2　暂估价

暂估价是指招标人在工程量清单中提供的用于支付必然发生但暂时不能确定的材料的单价以及专业工程的金额。暂估价中的材料、工程设备暂估单价应根据工程造价信息或参照市场价格估算，列出明细表；专业工程暂估价应分不同专业，按有关计价规定估算，列出明细表（表5.3-7）。

一般而言，为方便合同管理和计价，需要纳入分部分项工程量清单项目综合单价中的暂估价最好只是材料费，以方便投标人组价。以"项"为计量单位给出的专业工程暂估价一般应是综合暂估价，应当包括除规费、税金以外的管理费、利润等。

某工程材料（工程设备）暂估单价及调整表   表5.3-7

序号	材料（工程设备）名称、规格、型号	计量单位	数量		单价（元）		合价（元）		差额±（元）		备注
			暂估	确认	暂估	确认	暂估	确认	暂估	确认	
1	进口大理石	m²	50		500		25000				
2	塑钢门	m²	30		300		9000				
合计							34000				

注：1. 此表由招标人填写"暂估单价"，并在备注栏说明暂估价的材料、工程设备拟用在哪些清单项目上，投标人应将上述材料、工程设备暂估单价计入工程量清单综合单价报价中。

2. 表中数字为示意数据。

5.3.4.3 计日工

计日工俗称"点工"，在施工过程中，完成发包人提出的工程合同范围以外的零星项目或工作，按合同中约定的综合单价计价。计日工适用的零星工作一般是指合同约定之外的或者因变更而产生的、工程量清单中没有相应项目的额外工作，尤其是那些时间不允许事先商定价格的额外工作。

计日工应列出项目名称、计量单位及暂估数量（表5.3-8）。

计日工表   表5.3-8

编号	项目名称	单位	暂定数量	实际数量	综合单价（元）	合价（元）	
						暂定	实际
一	人工						
1	高级工	工日	50				
人工小计							
二	材料						
1	水泥	t	10				
材料小计							
三	机械						
1	灰浆搅拌机	台班	5				
机械小计							
四、企业管理费及利润							
合计							

注：1. 此表项目名称、暂定数量由招标人填写，编制招标控制价时，单价由招标人按有关计价规定确定；投标时，单价由投标人自主报价，按暂定数量计算合价计入投标总价中。结算时，按发承包双方确认的实价数量计算合价。

2. 表中数字为示意数据。

5.3.4.4 总承包服务费

总包服务费包括配合协调招标投标人工程分包和材料采购所需的费用。此处提出的工程分包是指国家准于分包的工程。总承包服务费属于管理费性质，即对分包工程管理所发生的各种费用。例如：对分包工程的工程质量、工程进度等的监督检查；对发包的专业工程提供协调和配合服务；对供应的材料、设备提供收、发和保管服务以及对施工现场进行统一管理；对竣工资料进行统一汇总整理等。这些都需要增加管理人员的工资支出、办公费用支出等。

招标人应当预计该项费用，并按投标人的投标报价向投标人支付该项费用。

总承包服务费应列出服务项目及其内容等（表5.3-9）。

某工程总承包服务费计价表　　　　表5.3-9

序号	项目名称	项目价值（元）	服务内容	计算基础	费率（％）	金额（元）
1	发包人发包专业工程	50000	1.按专业工程承包人的要求提供施工工作面并对施工现场进行统一管理，对竣工资料进行统一整理汇总； 2.为专业工程承包人提供垂直运输机械和焊接电源接入点，并承担垂直运输费和电费			
2	发包人供应材料	50000	对发包人供应的材料进行验收、保管及使用发放			
合计	—		—		—	

注：1.此表项目名称、服务内容由招标人填写，编制招标控制价时，费率及金额由招标人按有关计价规定确定；投标时，费率及金额由投标人自主报价，计入投标总价中。
　　2.表中数字为示意数据。

5.3.5 规费和税金项目清单

5.3.5.1 规费项目清单应包括的内容

（1）社会保险费：包括养老保险费、失业保险费、医疗保险费、工伤保险费、生育保险费；

（2）住房公积金；

（3）工程排污费。

规费作为政府和有关权力部门规定必须缴纳的费用，政府和有关权力部门可根据形势发展的需要，对规费项目进行调整。因此，对《建设工程工程量清单计价规范》GB 50500—2013未包括的规费项目，计算规费时应根据省级政府和省级有关权力部门的规定进行补充。

5.3.5.2 税金项目清单应包括的内容

（1）营业税；

（2）城市维护建设税；

(3) 教育费附加；

(4) 地方教育附加。

如国家税法发生变化或地方政府及税务部门依据职权对税种进行了调整时，应对税金项目清单进行相应的调整。规费、税金项目计价表（表5.3-10）。

某工程规费、税金项目计价表　　　表5.3-10

序号	项目名称	计算基础	计算费率（%）	金额（元）
1	规费	人工费+施工机具使用费		
1.1	社会保险费	人工费+施工机具使用费		
1.1.1	养老保险费	人工费+施工机具使用费		
1.1.2	失业保险费	人工费+施工机具使用费		
1.1.3	医疗保险费	人工费+施工机具使用费		
1.1.4	工伤保险费	人工费+施工机具使用费		
1.1.5	生育保险费	人工费+施工机具使用费		
1.2	住房公积金	人工费+施工机具使用费		
1.3	工程排污费	人工费+施工机具使用费		
2	税金	人工费+施工机具使用费 分部分项工程费+措施项目费+其他项目费+规费-按规定不计税的工程设备金额		
合计				

5.3.6 综合单价计算

5.3.6.1 综合单价含义

综合单价是指完成一个规定的清单项目所需的人工费、材料和工程设备费、施工机具使用费和企业管理费、利润以及一定范围内的风险费用。

风险费用隐含于已标价工程量清单综合单价中，用于化解发承包双方在工程合同中约定内容和范围内的市场价格波动的费用。

《建设工程工程量清单计价规范》GB 50500—2013规定：工程量清单应采用综合单价计价，它不仅适用于分部分项工程工程量清单计价，也适用于措施项目清单和其他项目清单计价。

5.3.6.2 综合单价计算方法

1. 清单项目

综合单价计算与定额计价法中的基价计算不同，工程量清单计价方式下分部分项工程项目的设置，一般是以一个"综合实体"来考虑，称为"清单项目"，它包括一项或多项工程内容。例如：铝扣板吊顶的项目特征和工作内容包含轻钢龙骨、铝扣板吊顶、铝扣板收边条；实木门的项目特征和工作内容包含实木装饰门安装、门锁安装、门磁吸安装等。再例如：某卫生间的防滑地砖与厨房的防滑地砖虽然项目名称一样，但卫生间防滑地砖的项目特征和工作内容包含地面回填、防水涂料、防滑地砖三个内容，而厨房的防滑地砖只包含一个内容。

因此，清单项目的综合单价要按照《房屋建筑与装饰工程工程量计算规范》GB 50854—2013 附录规定的项目特征采用定额组价来确定。定额组价是采用辅助项目随主体项目计算，将不同工程内容的辅助项目组合在一起，计算出主体项目的综合单价。

2. 清单工程量

另外，清单工程量计算规则与定额工程量计算规则是有区别的。清单项目按《房屋建筑与装饰工程工程量计算规范》GB 50854—2013 附录规定的计量单位和工程量计算规则进行计算，清单工程量，是按工程实体净尺寸计算；而计价工程量（也称定额工程量），是在净值的基础上，加上施工操作（或定额）规定的预留量。采用清单计价，工程量计算主要有两个部分内容：一是核算招标工程量清单所提供的清单项目的清单工程量是否准确；二是计算每一个清单主体项目及所组合的辅助项目的计价工程量，以便分析综合单价。

另外，每项清单工程量的有效位数应遵守下列规定（与单元二所讲工程量计算精度要求相似），体现统一性。

(1) 以"t"为单位，应保留三位小数，第四位小数四舍五入；

(2) 以"m³""m²""m""kg"为单位，应保留两位小数，第三位小数四舍五入；

(3) 以"个""项"等为单位，应取整数。

3. 综合单价计算步骤

(1) 核算清单工程量。

(2) 计算计价工程量（定额工程量）。

(3) 选套定额，先确定一定计量单位"人材机"的消耗量；再根据市场价格来确定"人材机"单价；最后计算一定计量单位"人材机"的费用（表5.3–11）。

(4) 确定费率，计算管理费、利润（表5.3–11）。

(5) 计算风险费用。

(6) 计算综合单价。

4. 综合单价中三类费用的计算

综合单价包含的费用：人工费、材料费、机械费、企业管理费、利润以及一定范围内的风险费用，这六项费用可分为三类。一类费用：人工费、材料费、机械费。二类费用：企业管理费、利润。三类费用：一定范围内的风险费用。

(1) 一类费用可分解为：工程量 × (人、材、机) 消耗量 × (人、材、机) 单价。"人材机"消耗量主要通过消耗量定额来确定，"人材机"单价主要通过市场价格或工程造价管理机构发布的工程造价信息来确定。

(2) 二类费用的企业管理费、利润主要采用一类费用乘以费率的方法来确定，这个费率常采用或参照工程造价管理部门发布的《建筑安装工程费用定额》来确定。

（3）三类费用的风险计取可采用两种方法：一是整体乘以系数；二是分项乘以系数。

5. 综合单价计算说明

（1）当清单项目只有一个计价工程项目时，采用表5.3-11计算。

（2）当清单项目含多个计价工程项目，而每个计价工程项目工程量与清单工程量又相同时，也采用表5.3-11分别计算，然后相加即可。

（3）当清单项目含多个计价工程项目，但每个计价工程项目工程量与清单工程量不一定相同时，可以先采用表5.3-11分别算出，然后再并入表5.3-12计算出综合单价。

清单工程工程项目综合单价计算表　　　　　　　表5.3-11

序号		项目编码	分部分项工程项目名称					定额编号	定额单位
项目	人工		材料						机械
单位	工日								
消耗量									
市场单价（元）									
合价（元）	A	a	b	c	……				C
		$B=a+b+c+\cdots\cdots$							
管理费（元）	$D=（A+C）\times$费率								
利润（元）	$E=（A+C）\times$费率								
综合单价	$F=A+B+C+D+E$								

注：1. 表中消耗量为所查定额中一定计量单位（如10m²）的"人材机"消耗量；
　　2. 表中市场单价为当地"人材机"实时市场价格；
　　3.《江苏省建筑与装饰工程计价定额》（2014年）费率定额规定单独装饰工程相关费率：管理费费率：43%；2. 利润率：15%。

综合单价分析表　　　　　　　表5.3-12

工程名称：装饰装修　　　　　　标段：　　　　　　　　第　页　共　页

项目编码		项目名称			计量单位	m²	工程量		
清单综合单价组成明细									
定额编号	定额名称	定额单位	数量	单价（元）					
				人工费	材料费	机械费	管理费	利润	
综合人工工日		小计							
		未计价材料费							
		清单项目综合单价							

【例 5.3-1】今有一木夹板窗帘盒要油漆，刷乳胶漆三遍，面积 3.58m²。主材乳胶漆市场单价为 10.29 元 /kg，人工费为 97.00 元／工日，为教学方便，其他材料价格不变。费率采用《江苏省建设工程费用定额》(2014 年)，管理费费率：43%；利润率：15%。求其综合单价。(注：计算采用《江苏省建筑与装饰工程计价定额》(2014 年))

【案例分析】通过分析该工程的装饰构造及工序过程，其综合单价由一个工序项目费用组成。所以，只需套用表 5.3-11 计算即可。

【解】套用《江苏省建筑与装饰工程计价定额》(2014 年)，查人工及主材的市场价，套用表 5.3-11 式样，形成表 5.3-13 。

清单工程工程项目综合单价计算表 表5.3-13

序号	项目编码		分部分项工程项目名称		定额编号	定额单位
1	011403002001		窗帘盒油漆		17-182	10m²
项目	人工	材料				机械
		内墙乳胶漆	其他材料			
单位	工日	kg				
消耗量	1.49	4				
市场单价 (元)	97	10.29				
合价 (元)	$A=1.49\times97$ $=144.53$	$a=41.20$	$b=14.60$	c	……	
		$B=a+b+c+……=41.20+14.60=55.80$				$C=0$
管理费 (元)	$D=(A+C)\times$费率$=(144.53+0)\times43\%=62.15$					
利润 (元)	$E=(A+C)\times$费率$=(144.53+0)\times15\%=21.68$					
综合单价	$F=A+B+C+D+E=144.53+55.80+0+62.15+21.68=284.46$元$/10m^2=28.45$ (元$/m^2$)					

【答】窗帘盒刷乳胶漆的综合单价为 28.45 元 /m²。

【例 5.3-2】现有楼地面铺设抛光砖 600mm×600mm，面积 43.29m²。主材抛光砖 600mm×600mm 市场单价为 42.88 元 /m²，人工费为 97.00 元／工日，为教学方便，其他材料及机械价格不变。费率采用《江苏省建设工程费用定额》(2014 年)，管理费费率：43%；利润率：15%。求其综合单价。(注：计算采用《江苏省建筑与装饰工程计价定额》(2014 年))

【案例分析】通过分析该工程的装饰构造及工序过程，其综合单价由瓷砖粘贴及面层酸洗打蜡两个工程项目费用组成。所以，先分别套用表 5.3-11 计算每个工程项目费用，然后并入表 5.3-12 进行综合单价计算。

【解】套用《江苏省建筑与装饰工程计价定额》(2014 年)，查人工及主材的市场价，套用表 5.3-11 式样，形成表 5.3-14、表 5.3-15；套用表 5.3-12 形成表 5.3-16。

序号	项目编码	分部分项工程项目名称	定额编号	定额单位
1	011102003001	块料楼地面（瓷砖粘贴）	13—81换	10m²

项目	人工	材料					机械	
		抛光砖 600mm×600mm	其他材料					
单位	工日	m²						
消耗量	3.31	10.20						
市场单价（元）	97	42.88						
合价（元）	$A=3.31\times97$ $=321.07$	$a=437.38$	$b=90.39$	c	……			$C=9.64$
		$B=a+b+c+\cdots=437.38+90.39=527.77$						
管理费（元）	$D=(A+C)\times$费率$=(321.07+9.64)\times43\%=142.21$							
利润（元）	$E=(A+C)\times$费率$=(321.07+9.64)\times15\%=49.61$							
综合单价	$F=A+B+C+D+E=321.07+527.77+9.64+142.21+49.61=1050.30$元$/10$m²$=105.03$（元$/$m²）							

序号	项目编码	分部分项工程项目名称	定额编号	定额单位
2	011102003002	块料楼地面（块料面层酸洗打蜡）	13—110	10m²

项目	人工	材料					机械	
		煤油	硬白蜡	其他材料				
单位	工日	kg	kg					
消耗量	0.43	0.4	0.265					
市场单价（元）	97	4.29	7.29					
合价（元）	$A=0.43\times97$ $=41.71$	$a=1.72$	$b=1.93$	$C=2.32$	……			
		$B=a+b+c+\cdots=1.72+1.93+2.32=5.97$						$C=0$
管理费（元）	$D=(A+C)\times$费率$=(41.71+0)\times43\%=17.94$							
利润（元）	$E=(A+C)\times$费率$=(41.71+0)\times15\%=6.26$							
综合单价	$F=A+B+C+D+E=41.71+5.97+0+17.94+6.26=71.88$元$/10$m²$=7.188$（元$/$m²）							

工程名称：装饰装修　　　　　　　标段：　　　　　　　第1页 共22页

项目编码	011102003001	项目名称	块料楼地面	计量单位	m²	工程量	43.29

清单综合单价组成明细

定额编号	定额名称	定额单位	数量	单价（元）					合价（元）				
				人工费	材料费	机械费	管理费	利润	人工费	材料费	机械费	管理费	利润
13—81换	楼地面单块0.4m²以内地砖干硬性水泥砂浆粘贴	10m²	0.1①	321.07	527.77	9.64	142.21	49.61	32.11	52.77	0.96	14.22	4.96

项目编码	11102003001	项目名称		块料楼地面		计量单位	m²	工程量	43.29

<table>
<tr><td colspan="14" align="center">清单综合单价组成明细</td></tr>
<tr><td rowspan="2">定额编号</td><td rowspan="2">定额名称</td><td rowspan="2">定额单位</td><td rowspan="2">数量</td><td colspan="5" align="center">单价（元）</td><td colspan="5" align="center">合价（元）</td></tr>
<tr><td>人工费</td><td>材料费</td><td>机械费</td><td>管理费</td><td>利润</td><td>人工费</td><td>材料费</td><td>机械费</td><td>管理费</td><td>利润</td></tr>
<tr><td>13-110</td><td>块料面层酸洗打蜡楼地面</td><td>10m²</td><td>0.1①</td><td>41.71</td><td>5.97</td><td></td><td>17.94</td><td>6.26</td><td>4.17</td><td>0.6</td><td></td><td>1.79</td><td>0.63</td></tr>
<tr><td>综合人工工日</td><td colspan="3" align="center">小计</td><td colspan="5"></td><td>36.28</td><td>53.37</td><td>0.96</td><td>16.02</td><td>5.59</td></tr>
<tr><td>0.374 工日</td><td colspan="4" align="center">未计价材料费</td><td colspan="9"></td></tr>
<tr><td colspan="9" align="center">清单项目综合单价</td><td colspan="5" align="center">112.21</td></tr>
</table>

注：①此处数字为定额工程量除以清单工程量得到的。

【答】 楼地面铺设抛光砖 600mm × 600mm 的综合单价为 112.21 元 /m²。

项目四 建筑装饰工程量清单计价法案例分析

因受篇幅限制，本单元只选择一个案例进行分析。下面仍然通过单元四项目四某公司经理办公室的装饰装修工程，来说明在清单计价方式下采用综合单价法计算装饰工程预算造价的过程。（注：本案例参考饶武老师主编的《建筑装饰工程计量与计价》，依据《江苏省建筑与装饰工程计价定额》（2014年）及当地市场价格计算）

5.4.1 熟悉工程案例概况

工程概况参见4.4.1。经理办公室装修工程设计说明及施工图如图4.4-1～图4.4-11所示。

5.4.2 清单工程量计算

清单工程量计算表　　　　　　　　　　　　　　　　表5.4-1

序号	项目编码	项目名称	单位	数量	计算式
1	011102003001	块料楼地面	m²	43.29	7.5×5.88－0.7×0.58×2（扣除柱Z_2）
2	011105005001	木质踢脚线	m²	3.38	［（7.5+0.58×2）×2+5.88×2－0.95]×0.12
3	011208001001	柱面榉木胶合板饰面	m²	13.92	(0.58/2+0.58)×2.55×2（柱Z_1）+(0.7+0.58×2)×2.55×2（柱Z_2）

序号	项目编码	项目名称	单位	数量	计算式
4	011302001001	夹板吊顶	m²	2.29	$[0.3+(0.1+0.14)\times2]\times[0.5+(0.1+0.14)\times2]$
5	011302001002	轻钢龙骨石膏板吊顶	m²	40.05	$44.1-2.29-1.764$
		其中：天棚净面积	m²	44.1	7.5×5.88
		扣减木龙骨面积	m²	−2.29	同序号4的计算式
		扣减窗帘盒面积	m²	−1.764	0.3×5.88
6	010807001001	铝合金推拉窗	樘	3	—
7	010810002001	木窗帘盒	m	5.88	$6-0.12$
8	010810001001	窗帘	m²	11.76	$5.88\times(1.7+0.3)$
9	010809004001	石材窗台板	m²	0.76	$(6-0.12)\times0.13$
10	010801001001	夹板装饰门	m²	1.79	0.85×2.1
11	010808003001	饰面夹板筒子板	m²	0.81	$(0.85+2.1\times2)\times0.16$
12	010808006001	门窗木贴脸	m²	0.53	$(0.95+2.15\times2)\times2\times0.05$
13	011401001001	夹板装饰门油漆	m²	1.79	同序号10的计算式
14	011403002001	窗帘盒油漆	m²	3.71	$5.88\times(0.3+0.3)+0.3\times0.3\times2$
15	011404002001	门窗套、踢脚线油漆	m²	4.72	3.38（见序号2计算式）＋0.81（见序号11计算式）＋0.53（见序号12计算式）
16	011404012001	柱饰面油漆	m²	13.92	见序号3计算式
17	011406001001	天棚复杂面乳胶漆	m²	3.19	$[0.3+(0.1+0.14)\times2]\times[0.5+(0.1+0.14)\times2]\times3+[(0.3+0.1\times2+0.5+0.1\times2)\times2\times0.075（跌级侧立面）+(0.3+0.5)\times2\times0.075（跌级侧立面）]\times3$
18	011406001002	天棚乳胶漆	m²	47.26	40.05（见序号5计算式）＋$(3.6+0.16\times2)\times(2.8+0.16\times2)-3.6\times2.8+(3.6+2.8)\times2\times0.12+[(3.6+0.16\times2)+(2.8+0.16\times2)]\times2\times0.25$
19	011407006001	木材构件喷刷防火涂料	m²	3.19	同序号17计算式
20	011408001001	墙面贴墙纸	m²	46.34	$15.82+4.17+0.99+13.89+11.47$
		其中：A立面	m²	15.82	$7.5\times2.43-0.29\times2.43（柱Z_1）-0.7\times2.43（柱Z_2）$
		B立面	m²	4.17	$5.88\times(0.73-0.02)$
		窗洞口的侧壁	m²	0.99	$[(1.7+0.3)\times2+5.88]\times0.1$
		C立面	m²	13.89	$7.5\times2.43-0.29\times2.43（柱Z_1）-0.7\times2.43（柱Z_2）-0.95\times(2.15-0.12)（门及门贴脸）$
		D立面	m²	11.47	$5.88\times2.43-0.58\times2\times2.43（柱Z_1）$

5.4.3 计算分项工程综合单价（见表5.4-2，因篇幅限制，选取部分综合单价进行分析）

综合单价分析表

表5.4-2

工程名称：装饰装修　　　　　　　　　　标段：　　　　　　　　　　　　

项目编码	011102003001	项目名称		块料楼地面			计量单位		m²	工程量		43.29

清单综合单价组成明细

定额编号	定额名称	定额单位	数量	单价（元）					合价（元）				
				人工费	材料费	机械费	管理费	利润	人工费	材料费	机械费	管理费	利润
13—81换	楼地面单块0.4m²以内地砖干硬性水泥砂浆粘贴	10m²	0.1	321.07	527.72	9.64	142.21	49.61	32.11	52.77	0.96	14.22	4.96
13—110	块料面层酸洗打蜡楼地面	10m²	0.1	41.71	5.97		17.94	6.26	4.17	0.6		1.79	0.63
综合人工工日		小计							36.28	53.37	0.96	16.02	5.59
0.374 工日		未计价材料费											
清单项目综合单价									112.21				

	主要材料名称、规格、型号	单位	数量	单价（元）	合价（元）	暂估单价（元）	暂估合价（元）
材料费明细	水泥32.5级	kg	16.9917	0.27	4.59		
	水	m³	0.0311	4.57	0.14		
	棉纱头	kg	0.02	5.57	0.11		
	锯（木）屑	m³	0.006	47.17	0.28		
	合金钢切割锯片	片	0.0027	68.6	0.19		
	白水泥	kg	0.1	0.6	0.06		
	中砂	t	0.0488	67.39	3.29		
	其他材料费（调整）	元	0.0003	1			
	抛光砖600mm×600mm	m²	1.02	42.88	43.74		
	其他材料费	元	0.5	0.86	0.43		
	清油C01—1	kg	0.0053	13.72	0.07		
	松节油	kg	0.0053	12.01	0.06		
	煤油	kg	0.04	4.29	0.17		
	硬白蜡	kg	0.0265	7.29	0.19		
	草酸	kg	0.01	3.86	0.04		
	其他材料费				0.01		
	材料费小计			—	53.37	—	

项目编码	011105005001	项目名称		木质踢脚线		计量单位	m²	工程量	3.38

清单综合单价组成明细

定额编号	定额名称	定额单位	数量	单价（元）					合价（元）				
				人工费	材料费	机械费	管理费	利润	人工费	材料费	机械费	管理费	利润
13-130换	成品木踢脚线	10m	0.8322	29.1	168.76	0.53	12.74	4.44	24.22	140.45	0.44	10.6	3.7
综合人工工日		小计							24.22	140.45	0.44	10.6	3.7
0.2497 工日		未计价材料费											
清单项目综合单价									179.41				

材料费明细	主要材料名称、规格、型号	单位	数量	单价（元）	合价（元）	暂估单价（元）	暂估合价（元）
	棉纱头	kg	0.025	5.57	0.14		
	防腐油	kg	0.3079	5.15	1.59		
	普通木成材	m³	0.0017	1372.1	2.27		
	成品榉木踢脚线 $h=120$	m	8.7386	15.44	134.92		
	铁钉70mm	kg	0.0999	3.6	0.36		
	其他材料费	元	1.3483	0.86	1.16		
	其他材料费				0.01		
	材料费小计			—	140.45	—	

项目编码	011302001002	项目名称	轻钢龙骨石膏板吊顶	计量单位	m²	工程量	40.05

清单综合单价组成明细

定额编号	定额名称	定额单位	数量	单价（元）					合价（元）				
				人工费	材料费	机械费	管理费	利润	人工费	材料费	机械费	管理费	利润
15—34	天棚吊筋，H=750mm，ϕ8	10m²	0.1		39.56	10.37	4.46	1.56		3.96	1.04	0.45	0.16
15—5	装配式U形（不上人型）轻钢龙骨，面层规格300mm×600mm，简单	10m²	0.1	184.3	370.02	3.4	80.71	28.16	18.43	37	0.34	8.07	2.82
15—45	纸面石膏板天棚面层安装在U形轻钢龙骨上平面	10m²	0.1	108.64	122.16		46.72	16.3	10.86	12.22		4.67	1.63
综合人工工日		小计							29.29	53.17	1.38	13.19	4.6
0.302 工日		未计价材料费											
清单项目综合单价									101.64				

主要材料名称、规格、型号	单位	数量	单价（元）	合价（元）	暂估单价（元）	暂估合价（元）
螺杆，L=250mm，ϕ8	根	1.326	0.3	0.4		
双螺母双垫片ϕ8	副	1.326	0.51	0.68		
圆钢	kg	0.393	3.45	1.36		
等边角钢L 40×4	kg	0.16	3.4	0.54		
膨胀螺栓M10×110	套	1.326	0.69	0.91		
其他材料费	元	0.552	0.86	0.47		
轻钢龙骨次接件	只	0.95	0.6	0.57		
轻钢龙骨主接件	只	0.5	0.51	0.26		
中龙骨横撑	m	3.329	3	9.99		
中龙骨垂直吊件	只	4	0.39	1.56		
中龙骨平面连接件	只	12.6	0.43	5.42		
大龙骨垂直吊件（轻钢）45mm	只	1.6	0.43	0.69		
轻钢龙骨（中）50mm×20mm×0.5mm	m	3.06	3.43	10.5		
轻钢龙骨（大）50mm×15mm×1.2mm	m	1.368	5.57	7.62		
自攻螺钉M4×15	十个	3.45	0.26	0.9		
纸面石膏板1200mm×3000mm×9.5mm	m²	1.1	10.29	11.32		
其他材料费				−0.02		
材料费小计			—	53.17	—	

左侧：材料费明细

项目编码	010801001001	项目名称		夹板装饰门		计量单位	m²	工程量	1.79
				清单综合单价组成明细					

定额编号	定额名称	定额单位	数量	单价（元）					合价（元）				
				人工费	材料费	机械费	管理费	利润	人工费	材料费	机械费	管理费	利润
16—198.1	胶合板门910mm×2130mm×3mm（无腰单扇）门扇断面38mm×60mm制作	10m²	0.1	259.96	429.11	26.87	123.34	43.02	25.99	42.91	2.69	12.34	4.3
14—203换	榉木胶合板粘贴在夹板基层上	10m²	0.1	171.69	407.29		73.83	25.75	17.17	40.73		7.39	2.58
综合人工工日		小计							43.16	83.64	2.69	19.72	6.88
0.4453 工日		未计价材料费											
清单项目综合单价									156.08				

	主要材料名称，规格，型号	单位	数量	单价（元）	合价（元）	暂估单价（元）	暂估合价（元）
材料费明细	普通木成材	m³	0.0186	1372.1	25.53		
	胶合板910mm×2130mm×3mm	m²	1.957	10.29	20.14		
	胶合板边角料残值回收	m²	−1.183	3.43	−4.06		
	铁钉70mm	kg	0.05	3.6	0.18		
	乳胶	kg	0.119	7.29	0.87		
	清油C01—1	kg	0.013	13.72	0.18		
	油漆溶剂油	kg	0.007	12.01	0.08		
	榉木胶合板2440mm×1220mm×1.0mm	m²	1.1	30.01	33.01		
	万能胶	kg	0.45	17.15	7.72		
	其他材料费				−0.01		
	材料费小计			—	83.64	—	

项目编码	011406001002	项目名称	天棚乳胶漆	计量单位	m²	工程量	47.26

清单综合单价组成明细

定额编号	定额名称	定额单位	数量	单价（元）					合价(元)				
				人工费	材料费	机械费	管理费	利润	人工费	材料费	机械费	管理费	利润
17–177注	内墙面：在抹灰面上批901胶白水泥腻子两遍、刷乳胶漆2遍(每增、减批一遍腻子)(每增、减刷一遍乳胶漆)(柱、梁、天棚面批腻子、刷乳胶漆)	10m²	0.1	123.23	45.1		52.99	18.48	12.32	4.51		5.3	1.85
综合人工工日		小计							12.32	4.51		5.3	1.85
0.1095 工日		未计价材料费											
清单项目综合单价									23.98				

材料费明细	主要材料名称，规格，型号	单位	数量	单价（元）	合价（元）	暂估单价（元）	暂估合价（元）
	901胶	kg	0.2324	2.14	0.71		
	白水泥	kg	0.4816	0.6	0.41		
	石膏粉325目	kg	0.0581	0.36	0.03		
	内墙乳胶漆	kg	0.343	10.29	4.76		
	钛白粉	kg	0.0581	0.73	0.06		
	其他材料费	元	0.152	0.86	0.13		
	其他材料费						
	材料费小计			—	4.51	—	

项目编码	011408001001	项目名称		墙面贴墙纸		计量单位	m²	工程量	46.34

清单综合单价组成明细

定额编号	定额名称	定额单位	数量	单价（元）					合价（元）				
				人工费	材料费	机械费	管理费	利润	人工费	材料费	机械费	管理费	利润
17—240	贴墙纸，墙面对花	10m²	0.1	142.59	305.35		61.31	21.39	14.26	30.53		6.13	2.14
综合人工工日			小计						14.26	30.53		6.13	2.14
0.147 工日			未计价材料费										
清单项目综合单价									53.06				

主要材料名称、规格、型号	单位	数量	单价（元）	合价（元）	暂估单价（元）	暂估合价（元）
羧甲基纤维素	kg	0.015	2.14	0.03		
墙纸中档	m²	1.158	25.73	29.8		
钛白粉	kg	0.12	0.73	0.09		
聚醋酸乙烯乳液	kg	0.125	4.29	0.54		
其他材料费	元	0.098	0.86	0.08		
其他材料费				−0.01		
材料费小计			—	30.53	—	

（材料费明细）

工程名称：装饰装修　　　　　　　　　　　　标段：　　　　　　　　　　　　第21页　共22页

项目编码	011701001001	项目名称	脚手架	计量单位	m^2	工程量	68.24

清单综合单价组成明细

定额编号	定额名称	定额单位	数量	单价（元）					合价（元）				
				人工费	材料费	机械费	管理费	利润	人工费	材料费	机械费	管理费	利润
11-11	移动式脚手架	$10m^2$	0.1	9.22	24.6		3.96	1.38	0.92	2.46		0.4	0.14
综合人工工日	小计								0.92	2.46		0.4	0.14
0.0095 工日	未计价材料费												
清单项目综合单价									3.92				

	主要材料名称、规格、型号	单位	数量	单价（元）	合价（元）	暂估单价（元）	暂估合价（元）
材料费明细	门式脚手架	kg	0.41	6	2.46		
	其他材料费						
	材料费小计			—	2.46	—	

项目编码	011701001002	项目名称			脚手架			计量单位	m²	工程量		44.1

清单综合单价组成明细

定额编号	定额名称	定额单位	数量	单价（元）					合价（元）				
				人工费	材料费	机械费	管理费	利润	人工费	材料费	机械费	管理费	利润
11－11	移动式脚手架	10m²	0.1	9.22	24.6		3.96	1.38	0.92	2.46		0.4	0.14
综合人工工日			小计						0.92	2.46		0.4	0.14
0.0095 工日			未计价材料费										
清单项目综合单价									3.92				

材料费明细	主要材料名称、规格、型号	单位	数量	单价（元）	合价（元）	暂估单价（元）	暂估合价（元）
	门式脚手架	kg	0.41	6	2.46		
	其他材料费			—		—	
	材料费小计			—	2.46	—	

5.4.4 套用清单并完成各项清单内容

5.4.4.1 分部分项工程和单价措施项目清单与计价表（表5.4-3）

分部分项工程和单价措施项目清单与计价表

工程名称：装饰装修　　　　　　　　　　　标段：　　　　　　　　　　　　　　表5.4-3

第1页　共2页

序号	项目编码	项目名称	项目特征描述	计量单位	工程量	金额（元）		
						综合单价	合价	其中：暂估价
1	011102003001	块料楼地面	600mm×600mm抛光砖	m²	43.29	112.21	4857.57	
2	011105005001	木质踢脚线	1.榉木踢脚线	m²	3.38	179.41	606.41	
3	011208001001	柱面榉木胶合板饰面	1.榉木胶合板饰面板 2.木龙骨 3.9mm胶合板基层	m²	13.92	139.06	1935.72	
4	011302001001	夹板吊顶	1.9mm厚夹板吊顶 2.木骨架	m²	2.29	85.22	195.15	
5	011302001002	轻钢龙骨石膏板吊顶	1.纸面石膏板吊顶 2.φ8mm吊筋 3.轻钢龙骨	m²	40.05	101.64	4070.68	
6	010807001001	铝合金推拉窗	90mm系列双扇带上亮铝合金推拉窗	樘	3	942.41	2827.23	
7	010810002001	木窗帘盒	1.木窗帘盒 2.300mm宽、300mm高内藏式胶合板窗帘盒	m	5.88	41.09	241.61	
8	010810001001	窗帘	百叶窗帘	m²	11.76	40.53	476.63	
9	010809004001	石材窗台板	1.大理石窗台板 2.宽度：130mm 3.厚度：20mm 4.现场磨边抛光	m²	0.76	354.24	269.22	
10	010801001001	夹板装饰门	1.夹板装饰门 2.木龙骨胶合板门扇 3.外贴榉木胶合板	m²	1.79	156.08	279.38	
11	010808003001	饰面夹板筒子板	饰面夹板筒子板	m²	0.81	374.12	303.04	
12	010808006001	门窗木贴脸	门窗木贴脸	m²	0.53	112.49	59.62	
13	011401001001	夹板装饰门油漆	1.夹板装饰门油漆 2.润油粉、刮腻子、刷硝基清漆、磨退出亮	m²	1.79	136.66	244.62	
14	011403002001	窗帘盒油漆	窗帘盒内油乳胶漆	m²	3.71	28.42	105.44	
15	011404002001	门窗套、踢脚线油漆	1.门窗套、踢脚线油漆 2.润油粉、刮腻子、刷硝基清漆、磨退出亮	m²	4.72	136.66	645.04	
16	011404012001	柱饰面油漆	1.柱榉木饰面板油漆	m²	13.92	136.66	1902.31	

序号	项目编码	项目名称	项目特征描述	计量单位	工程量	金额（元）		
						综合单价	合价	其中：暂估价
16	011404012001	柱饰面油漆	2.润油粉、刮腻子、刷硝基清漆、磨退出亮	m²	13.92	136.66	1902.31	
17	011406001001	天棚复杂面乳胶漆	1.天棚复杂面乳胶漆 2.面层白色乳胶漆 3.底油两遍、面层两遍	m²	3.19	29.71	94.77	
18	011406001002	天棚乳胶漆	1.天棚乳胶漆 2.面层白色乳胶漆 3.底油两遍、面层两遍	m²	47.26	23.98	1133.29	
19	011407006001	木材构件喷刷防火涂料	木材构件喷刷防火涂料	m²	3.19	29.45	93.95	
20	011408001001	墙面贴墙纸	墙面贴墙纸（含基膜）	m²	46.34	53.06	2458.8	
			本页小计				22800.48	
			合　　计				22800.48	

工程名称：装饰装修　　　　　　　　　标段：　　　　　　　　　第2页　共2页

序号	项目编码	项目名称	项目特征描述	计量单位	工程量	金额（元）		
						综合单价	合价	其中：暂估价
			分部分项工程清单合计				22800.48	
21	011701001001	脚手架	1.移动式脚手架（墙面） 2.搭设高度，满足现场施工要求 3.脚手架材质，钢管 4.报价需踏勘现场，综合报价，满足现场施工及安全等要求，结算费用不调整	m²	68.24	3.92	267.5	
22	011701001002	脚手架	1.移动式脚手架（天棚） 2.搭设高度，满足现场施工要求 3.脚手架材质，钢管 4.报价需踏勘现场，综合报价，满足现场施工及安全等要求，结算费用不调整	m²	44.1	3.92	172.87	
			单价措施项目清单合计				440.37	
			本页小计				440.37	
			合　　计				23240.85	

超级清单

5.4.4.2 总价措施项目清单与计价表（表5.4-4）

总价措施项目清单与计价表

工程名称：装饰装修　　　　　　　　　　　标段：

表5.4-4

第1页　共1页

序号	项目编码	项目名称	计算基础	费率（%）	金额（元）	备注
1	011707001001	现场安全文明施工			395.09	
		基本费	分部分项工程费+单价措施清单合价-工程设备费	1.7	395.09	
		省级标化增加费	分部分项工程费+单价措施清单合价-工程设备费	0		
2	011707002001	夜间施工	分部分项工程费+单价措施清单合价-工程设备费	0		
3	011707003001	非夜间施工照明	分部分项工程费+单价措施清单合价-工程设备费	0		
4	011707005001	冬雨季施工	分部分项工程费+单价措施清单合价-工程设备费	0		
5	011707007001	已完工程及设备保护	分部分项工程费+单价措施清单合价-工程设备费	0		
6	011707008001	临时设施	分部分项工程费+单价措施清单合价-工程设备费	0.8	185.93	
7	011707009001	赶工措施	分部分项工程费+单价措施清单合价-工程设备费	0		
8	011707010001	工程按质论价	分部分项工程费+单价措施清单合价-工程设备费	0		
9	011707011001	住宅分户验收	分部分项工程费+单价措施清单合价-工程设备费	0		
		合计			581.02	

5.4.4.3 规费、税金项目计价表（表5.4-5）

规费、税金项目计价表

工程名称：装饰装修　　　　　　　　　　　标段：

表5.4-5

第1页　共1页

序号	项目名称	计算基础	计算基础（元）	费率（%）	金额（元）
1	规费				695.59
1.1	社会保险费	分部分项工程费+措施项目费+其他项目费-工程设备费	23821.87	2.4	571.72
1.2	住房公积金		23821.87	0.42	100.05
1.3	工程排污费		23821.87	0.1	23.82
2	税金	分部分项工程费+措施项目费+其他项目费+规费-按规定不计税的工程设备金额/1.01	24517.46	10	2451.75
	合　计				3147.34

编制人（造价人员）：　　　　　　　　　　　复核人（造价工程师）：

5.4.5 单位工程投标报价汇总表（表5.4-6）

单位工程投标报价汇总表

表5.4-6

工程名称：装饰装修　　　　　　　标段：　　　　　　　　第1页　共1页

序号	汇总内容	金额（元）	其中：暂估价（元）
1	分部分项工程	22800.48	
1.1	人工费	7256.4	
1.2	材料费	11126.92	
1.3	施工机具使用费	131.88	
1.4	企业管理费	3177.03	
1.5	利润	1108.3	
2	措施项目	1021.39	
2.1	单价措施项目费	440.37	
2.2	总价措施项目费	581.02	
2.2.1	其中：安全文明施工措施费	395.09	
3	其他项目	0	
3.1	其中：暂列金额	0	
3.2	其中：专业工程暂估价	0	
3.3	其中：计日工	0	
3.4	其中：总承包服务费	0	
4	规费	695.59	
5	税金	2451.75	
	投标总价，合计=1+2+3+4+5	26969.21	

5.4.6 投标报价封面、扉页及总说明

5.4.6.1 投标报价封面（企业使用，图5.4-1）

5.4.6.2 投标报价封面（学生使用，图5.4-2）

5.4.6.3 投标报价扉页（图5.4-3）

图5.4-1 投标报价封面（左）

图5.4-2 装饰工程预算书实训封面（中）

图5.4-3 投标报价扉页（右）

某经理办公室装饰装修工程
投标总价

投标人：××装饰公司

（单位盖章）

××××年××月××日

某经理办公室装饰装修工程
施工图预算

编制（审核）工程造价：26969.21元
编制（审核）造价指标：564.92元

班　级：＿＿＿＿＿
编制人：＿＿＿＿＿
学　号：＿＿＿＿＿
编制时间：××××年××月××日

投标总价

招标人：××公司
工程名称：某经理办公室装饰装修工程
投标总价（小写）：26969.21元
（大写）：两万陆仟玖佰陆拾玖元贰角壹分
投标人：××装饰公司（单位盖章）
法定代表人
或其授权人：××（签字或盖章）
编制人：××
（造价人员签字盖专用章）
编制时间：××××年××月××日

5.4.6.4 投标报价总说明（图5.4-4）

图5.4-4 投标报价总说明

1．工程概况

某经理办公室装饰装修工程，建筑面积为47.74m²，首层，层高3.2m，钢筋混凝土框架结构。现场交通运输方便。

2．投标报价范围

经理办公室施工图范围内的装饰装修工程，不含可移动的家具。

3．投标报价编制依据

(1)某经理办公室装饰装修施工图及投标施工组织设计。

(2)《建设工程工程量清单计价规范》GB 50500—2013、《房屋建筑与装饰工程工程量计算规范》GB 50854—2013、《江苏省建筑与装饰工程定额》(2014年)。

(3)招标文件及其所提供的工程量清单和有关报价要求，招标文件的补充通知和答疑纪要等。

(4)执行南京市的计费程序及其相关费用文件，单独装饰工程管理费费率为43%，利润率为15%，计价基数为人工费＋机械费。人工单价为97元／工日，材料单价按本公司掌握的价格情况并参照南京市建设工程造价管理站《工程造价信息》发布的最新价格信息。

项目训练五

一、单项选择题

1. 在工程量清单中，编制楼地面面层时应扣除（　　　）内容。

A. 间壁墙　　　　　　　　　　B. 突出地面的构筑物

C. 0.3m² 以内的柱　　　　　　D. 附墙烟囱

2. 在工程量清单中，柱面镶贴块料面层按（　　　）计算。

A. 镶贴表面积　　　　　　　　B. 柱的结构面积

C. 柱的抹灰面积　　　　　　　D. 柱的截面周长

3. 在工程量清单中，天棚吊顶的工程量按（　　　）计算。

A. 水平投影面积　　　　　　　B. 展开面积

C. 天棚抹灰面积　　　　　　　D. 主墙间净面积

4. 在工程量清单中，门窗涂装工程量按（　　　）计算。

A. 框外围面积　　　　　　　　B. 设计图示洞口尺寸单面洞口面积

C. 设计图示洞口尺寸双面洞口面积　D. 樘

5. 工程量清单的编制者是（　　　）。

A. 建设主管部门　　　　　　　B. 招标人

C. 投标人　　　　　　　　　　D. 工程造价咨询机构

6. 从性质上说，工程量清单是（　　　）的组成部分。

A. 招标文件　　　　　　　　　B. 施工设计图纸

C. 投标文件　　　　　　　　　D. 可行性研究报告

7. 关于门窗工程量计算规则，下列说法正确的是（　　　）。

A. 门窗均按设计图示尺寸以面积计算

B. 门窗套按设计图示尺寸以展开面积计算

C. 窗帘盒、窗台板按设计图示尺寸以展开面积计算

D. 门窗五金安装按设计樘数计算

8. 天棚吊顶工程量清单应扣除（　　　）所占面积。

A. 独立柱　　　B. 附墙柱　　　C. 检查口　　　D. 间壁墙

二、多项选择题

1. 工程量清单中的"五个统一"包括（　　　）。

A. 项目编码　　　B. 项目名称　　　C. 计量单位

D. 计算规则　　　E. 项目特征

2. 在工程量清单中，石材楼地面项目特征包括（　　　）内容。

A. 垫层　　　B. 找平层　　　C. 结合层

D. 面层　　　E. 防水层

3. 在工程量清单中，干挂石材轻钢龙骨的项目特征包括（　　　）。

A. 骨架种类　　　B. 骨架规格　　　C. 涂料品种

D. 涂装遍数　　　E. 骨架配件

4. 在编制工程量清单时，喷刷涂料项目特征应包括（　　　）内容。

A. 基层类型　　　B. 腻子种类　　　C. 刮腻子要求

D. 喷涂遍数　　　E. 腻子品种

5.《建设工程工程量清单计价规范》GB 50500—2013 规定，工程量清单应由（　　　）清单组成。

A. 分部分项工程量　　　　　　B. 措施项目

C. 设备　　　D. 其他项目　　　E. 工程建设其他费

6. 石材、块料楼地面按设计图示尺寸以面积计算，不扣除（　　　）等所占面积。

A. 间壁墙　　　B. 设备基础　　　C. 地沟　　　D.0.3m² 以内孔洞

7. 墙柱面工程中的一般抹灰是指（　　　）等。

A. 水泥混合砂浆　　　　　　B. 水泥砂浆

C. 水磨石　　　　　　D. 拉毛灰

8. 以下（　　　）抹灰面积并入天棚抹灰。

A. 梁两侧　　　B. 板式楼梯底面　　　C. 楼梯侧面　　　D. 阳台、雨篷底面

三、简答题

1. 编制工程量清单时，计量单位是如何规定的？

2. 工程量清单的标准格式由哪些内容组成？

3. 墙面抹灰工程量清单的工程量计算规则是如何规定的？

4. 举例详细说明五级清单项目编码。

5. 阐述工程量清单的概念及组成。

四、计算题

某地面铺地砖，规格为 600mm×600mm，结合层用水泥砂浆。管理费费率取 43%，利润率为 15%。市场人工费为 100 元/工日；地砖为 20 元/块，其他材料价格不变，为 58.38 元/10 ㎡。机械费为 2.27 元/10 ㎡，试求其综合单价。（装饰定额显示：人工消耗量 3.53 工日/10 ㎡；地砖消耗量 29 块/10 ㎡）

6

单元六 建筑装饰工程结算

知识点

1. 建筑装饰工程价款结算的概念。
2. 建筑装饰工程价款结算的分类。
3. 工程预付款与进度款的概念。
4. 工程竣工结算的组成。

着力点

1. 重点掌握建筑装饰工程价款结算以及预付款进度款的计算方法。
2. 熟悉建筑装饰工程变更的流程。
3. 了解工程价款结算的分类方式与组成。

项目一 工程预付款及进度款支付

6.1.1 工程预付款

1. 工程预付款结算概念

工程预付款又称为工程备料款，是指由施工单位自行采购建筑材料，根据工程承包合同（协议），建设单位在工程开工前按年度工程量的比例预付给施工单位的备料款。工程预付款的结算是指在工程后期随工程所需材料储备逐渐减少，预付款以抵冲工程价款的方式陆续扣回的方式。从图6.1-1所示的结算和支付框架图中可以清晰地显示预付款支付为工程结算的第一步。

2. 工程预付款的数额和拨付时间

预付款的数额和拨付时间，在《建设工程价款结算暂行办法》第十二条第（一）款规定：包工包料工程的预付款按合同约定拨付，原则上预付比例不低于合同金额的10%，不高于合同金额的30%，对重大工程项目，按年度工程计划逐年预付。实行工程量清单计价的，实体性消耗和非实体性消耗部分应在合同中分别约定预付款比例。

《建设工程价款结算暂行办法》第十二条第（二）款规定：在具备施工条件的前提下，业主应在双方签订合同后的一个月内或不迟于约定的开工日期前的7d内预付工程款。

所以，在签订合同时，业主与承包商可根据工程实际和价款结算办法的这一原则，确定具体的数额和拨付时间。

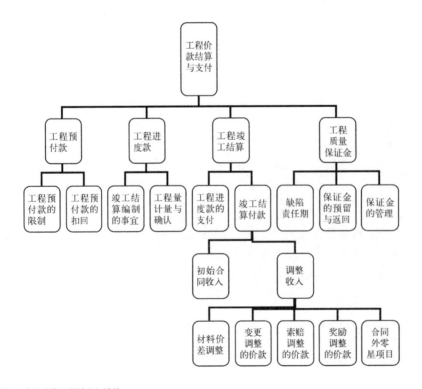

图6.1-1 工程价款结算与支付框架图

3. 预付款的拨付及违约责任

业主应该在合同约定的时间拨付约定金额的预付款。否则，按价款结算办法的规定处理。《建设工程价款结算暂行办法》第十二条第（二）款规定：业主不按约定预付的，承包商应在预付时间到期后10d内向业主发出要求预付的通知，业主收到通知后仍不按要求预付的，承包商可在发出通知14d后停止施工，业主应从约定应付之日起向承包商支付应付款的利息（利率按同期银行贷款利率计），并承担违约责任。

注意：合同通用条款第24条中预付款的拨付及违约责任，与上述价款结算办法的规定有出入。根据《建设工程价款结算暂行办法》第二十八条的规定，应该以价款结算办法为准。

4. 预付款的扣回

双方应该在合同专用条款第24条中约定预付款的扣回时间、比例。

《建设工程价款结算暂行办法》第十二条第（三）款规定：预付的工程款必须在合同中约定抵扣方式，并在工程进度款中进行抵扣。

5. 其他

《建设工程价款结算暂行办法》第十二条第（四）款规定：凡是没有签订合同或不具备施工条件的工程，业主不得预付工程款，不得以预付款为名转移资金。

6.1.2 工程进度款

1. 工程进度款结算方式

合同双方应该在合同专用条款第26条中选定下列两种结算方式中的一种，作为进度款的结算方式。

（1）按月结算与支付。即实行按月支付进度款，竣工后清算的办法。合同工期在两个年度以上的工程，在年终进行工程盘点，办理年度结算。

（2）分段结算与支付。即当年开工、当年不能竣工的工程按照工程实际进度，划分不同阶段支付工程进度款。具体划分在合同中明确。

2. 工程量计算

（1）承包商应当按照合同约定的方法和时间，向业主提交已完成工程量的报告。业主接到报告后14d内核实已完成工程量，并在核实前1d通知承包商，承包商应提供条件并派人参加核实，承包商收到通知后不参加核实的，以业主核实的工程量作为工程价款支付依据。业主不按约定时间通知承包商，致使承包商未能参加核实的，核实结果无效。

（2）业主收到承包商报告后14d内未核实已完工程量的，从第15d起，承包商报告中的工程量即视为被确认，作为工程价款支付的依据。双方合同另有约定的，按合同执行。

（3）对承包商超出设计图纸（含设计变更）范围和承包商原因造成返工的工程量，业主不予计量。

注意：合同通用条款第 25 条的内容与上述《建设工程价款结算暂行办法》的规定有出入的，根据《建设工程价款结算暂行办法》第二十八条的规定，应该以《建设工程价款结算暂行办法》的规定为准。

3. 工程进度款支付

工程量核实以后，业主应该按照合同专用条款中约定的拨付比例或数额向承包商支付工程进度款。

《建设工程价款结算暂行办法》规定：

(1) 根据确定的工程量计量结果，承包商向业主提出支付工程进度款申请，14d 内，业主应以不低于工程价款的 60%，不高于工程价款的 90% 向承包商支付工程进度款。按预定时间业主应扣回的预付款，与工程进度款同期结算抵扣。

(2) 确认增（减）的工程变更价款作为追加（减）合同价款与工程进度款同期支付。

(3) 业主超过约定的支付时间不支付工程进度款的，承包商应及时向业主发出要求付款通知，业主收到承包商通知后仍不能按要求付款的，可与承包商协商签订延期付款协议，经承包商同意后可延期支付，协议应明确延期支付的时间和从工程量计量结果确认后第 15d 起计算应付款的利息（利率按同期银行贷款利率计）。

(4) 业主不按合同约定支付工程进度款，双方又未达成延期付款协议，导致施工无法进行的，承包商可停止施工，由业主承担违约责任。

注意：合同通用条款第 26 条的内容与《建设工程价款结算暂行办法》的规定有出入的，根据《建设工程价款结算暂行办法》第二十八条的规定，应该以《建设工程价款结算暂行办法》的规定为准。

项目二　工程竣工结算

6.2.1　工程竣工结算依据

1. 工程竣工结算的概念

工程竣工结算是指承包单位按照合同约定全部完成所承包的工程内容，并经质量验收合格，符合合同约定要求，由承包方提供完整的结算资料，包括施工图及在施工过程中的变更记录、监理验收签单及工程变更签证、必要的分包合同及采购凭证、工程结算书等交由发包单位，进行审核后的工程最终工程款的结算。

工程完工后，发、承包双方应在合同约定时间内办理工程竣工结算。竣工结算应该按照合同有关条款和《建设工程价款结算暂行办法》的有关规定进行，合同通用条款中有关条款的内容与《建设工程价款结算暂行办法》的有关规定有出入时，以《建设工程价款结算暂行办法》的规定为准。

2. 工程竣工结算的分类

工程竣工结算分为单位工程竣工结算、单项工程竣工结算和建设项目竣工总结算。

3. 工程竣工结算的依据

(1) 办理竣工结算价款依据的资料：

①"工程量清单计价规范"。

②施工合同。

③工程竣工图纸及资料。

④双方确认的工程量。

⑤双方确认追加（减）的工程价款。

⑥双方确认的索赔、现场签证事项及价款。

⑦投标文件。

⑧招标文件。

⑨其他依据。

(2) 办理竣工结算时，分部分项工程费中工程量应依据发、承包双方确认的工程量，综合单价应依据合同约定的单价计算；如发生调整时，以发、承包双方确认调整后的综合单价计算。

(3) 措施项目费应依据合同约定的项目和金额计算；如发生调整时，以发、承包双方确认调整的金额计算，其中安全文明施工费应按"清单计价规范"的规定计算。

①明确采用综合单价计价的措施项目，应依据发、承包双方确认的工程量和综合单价计算。

②明确采用"项"计价的措施项目，应依据合同约定的措施项目和金额或发、承包双方确认调整后的措施项目费金额计算。

③措施项目费中的安全文明施工费应按照国家或省级、行业建设主管部门的规定计算。施工过程中，国家或省级、行业建设主管部门对安全文明施工费进行调整的，措施项目费中的安全文明施工费应作相应调整。

(4) 其他项目费在办理结算时的要求。其他项目费用应按下列规定计算：

①计日工应按发包人实际签证确认的事项计算，即计日工的费用应按发包人实际签证确认的数量和合同约定的相应单价计算。

②暂估价中的材料单价应按发、承包双方最终确认在综合单价中调整；专业工程暂估价应按中标价或发包人、承包人与分包人最终确认价计算。

当暂估价中的材料是招标采购的时，其单价按中标价在综合单价中调整。当暂估价中的材料为非招标采购的时，其单价按发、承包双方最终确认的金额计算。

③总承包服务费应依据合同约定金额计算，如发生调整的，以发、承包双方确认调整的金额计算，即发、承包双方依据合同约定对总承包服务费进行调整，应按调整后的金额计算。

④索赔事件产生的费用在办理竣工结算时应在其他项目费中反映。索赔费用的金额应依据发、承包双方确认的索赔项目和金额计算。

⑤现场签证费用应依据发、承包双方签证资料确认的金额计算。现场签

证发生的费用在办理竣工结算时应在其他项目费中反映。

⑥暂列金额应减去工程价款调整与索赔、现场签证金额计算，如有余额归发包人。合同价款中的暂列金额在用于各项价款调整、索赔与现场签证后，若有余额，则余额归发包人，若出现差额，则由发包人补足并反映在相应的工程价款中。

(5) 规费和税金的计取依据。规费和税金应按"清单计价规范"的规定计算。竣工结算中应按照国家或省级、行业建设主管部门对规费和税金的计取标准计算。

4.竣工结算的编审

(1) 单位工程竣工结算由承包商编制，业主审查；实行总承包的工程，由具体的承包商编制，在总承包商审查的基础上，由业主审查。业主也可以委托具有相应资质的工程造价咨询企业审查。

(2) 单项工程竣工结算或建设项目竣工总结算由总承包商编制，业主可直接进行审查，也可以委托具有相应资质的工程造价咨询机构进行审查。单项工程竣工结算或建设项目竣工总结算经业主、承包商签字盖章后有效。

5.竣工结算报告的递交时限要求及违约责任

竣工结算报告的递交时限，合同专用条款中有约定的从其约定，无约定的按《建设工程价款结算暂行办法》的规定。

《建设工程价款结算暂行办法》第十四条第（三）款规定：单项工程竣工后，承包商应在提交竣工验收报告的同时，向业主递交竣工结算报告及完整的结算资料。

承包商应该在合同约定期限内完成项目竣工结算编制工作，未在规定期限内完成并且提不出正当理由延期的，责任自负。

如果未能在约定的时间内提供完整的工程竣工结算资料，经业主催促后14d内仍未提供或没有明确答复的，业主有权根据已有资料进行审查，责任由承包商自负。

6.竣工结算价款的支付及违约责任

根据确认的竣工结算报告，承包商向业主申请支付工程竣工结算款。业主应在收到申请后15d内支付结算款，到期没有支付的应承受违约责任。承包商可以催告业主支付结算款，如达成延期支付协议，业主应按照同期银行贷款利率支付拖欠工程价款的利息。

如未达成延期支付协议，承包商可以与业主协商将该工程折价，或申请人民法院将工程依法拍卖，承包商就该工程折价或拍卖的价款优先受偿。

7.竣工结算编制的依据

(1) 工程合同的有关条款。

(2) 全套竣工图纸及相关资料。

(3) 设计变更通知单。

(4) 承包商提出，由业主和设计单位会签的施工技术问题核定单。

(5) 工程现场签订单。

(6) 材料代购核定单。

(7) 材料价格变更文件。

(8) 合同双方确认的工程量。

(9) 经双方协商同意并办理了签证的索赔。

(10) 投标文件、招标文件及其他依据。

8. 竣工结算的编制

在工程进度款结算的基础上，根据所收集的各种设计变更资料和修改图纸，以及现场签证、工程量核定单、索赔等资料进行合同价款的增、减调整计算，最后汇总为竣工结算造价。

9. 工程竣工结算的审核

工程竣工结算审核是竣工结算阶段的一项重要工作。经审核确定的工程竣工结算是核定建设工程造价的依据，也是建设项目验收后编制竣工决算和核定新增固定资产价值的依据。因此，业主、造价咨询单位都应十分关注竣工结算的审核把关。一般从以下几方面入手：

(1) 核对合同价款。首先，竣工工程内容是否符合合同条件要求，工程是否竣工验收合格，只有按合同要求完成全部工程并验收合格才能列入竣工结算。其次，应按合同约定的结算办法，对工程竣工结算进行审核，若发现合同有漏洞，应请业主与承包商认真研究，明确结算要求。

(2) 落实设计变更签证。设计修改变更应由原设计单位出具设计变更通知单和修改设计图纸，设计、校审人员签字并加盖公章，经业主和监理工程师审查同意，签证才能列入结算。

(3) 按图核实工程数量。竣工结算的工程量应依据设计变更和现场签证等进行核算，并按国家统一的计算规则计算工程量。

(4) 严格按合同约定计价。结算单价应按合同约定、招标文件规定的计价原则或投标报价执行。

(5) 注意各项费用计取。工程的取费标准应按合同要求或项目建设期间有关费用计取规定执行，先审核各项费率、价格指数或换算系数是否正确，价格调整计算是否符合要求，再审核特殊费用和计算程序。要注意各项费用的计取基础，是以人工费为基础还是定额基价为基础。

(6) 防止各种计算误差。工程竣工结算子目多、篇幅大，往往有计算误差，应认真核算，防止因计算误差多计或少算。

【例 6.2-1】某装饰工程业主与某施工单位签订了该项目建设工程施工合同，合同中含两个子项工程，估计工程量子项甲为：2300m²，子项乙为3200m²，合同工期 4 个月。经双方协商合同单价甲项为 180 元 /m²，乙项为 160元 /m²。建设工程施工合同规定：

(1) 开工前业主向施工单位支付合同价 20% 的预付款。

(2) 业主自第一个月起从施工单位的工程进度款中按 5% 的比例扣留保留金。

（3）当子项实际工程量超过估算工程量的 10% 时，其超过部分工程量可进行调价，调价系数为 0.9。

（4）根据市场情况规定价格（单价）调整系数平均按 1.2 计算。

（5）监理工程师签发月度付款最低额度为 25 万元人民币。

（6）预付款最后两个月扣回，每月扣 50%。

施工单位各月实际完成并经监理工程师签证确认的工程如表 6.2-1 所示。

监理工程师签证确认表   表6.2-1

子项名称 完成工程量（m²）	1月	2月	3月	4月
甲	500	800	800	600
乙	700	900	800	600

（1）请计算预付款是多少？

（2）计算每月工程价款为多少？监理工程师应签证的工程款为多少？实际签发付款凭证的金额为多少？

【解】

（1）预付款为：$(2300 \times 180 + 3200 \times 160) \times 20\% = 18.52$（万元）

（2）每月工程量价款、监理工程师应签证的工程款及实际签发付款凭证的金额见表 6.2-2 所示。

签证的工程款及实际签发付款凭证的金额对照表   表6.2-2

项目	第一个月	第二个月	第三个月	第四个月
本月工程价款	$500 \times 180 + 700 \times 160 = 20.2$（万元）	$800 \times 180 + 900 \times 160 = 28.8$（万元）	$800 \times 180 + 800 \times 160 = 27.2$（万元）	$(600-170) \times 180 + 170 \times 180 \times 0.9 + 600 \times 160 = 20.094$（万元）
本月应签证工程价款	$20.2 \times 1.2 \times 0.95 = 23.028$（万元）	$28.8 \times 1.2 \times 0.95 = 32.832$（万元）	$27.2 \times 1.2 \times 0.95 - 18.52/2 = 21.748$（万元）	$20.094 \times 1.2 \times 0.95 - 18.52/2 = 13.647$（万元）
本月实际签发的工程价款	$23.028 < 25$，故本月不签发，并入下月	$23.028 + 32.832 = 55.86$（万元）	$21.748 < 25$，故本月不签发，并入下月	$21.748 + 13.647 = 35.395$（万元）

注：(1) 第四个子项甲累计工程量 2700 > 2300 × 1.1，超过部分的工程量为 2700 - 2300 × 1.1 = 170m²，其单价调整为 180 × 0.9 = 162元/m²。

（2）0.95 = 1 - 0.05，扣留保留金 5%，1.2 为单价调整系数。

（3）18.52/2 万元为最后两个月扣预付款。

6.2.2 工程变更

1. 工程变更的分类

由于工程建设的周期长、涉及的经济关系和法律关系复杂、受自然条件和客观因素的影响大，导致项目的实际情况与项目招标投标时的情况相比会发生一些变化。因此，工程的实际施工情况与招标投标时的工程情况相比往往会有一些变化。

工程变更包括工程量变更、工程项目变更（如发包人提出增加或者删减原项目的内容）、进度计划变更、施工条件变更等。

考虑到设计变更在工程变更中的重要性，往往将工程变更分为设计变更和其他变更两大类。

（1）设计变更：在施工过程中如果发生设计变更，将对施工进度产生很大的影响。因此，应尽量减少设计变更，如果必须对设计进行变更，必须严格按照国家的规定和合同约定的程序进行。

（2）其他变更：合同履行中发包人要求变更工程质量标准及发生其他实质性变更的，由双方协商确定。

2. 工程变更的处理要求

（1）如果出现了必须变更的情况，应当尽快变更。如果变更不可避免，不论是停止施工等待变更指令，还是继续施工，无疑都会增加损失。

（2）工程变更后，应当尽快落实变更。工程变更指令发出后，应当迅速落实指令，全面修改相关的各种文件。承包人也应当抓紧落实，如果承包人不能全面落实变更指令，则扩大的损失应当由承包人承担。

（3）对工程变更的影响应当作进一步分析。

3. 工程变更的程序

1）设计变更的程序

（1）发包人对原设计进行变更。施工中发包人如果需要对原工程设计进行变更，应不迟于变更前14d以书面形式向承包人发出变更通知。承包人对发包人的变更通知没有拒绝的权利，这是合同赋予发包人的一项权利。

（2）承包人对原设计进行变更。承包人应当严格按照图纸施工，不得随意变更设计。施工中承包人提出的合理化建议涉及对设计图纸或者施工组织设计的更改及对原材料、设备的更换的，须经工程师同意。工程师同意变更后，也须经原规划管理部门和其他有关部门审查批准，并由原设计单位提出变更的相应的图纸和说明。承包人未经工程师同意擅自更改或换用的，由承包人承担由此发生的费用，赔偿发包人的有关损失，延误的工期不予顺延。

（3）设计变更的事项。能够构成设计变更的事项包括以下方面：更改有关部分的标高、基线、位置和尺寸；增减合同中约定的工程量；改变有关工程的施工时间和顺序；其他有关工程变更需要的附加工作。

2）其他变更的程序

除设计变更外，其他能够导致合同内容变更的都属于其他变更。

4. 变更后合同价款的确定

（1）变更后合同价款的确定程序。设计变更发生后，承包人在工程设计变更确定后14d内提出变更工程价款的报告，经工程师确认后调整合同价款。

工程设计变更确认后 14d 内，如承包商未提出适当的变更价格，则发包人可根据所掌握的资料决定是否调整合同价款和调整的具体金额。重大工程变更涉及工程价款变更报告和确认的时限由发承包双方协商确定。收到变更工程价款报告的一方，应在收到之日起 14d 内予以确认或提出协商意见，自变更工程价款报告送达之日起 14d 内，对方未确认也未提出协商意见时，视为变更工程价款报告已被确认。

(2) 变更后合同价款的确定方法。在工程变更确定后 14d 内，设计变更涉及工程价款调整的，由承包人向发包人提出，经发包人审核同意后调整合同价款。如 28d 后未回复者，承包方可以向发包方发出索赔申请。变更合同价款按照下列方法进行：

①合同中已有适用于变更工程的价格，按合同已有的价格变更合同价款。

②合同中只有类似于变更工程的价格，可以参考类似价格变更合同价款。

③合同中没有适用或类似于变更工程的价格，由承包人或发包人提出适当的变更价格，经对方确认后执行。如双方不能达成一致的，双方可提请工程所在地工程造价管理机构进行咨询或按合同约定的争议或纠纷解决程序办理。

6.2.3 现场签证

在装饰工程结算中，由于工程的复杂程度的不同，势必会造成工程变更和索赔的出现，对变更中出现的涉及价款的变化以及索赔中涉及工期和价款变化的项目，在施工现场要及时进行书面签证，并协商好价款，以备作为后期结算的依据。

1. 进行现场签证形成书面文件的依据

(1) 招标文件、施工合同文本及附件，其他双方签字认可的文件，经认可的工程实施计划、各种工程图纸、技术规范等。

(2) 双方的往来信件及各种会谈纪要。

(3) 进度计划和具体的进度以及项目现场的有关文件。

(4) 气象资料、工程检查验收报告和各种技术鉴定报告。

(5) 国家有关法律、法令、政策文件，官方的物价指数、工资指数，工程会计核算资料，材料的采购、订货、运输、进场、使用方面的凭据。与此同时，还要有相关变更和索赔的依据。

2. 现场签证的计算内容

(1) 索赔的费用计算。

一般可以包括以下几个方面：

①人工费。包括增加工作内容的人工费、停工损失费和工作效率降低的损失费等累计，其中增加工作内容的人工费应按照计日工费计算，而停工损失费和工作效率降低的损失费按窝工费计算，窝工费按人工单价 ×60% 计算。

②设备费。当工作内容增加引起设备费索赔时，设备费的标准按照机械台班费计算。因窝工引起的设备费索赔，当施工机械属于施工企业自有时，按照机械台班 ×40% 计算索赔费用。当施工机械是施工企业从外部租赁时，索

赔费用的标准按照设备租赁费计算。

③材料费。

④保函手续费。工程延期时，保函手续费相应增加。反之，取消部分工程且发包人与承包人达成提前竣工协议时，承包人的保函金额相应折减，则计入合同价内的保函手续费也应扣减。

⑤贷款利息。

⑥保险费。

⑦管理费。

⑧利润。

（2）设计变更的图纸内容以及费用依据。

（3）签证内容以及价款发生纠纷时，可通过下列办法解决：

①双方协商确定。

②按合同条款约定的办法执行。

③向有关仲裁机构申请仲裁确定签证内容。

6.2.4　质量保证金

1. 建设工程质量保证（保修）金

（1）保证金的含义（以下简称保证金）

建设工程质量保证（保修）金是指发包人与承包人在建设工程承包合同中约定，从应付工程款中预留，用以保证承包人在缺陷责任期（即质量保修期）内对建设工程出现的缺陷进行维修的资金。

缺陷是指建设工程质量不符合工程建设强制标准、设计文件，以及承包合同的约定。

（2）缺陷责任期及其计算

发包人与承包人应该在工程竣工之前（一般在签订合同的同时）签订质量保修书，作为合同的附件。保修书中应该明确约定缺陷责任期的期限。

缺陷责任期从工程通过竣（交）工验收之日起计算。由于承包人原因导致工程无法按规定期限进行竣工验收的，缺陷责任期从实际通过竣（交）工验收之日起计算。由于发包人原因导致工程无法按规定期限竣（交）工验收的，在承包人提交竣（交）工验收报告 90d 后，工程自动进入缺陷责任期。

（3）保证金预留比例及管理

①保证金预留比例。全部或者部分使用政府投资的建设项目，按工程价款结算总额5%左右的比例预留保证金。社会投资项目采用预留保证金方式的，预留保证金的比例可以参照执行。发包人与承包人应该在合同中约定保证金的预留方式及预留比例。

②保证金预留。建设工程竣工结算后，发包人应按照合同约定及时间向承包人支付工程结算价款并预留保证金。

③保证金管理。缺陷责任期内，实行国库集中支付的政策投资项目，保

证金的管理应按国库集中支付的有关规定执行。其他政府投资项目，保证金可以预留在财政部门或发包方。缺陷责任期内，如发包方被撤销，保证金随交付使用资产一并移交使用单位，由使用单位代行发包人职责。

社会投资项目采用预留保证金方式，发、承包双方可以约定将保证金交由金融机构托管；采用工程质量保证担保、工程质量保险等其他方式的，发包人不得再预留保证金，并按照有关规定执行。

2. 工程质量保修内容和责任期

(1) 工程质量保修范围和内容

发、承包双方在工程质量保修书中约定的建设工程的保修范围包括：地基基础工程、主体结构工程、屋面防水工程、有防水要求的卫生间、房间和外墙的防渗漏、供热与供冷系统、电气管线、给水排水管道、设备安装和装修工程，以及双方约定的其他项目。

具体保修的内容，双方在工程质量保修书中约定。

由于用户使用不当或自行装饰装修、改动结构、擅自添置设施或设备而造成建筑功能不良或损坏者，以及对因自然灾害等不可抵抗力造成的质量损害，不属于保修范围。

(2) 缺陷责任期

缺陷责任期为发、承包双方在工程质量保修书中约定的期限。但不能低于《建设工程质量管理条例》要求的最低保修期限。

《建设工程质量管理条例》对建设工程在正常使用条件下的最低保修期限的要求为：

①地基基础工程和主体结构工程，为设计文件规定的该工程的合理使用年限。

②屋面防水工程、有防水要求的卫生间、房间和外墙面的防漏为5年。

③供热与供冷系统为2个采暖期和供热期。

④电气管线、给水排水管道、设备安装和装修工程为2年。

3. 缺陷责任期内的维修及费用承担

(1) 保修责任

缺陷责任期内，属于保修范围、内容的项目，承包人应当在接到保修通知之日起7d内派人保修。发生紧急抢修事故的，承包人在接到事故通知后，应当立即到达事故现场抢修。对于涉及结构安全的质量问题，应当按照《房屋建设工程质量保修办法》的规定，立即向当地建设行政主管部门报告，采取安全防范措施；由原设计单位或者具有相应资质等级的设计单位提出保修的方案，承包人实施保修。质量保修完成后，由发包人组织验收。

(2) 费用承担

缺陷责任期内，由承包人原因造成的缺陷，承包人应负责维修，并承担鉴定及维修费用。如承包人不维修也不承担费用，发包人可按合同约定扣除保证金，并由承包人承担违约责任。承包人维修并承担相应的费用后，不免除对工程的一半损失赔偿责任。

由他人及不可抗力原因造成的缺陷，发包人负责维修，承包人不承担费用，且发包人不得从保证金中扣除费用。如发包人委托承包人维修的，发包人应该支付相应的维修费用。

发、承包双方就缺陷责任有争议时，可以请有资质的单位进行鉴定，责任方承担鉴定费用并承担维修费用。

(3) 保证金返还

缺陷责任期内，承包人认真履行合同约定的责任，到期后，承包人向发包人申请返还保证金。

发包人在接到承包人返还保证金申请后，应于14d内合同承包人按照合同约定的内容进行核实。如无异议，发包人应当在核实后14d内将保证金返还承包人，逾期支付的，从逾期之日起，按照同期银行贷款利率计付利息，并承担违约责任。发包人在接到承包人返还保证金申请后14d内不予答复，经催告后14d内仍不予答复的，视同认可承包人的返还保证金申请。

如果承包人没有认真履行合同约定的保修责任，则发包人可以按照合同约定扣除保证金并要求承包人赔偿相应的损失。

4. 其他

发包人和承包人对保证金预留、返还以及工程维修质量、费用有争议的，按照合同约定的争议和纠纷解决程序处理。

涉外工程的保修问题，除参照上述办法进行处理外，还应依照原合同条款的有关规定执行。

项目训练六

一、单项选择题

1. 在按月结算方式下，合同工期在两个年度以上的工程应（　　）。

A. 在年终进行盘点，办理年度结算

B. 按工程形象进度办理结算

C. 在竣工后一次性结算

D. 按合同中约定的验收单元结算

2. 下列有关工程价款结算的事项中，不需要由发、承包人双方在合同中约定的是（　　）。

A. 预付工程款的数额、支付时限及抵扣方式

B. 工程进度款的支付、数额及时限

C. 总包商对分包商的款项支付

D. 安全措施和意外伤害保险费用

3. 按《建设工程工程量清单计价规范》的规定，下列有关索赔的处理环节正确的是（　　）。

A. 承包人未在索赔事件发生后 28d 内发出索赔意向通知书的，可以重新提出二次索赔，要求追加付款和（或）延长工期

B. 应在发出索赔意向通知书后 28d 内，向发包人正式递交索赔通知书

C. 引起索赔的事件具有连续影响，承包人应按月递交进一步的中间索赔报告，说明索赔的金额。承包人应在索赔事件产生的影响结束后 42d 内，递交一份最终索赔报告

D. 发包人在收到最终索赔报告 28d 内，未向承包人作出答复，视为该项索赔报告已经被确认

4. 按住房和城乡建设部规定，工程项目总造价中，应预留（　　　）的尾留款作为质量保修费，待工程项目保修期结束后最后拨付。

A.5%　　　　　　　B.10%　　　　　　　C.15%　　　　　　　D.30%

5. 承包人向发包人申请返还质量保证金的时间是（　　　）。

A. 缺陷通知期满　　　　　　　　B. 缺陷责任期满

C. 竣工结算办理完毕　　　　　　D. 缺陷责任期满后 14d

二、多项选择题

1. 工程变更包括（　　　）。

A. 工程量变更　　　　　　　　B. 工程项目变更

C. 索赔变更　　　　　　　　　D. 进度计划变更

E. 施工条件变更

2. 进行现场签证形成书面文件的依据有（　　　）。

A. 招标文件、施工合同文本及附件

B. 双方的往来信件及各种会谈纪要

C. 进度计划和具体的进度以及项目现场的有关文件

D. 气象资料、工程检查验收报告和各种技术鉴定报告

3. 办理竣工结算价款的依据资料有（　　　）。

A. 工程量清单计价规范　　　　B. 施工合同

C. 工程竣工图纸及资料　　　　D. 招标文件

E. 双方确认的工程量

三、简答题

1. 思考一下：工程预付款与工程进度款有何区别？其各自作用有哪些？

2. 简述竣工结算文件的编制程序。

7

单元七 建筑装饰工程招标投标 及合同价款调整

知识点

1. 建筑装饰工程招标与投标概念。

2. 建筑装饰工程招标与投标的程序及内容。

3. 建筑装饰工程合同价款调整内容。

4. 建筑装饰工程合同价款调整案例分析。

着力点

1. 掌握招标与投标的条件和一般程序。

2. 掌握合同价款的调整。

3. 熟悉投标报价及投标文件的编制。

项目一　建筑装饰工程招标

7.1.1　建筑装饰工程招标的概念及方式

招标是指招标人（又称"发包商""发包方"或"甲方"）根据拟建建筑装饰装修工程项目的规模、内容、条件和要求等编制招标文件，通过招标公告或邀请几家承包商（即施工单位）来参加该工程的投标竞争，利用投标单位之间的竞争，从中择优选定能保证工程质量、工期及报价合理的承包商的活动。

招标的方式分为公开招标和邀请招标。

1. 公开招标

公开招标是指由招标单位通过报刊、电视、广播、网络平台等新闻媒体发布招标公告，凡获悉招标信息的施工企业，在符合相关资质条件下，均可参加招标工程的投标。

公开招标是一种体现"公平交易、平等竞争"的招标方式。

公开招标的程序比较严格，从发布公告，投标人作出反应，评标，到签订合同，有许多时间上的要求，要准备许多文件，因而需要较长的时间，费用也比较高。

国家重点建设项目和各省、自治区、直辖市人民政府确定的地方重点建设项目，以及全部使用国有资金投资或者国有资金投资占控股或者主导地位的工程建设项目，应当公开招标。

2. 邀请招标

邀请招标是指招标人以投标邀请书的方式向三个以上有工程承包能力的建筑装饰装修施工企业发出邀请，参加投标活动。

因为参加投标报名的只是获得邀请的施工企业，所以它是一种"不完全竞争"的招标方式。

由于邀请招标不发公告，招标文件只送几家，使整个招标投标的时间大大缩短，招标费用也相应减少。

7.1.2　建筑装饰工程招标程序

建筑装饰工程招标投标是一个连续的过程，必须按照一定的程序来进行。招标程序如图 7.1-1 所示。

7.1.3　建筑装饰工程招标内容

1. 招标应具备的前提条件

在申请批准招标之前，必须具备以下条件：

（1）具有法人资格；

（2）概算已经批准，建设项目已正式列入计划；

（3）建设资金、建材、设备来源已经落实；

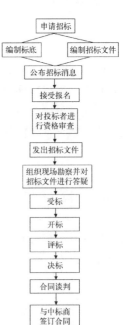

图 7.1-1　建筑装饰工程招标程序

（4）建设用地征用完毕，施工图纸完成；

（5）有当地建设行政主管部门颁发的有关证件。

2. 招标文件的内容

招标单位在进行招标前，必须编制招标文件。它是招标单位介绍工程概况和说明工程要求的标准书面文件，是工程招标的核心，也是投标报价的依据。通常包括以下内容：

（1）投标人须知（包括投标须知前附表）；

（2）合同主要条款（包括通用条款和专用条款两部分）；

（3）投标文件格式；

（4）采用工程量清单招标的，应当提供工程量清单；

（5）工程规范和技术说明；

（6）设计图样或图样清单；

（7）评标标准和方法；

（8）投标辅助材料。

项目二　建筑装饰工程投标

7.2.1　建筑装饰工程投标策略与技巧

建筑装饰工程投标是指有合法资格和能力的投标人根据招标条件，经过研究和估算，在指定期限内填写标书，提出报价的一种经济活动。

凡是参加投标的单位都希望自己能够中标，以取得工程承包权。为了中标，投标单位就要使自己的报价尽量接近标底，而又略低于竞争对手的报价。

投标的竞争策略主要是解决企业在投标过程中的重要决策问题。投标的策略主要体现在报价上，报价策略与技巧一般有以下几种：

（1）多方案报价法。多方案报价法是利用工程说明书或合同条款不够明确之处，以争取达到修改工程说明书和合同为目的的一种报价方法。工程说明书或合同条款有不够明确之处时，往往使承包人承担较大的风险。为了减少风险就必须扩大工程单价，增加"不可预见费"。但这样又会增加不能中标的可能。多方案报价就是为对付这种两难局面而出现的，投标单位最后与招标单位协商处理。

（2）减少风险，增大报价。对于工程情况复杂、技术难度较大、没有把握的工程，投标单位可以采取增大报价来减少风险，但不能盲目提高单价，以免不能中标。

（3）活口报价。在工程报价中留有一些活口，表面上看好像报价较低，但在投标报价中附加多项备注或说明，留在施工过程中处理，其结果不是低标，而是高标。

（4）薄利保本报价。对于招标条件优越，同时本单位做过类似的工程，而且在企业施工任务不饱满的情况下，为了争取中标，可采取薄利保本策略，按较低的报价水平报价。

(5) 亏损报价。企业在某种特殊情况下，可以采取亏损报价。例如：企业无施工任务，为了减少更大的损失，争取中标；企业为了创牌子，采取先亏后盈的方法；企业实力雄厚，出于长远考虑，为了占领某一地区市场，采取以东补西的方法等。

7.2.2 建筑装饰工程投标程序及内容

1. 申请投标

承包单位在获得招标信息后，应当成立投标工作机构，并报名投标。

投标机构主要由以下成员组成：

(1) 公司的总经济师或营业部门的经理或业务副经理；

(2) 总工程师或主任工程师；

(3) 合同预算部门的主管人；

(4) 经营部门负责人。

2. 接受资格审查

装饰工程公司要购买资格预审文件，办理资格审查。资格审查一般程序如下：

(1) 组建资格审查委员会。

(2) 初步审查：

初步审查的因素主要有：投标资格申请人名称、申请函签字盖章、申请文件格式、联合体申请人等内容。

(3) 详细审查：

以下内容，按照招标类别和要求分别选择：

①营业执照（税务登记证、组织机构代码证等）；

②企业资质等级和安全生产许可证（工程）；

③企业生产许可（货物）或安全生产许可证 或 "3C" 认证（货物）；

④质量管理体系和职业健康安全管理体系认证书（非强制）；

⑤环境管理体系认证书（非强制）；

⑥财务状况：财务指标和资信；

⑦类似项目业绩经验；

⑧信誉：履约信誉记录；

⑨项目经理和技术负责人的资格（工程施工）；

⑩联合体申请人的资格和协议（可能）；

⑪其他。

3. 领取招标文件，交投标保证金

投标保证金除现金外，可以是银行出具的银行保函、保兑支票、银行汇票或现金支票。金额一般为投标总价的 0.5%～2%。

4. 了解招标文件内容及其要求

投标人取得招标文件后，必须认真仔细研究招标文件，充分了解招标文件内容及其要求，以便合理地安排投标工作。

5. 对现场进行勘察

由于装饰工程是基于土建工程施工的，所以要对土建施工的质量进行勘察。需要了解的有：进入场地的道路；施工用水、用电和通信设施；北方地区冬期施工的供暖情况；一次搬运、垂直运输、材料堆放地和加工车间、材料库、工人住房等临时设施情况。

6. 估算工程成本

7. 确定投标价格及投标策略

相关策略见 7.2.1 节内容。

8. 编制投标文件

投标文件必须按照招标文件的要求进行编制，一般包括投标函、投标报价、施工组织设计、有关投标人的资格及商务和行政文件。

9. 投标文件的送达与修改

在招标文件规定的截止时间前，投标人必须将投标文件密封送达投标地点，逾期，招标人应拒收文件。投标人若想修改、补充、替代或撤回已提交的投标文件必须在截止时间之前，在提交投标文件截止时间后到招标文件规定的投标有效期终止之前，投标文件不得被补充、修改、替代或撤回。

项目三　建筑装饰工程合同价款调整

7.3.1　合同价款调整内容

引起工程合同价款的调整因素是多种多样的，根据《建设工程工程量清单计价规范》GB 50500—2013 规定，调整合同价款的事项大致包括以下几点：

1. 法规变化类

主要包括"法律法规变化"。

1）基准日的确定

对于实行招标的建设工程，一般以施工招标文件中规定的提交投标文件的截止时间前的第 28d 作为基准日；对于不实行招标的建设工程，一般以建设工程施工合同签订前的第 28d 作为基准日。

2）合同价款的调整方法

施工合同履行期间，国家颁布的法律、法规、规章和有关政策在合同工程基准日之后发生变化，且因执行相应的法律、法规、规章和政策引起工程造价发生增减变化的，合同双方当事人应当依据法律、法规、规章和有关政策，按照省级或行业建设主管部门或其授权的工程造价管理机构据此发布的规定调整合同价款。

3）工程延误期间的特殊处理

因承包人的原因导致的工期延误，在工程延误期间国家的法律、行政法规和相关政策发生变化引起工程造价变化的，造成合同价款增加的，合同价款不予调整；造成合同价款减少的，合同价款予以调整。

2. 工程变更类

主要包括"工程变更""项目特征不符""工程量清单缺项""工程量偏差""计日工"。

1）工程变更

装饰装修工程变更是指合同工程实施过程中由发包人提出或由承包人提出经发包人批准的合同工程任何一项工作的增、减、取消或施工工艺、顺序、时间的改变；设计图纸的修改；施工条件的改变；招标工程量清单的错、漏从而引起合同条件的改变或工程量的增减变化。

2）项目特征不符

项目特征是指构成分部分项工程项目、措施项目自身价值本质的人工、材料、机械消耗和施工工艺过程。发包人在招标工程量清单中对项目特征的描述，应被认为是准确的和全面的，并且与实际施工要求相符合。承包人应按照发包人提供的招标工程量清单，根据项目特征描述的内容及有关要求实施合同工程，直到项目被改变为止。

承包人应按照发包人提供的设计图纸实施合同工程，若在合同履行期间出现设计图纸（含设计变更）与招标工程量清单任一项目的特征描述不符，且该变化引起该项目工程造价发生增减变化的，应按实际施工的项目特征，按工程变更的相关条款的规定，重新确定相应工程量清单项目的综合单价，并调整合同价款。

3）工程量清单缺项

招标工程量清单中分部分项工程出现缺项漏项，造成新增工程清单项目的，应按照工程变更事件中关于分部分项工程费的调整方法，调整合同价款。

由于招标工程量清单中分部分项工程出现缺项漏项，引起措施项目发生变化的，应当按照工程变更事件中关于措施项目费的调整方法，在承包人提交的实施方案被发包人批准后，调整合同价款；由于招标工程量清单中措施项目漏项，承包人应将新增措施项目实施方案提交发包人批准后，按照工程变更事件中的有关规定调整合同价款。

4）工程量偏差

工程量偏差是指承包人按照合同工程的图纸（含经发包人批准由承包人提供的图纸）实施，按照现行国家计量规范规定的工程量计算规则计算得到的完成合同工程项目应予计量的工程量与相应的招标工程量清单项目列出的工程量之间出现的量差。

合同履行期间，当应予计算的实际工程量与招标工程量清单出现偏差，且符合下列规定时，发承包双方应调整合同价款。

（1）对于任一招标工程量清单项目，如果因工程量偏差和工程变更等原因导致工程量偏差超过15%时，可进行调整。当工程量增加15%以上时，增加部分的工程量的综合单价应予调低；当工程量减少15%以上时，减少后剩余部分的工程量的综合单价应予调高。

（2）如果工程量出现超过15%的变化，且该变化引起相关措施项目相应发生变化时，按系数或单一总价方式计价的，工程量增加的措施项目费调增，工程量减少的措施项目费调减。

5）计日工

计日工俗称点工。在施工过程中，承包人完成发包人提出的工程图纸之外的零星项目或工作，按合同中约定的单价计价的一种方式。

简单说计日工仅表示从事图纸之外零星工作的单价，不宜单独将计日工列为工程造价的一部分。计日工既可作为变更价款的计算依据，又可作为索赔费用的计算依据。

发包人通知承包人以计日工方式实施的零星工作，承包人应予执行。采用计日工计价的任何一项变更工作，在该项变更的实施过程中，承包人应按合同约定提交相关报表和有关凭证送发包人复核。具体报表内容如下：

（1）工作名称、内容和数量；

（2）投入该工作所有人员的姓名、工种、级别和耗用工时；

（3）投入该工作的材料名称、类别和数量；

（4）投入该工作的施工设备型号、台数和耗用台时；

（5）发包人要求提交的其他资料和凭证。

任一计日工项目实施结束后，承包人应按照确认的计日工现场签证报告核实该类项目的工程数量，并应根据核实的工程数量和承包人已标价工程量清单中的计日工单价计算，提出应付价款。

3. 物价变化类

主要包括"物价波动""暂估价"。

1）物价波动

合同履行期间，因人工、材料、工程设备、机械台班价格波动影响合同价款时，应根据《建设工程工程量清单计价规范》GB 50500—2013附录A中的方法计算调整合同价款。

承包人采购材料和工程设备的，应在合同中约定主要材料、工程设备价格变化的范围或幅度；如没有约定，并且材料、工程设备单价变化超过5%时，超过部分的价格应按照《建设工程工程量清单计价规范》GB 50500—2013附录A中的方法计算调整材料、工程设备费。

发生合同工程工期延误的，应按照下列规定确定合同履行期应予调整的价格：

（1）因发包人原因导致工期延误的，则计划进度日期后续工程的价格，采用计划进度日期与实际进度日期两者的较高者。

（2）因承包人原因导致工期延误的，则计划进度日期后续工程的价格，采用计划进度日期与实际进度日期两者的较低者。

2）暂估价

暂估价是指招标人在工程量清单中提供的用于支付必然发生但暂时不能

确定价格的材料、工程设备的单价以及专业工程的金额。

(1) 发包人在招标工程量清单中给定暂估价的材料、工程设备属于依法必须招标的，由发承包双方以招标的方式选择供应商，确定其价格并以此为依据取代暂估价，调整合同价款。

(2) 发包人在招标工程量清单中给定暂估价的材料和工程设备不属于依法必须招标的，由承包人按照合同约定采购，经发包人确认后以此为依据并取代暂估价，调整合同价款。

(3) 发包人在工程量清单中给定暂估价的专业工程不属于依法必须招标的，应按照工程变更价款的确定方法确定专业工程价款，并以此为依据取代专业工程暂估价，调整合同价款。

(4) 发包人在招标工程量清单中给定暂估价的专业工程，依法必须招标的，应当由发承包双方依法组织招标选择专业分包人，并接受有管辖权的建设工程招标投标管理机构的监督，还必须符合以下要求：

①除合同另有约定外，承包人不参加投标的专业工程发包招标，应由承包人作为招标人，但拟定的招标文件、评标工作、评标结果应报送发包人批准。与组织招标工作有关的费用应当被认为已经包括在承包人的签约合同价（投标总报价）中。

②承包人参加投标的专业工程发包招标，应由发包人作为招标人，与组织招标工作有关的费用由发包人承担。同等条件下，应优先选择承包人中标。

③以专业工程发包中标价为依据取代专业工程暂估价，调整合同价款。

4. 工程索赔类

主要包括"不可抗力""提前竣工（赶工补偿）""误期赔偿"。

1）不可抗力

不可抗力是指全部满足以下条件或状况的事件：一是一方无法控制；二是在签订合同之前，该方无法合理防范；三是事件发生后，该方不能合理避免和克服；四是该事件本质上不是合同另一方引起的。

在全部满足上述条件的前提下，下列事件或情况可包括（但不仅限于）在不可抗力范围之内。

(1) 战争、敌对行为、外敌入侵；

(2) 起义、恐怖、革命、军事政变或内战；

(3) 非承包商人员引起的骚乱、秩序混乱、罢工、封锁等；

(4) 非承包商使用或造成的军火、炸药、辐射、污染等；

(5) 诸如地震、飓风、台风、火山爆发等自然灾害。

不可抗力发生后，若承包商受到了不可抗力的影响，且按规定向业主方发出通知，承包商可按索赔程序索赔工期。若费用影响是由于上述（1）～（4）所述原因造成，并且（2）、（3）、（4）类的情况发生在工程所在地，承包商还可以索赔费用。

不可抗力的处理分为不可抗力发生和清理现场两个阶段，分段处理。不可抗力期间的工期可顺延，费用各自承担。工程实体的损坏、运进现场主体材料的损失、业主方或第三方人员的伤亡等属于业主承担。窝工费、施工方机械的损失、周转性材料的损失、施工方人员的伤亡、施工方临设等属施工方承担。清理现场的工期及费用由业主承担。

2）提前竣工（赶工补偿）

提前竣工是指承包人应发包人的要求而采取加快工程进度措施，使合同工程工期缩短，工程提前竣工。

招标人应依据相关工程的工期定额合理计算工期，压缩的工期天数不得超过定额工期的20%，超过者，应增加赶工费用。

发包人要求合同工程提前竣工的，应征得承包人同意后与承包人商定采取加快工程进度的措施，并应修订合同工程进度计划。发包人应承担承包人由此增加的提前竣工（赶工补偿）费用。

发承包双方应在合同中约定提前竣工每日历天应补偿额度，此项费用应作为增加合同价款，在竣工结算文件中，与结算款一并支付。

3）误期赔偿

误期赔偿是指承包人未按照合同工程的计划进度施工，导致实际工期超过合同工期（包括经发包人批准的延长工期），承包人应向发包人赔偿损失的费用。

承包人未按照合同约定施工，导致实际进度迟于计划进度的，承包人应加快进度，实现合同工期。合同工程发生误期的，承包人应赔偿发包人由此造成的损失，并应按照合同约定向发包人支付误期赔偿费。即使承包人支付误期赔偿费，也不能免除承包人按照合同约定应承担的任何责任和应履行的任何义务。

发承包双方要在合同中约定误期赔偿费，并应明确每日历天应赔额度。误期赔偿费应列入竣工结算文件中，并应在结算款中扣除。

在工程竣工之前，合同工程内的某单项（位）工程已通过了竣工验收，且该单项（位）工程接收证书中表明的竣工日期并未延误，而是合同工程的其他部分产生了工期延误时，误期赔偿费应按照已颁发工程接收证书的单项（位）工程造价占合同价款的比例幅度予以扣减。

图 7.3–1 现场签证程序

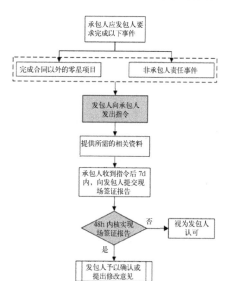

5. 其他类

主要包括"现场签证""暂列金额"。

1）现场签证

《建设工程工程量清单计价规范》GB 50500—2013 将现场签证定义为：发包人现场代表（或其授权的监理人、工程造价咨询人）与承包人现场代表就施工过程中涉及的责任事件所作的签认证明。现场签证相关程序如图 7.3–1 所示。

（1）承包人应发包人要求完成合同以外的零星项目、

非承包人责任事件等工作的，发包人应及时以书面形式向承包人发出指令，提供所需的相关资料；承包人在收到指令后，应及时向发包人提出现场签证要求。

（2）承包人应在收到发包人指令后的 7d 内，向发包人提交现场签证报告，发包人应在收到现场签证报告后的 48h 内对报告内容进行核实，予以确认或提出修改意见。发包人在收到承包人现场签证报告后的 48h 内未确认也未提出修改意见的，视为承包人提交的现场签证报告已被发包人认可。

（3）现场签证的工作如已有相应的计日工单价，则现场签证中应列明完成该类项目所需的人工、材料、工程设备和施工机械台班的数量。如现场签证的工作没有相应的计日工单价，应在现场签证报告中列明完成该签证工作所需的人工、材料设备和施工机械台班的数量及其单价。

（4）合同工程发生现场签证事项，未经发包人签证确认，承包人便擅自施工的，除非征得发包人书面同意，否则发生的费用由承包人承担。

（5）现场签证工作完成后的 7d 内，承包人应按照现场签证内容计算价款，报送发包人确认后，作为增加合同价款，与进度款同期支付。

（6）承包人在施工过程中，若发现合同工程内容因场地条件、地质水文、发包人要求等不一致时，应提供所需的相关资料，提交发包人签证认可，作为合同价款调整的依据。

现场签证费用的计价方式包括两种：第一种是完成合同以外的零星工作时，按计日工作单价计算；第二种是完成其他非承包人责任引起的事件，应按合同中的约定计算。

2）暂列金额

《建设工程工程量清单计价规范》GB 50500—2013 规定：招标人在工程量清单中暂定并包括在合同价款中的一笔款项。用于工程合同签订时尚未确定或者不可预见的所需材料、工程设备、服务的采购，施工中可能发生的工程变更、合同约定调整因素出现时的合同价款调整以及发生的索赔、现场签证确认等的费用。

已签约合同价中的暂列金额由发包人掌握使用。发包人按照合同的规定作出支付后，如有剩余，则暂列金额余额归发包人所有。

7.3.2 合同价款调整案例分析

【案例 7.3-1】【背景材料】某建设单位通过招标方式与某装饰公司签订了某商场装饰施工合同，施工开始后，建设单位要求提前竣工，并与装饰公司签订了书面协议，写明了装饰公司为保证施工质量采取的措施和建设单位应支付的赶工费用。

在施工过程中由于乙方采购使用不合格材料发生质量事故，导致直接经济损失 5 万元。事故发生后，建设单位以装饰公司不具备履行能力，又不可能保证提前竣工为由，提出终止合同。

装饰公司认为质量事故是因建设单位要求赶工引起的，不同意终止合同。

建设单位按合同约定提请仲裁机构裁定终止合同，装饰公司不服，决定向具有管辖权的人民法院起诉。

【问题】

(1) 合同争议的解决方式有哪几种？

(2) 仲裁的原则是什么？

(3) 具有管辖权的人民法院是否可以受理装饰公司的起诉请求？为什么？

【评析】

问题1：合同争议的解决方法有：和解、调解、仲裁、诉讼。

问题2：仲裁的原则：①自愿原则；②公平合理原则；③仲裁依法独立进行；④一裁终局原则。

问题3：人民法院不予受理。根据《中华人民共和国合同法》有关规定，仲裁机构作出裁决后立即生效。合同双方当事人就同一纠纷再申请仲裁或向人民法院起诉，仲裁委员会或人民法院不予受理。

【案例7.3-2】【背景材料】 某高等院校与某装饰装修工程公司签订了高等公寓的装饰装修工程合同，合同工期6个月。某建筑装饰装修公司进入施工现场后，临建设施已搭设，材料、机具设备尚未进场。

在工程正式开工之前，施工单位按合同约定对原建筑物的结构进行检查中发现，该建筑物结构需进行加固。为此，除另约定其工程费外，施工单位提出以下索赔要求：

(1) 预计结构加固施工时间为1个月，故要求将原合同工期延长为7个月。

(2) 由于上述的工期延长，建设单位应给施工单位补偿额外增加的现场费（包括临时设施费和现场管理费），其索赔额按下式计算：

现场费索赔额＝原现场费 × 延长的工期 ÷ 合同工期

(3) 由于工期延长，建设单位应按银行贷款利率计算补偿施工单位流动资金积压损失。

在该工程的施工过程中，由于设计变更，又使工期延长了2个月，并且延长的2个月正值冬季施工，比原施工计划增加了施工的难度。为此，在竣工结算时施工单位向建设单位提出补偿冬季施工增加费的索赔要求。

【问题】

(1) 上述索赔要求是否合理？

(2) 何种情况下，发包人会向承包人提出索赔？索赔的时限如何？

【评析】

问题1：第1项结构加固施工时间延长1个月是非承包方原因造成的，属于工程延期，故承包方有权要求索赔，其要求合理。

第2项中，现场管理费一般与工期长短有关，故费用索赔要求合理；但临时设施费一般与工期长短无关，施工单位不宜要求索赔。

第3项的费用索赔不合理，因为材料、机具设备尚未进场，工程尚未动工，不存在资金积压问题，故施工单位不应提出索赔。

索赔冬季施工增加费不合理，因为：①在施工图预算中的其他直接费中已包括了冬、雨季施工增加费；②应在事件发生后28d内，向监理方发出索赔意向通知，竣工结算时承包方已无权再提出索赔要求。

问题2：承包方未能按合同约定履行自己的各项义务或发生错误，给发包人造成经济损失，发包人可在索赔事件发生后28d内向承包方提出索赔。

【案例7.3-3】【背景材料】 某施工单位承担了某综合办公楼的施工任务，并与建设单位签订了该项目建设工程施工合同，合同价4600万元人民币，合同工期10个月。工程未进行投保。在工程施工过程中，遭受暴风雨袭击，造成了相应的损失。施工单位及时向建设单位提出索赔要求，并附索赔有关材料和证据。索赔报告中的基本要求如下：

(1) 遭暴风雨袭击系非施工单位造成的损失，故应由建设单位承担赔偿责任。

(2) 给已建部分工程造成破坏，损失28万元，应由建设单位承担赔偿责任。

(3) 因灾害使施工单位6人受伤。处理伤病医疗费用和补偿金总计3万元，建设单位应给予补偿。

(4) 施工单位进场后，使得在使用的机械、设备受到损坏，造成4万元损失。由于现场停工造成机械台班费损失2万元，工人窝工费3.8万元，建设单位应承担修复和停工的经济责任。

(5) 因灾害造成现场停工6d，要求合同工期顺延6d。

(6) 由于工程被破坏，清理现场需费用3万元，应由建设单位支付。

【问题】

(1) 以上索赔是否合理？为什么？

(2) 不可抗力发生风险承担的原则是什么？

【评析】

问题1：

(1) 经济损失由双方分别承担，工期顺延。

(2) 工程修复、重建28万元工程款由建设单位支付。

(3) 3万元索赔不成立，由施工单位承担。

(4) 4万元、2万元、3.8万元索赔不成立，由施工单位承担。

(5) 现场停工6d，顺延合同工期6d。

(6) 清理现场3万元索赔成立，由建设单位承建。

问题2：

不可抗拒风险承担责任的原则：

(1) 工程本身的损害由业主承担。

(2) 人员伤亡由其所在单位负责，并承担相应费用。

(3) 施工单位的机械设备损坏及停工损失，由施工单位承担。

(4) 工程所需清理、修复费用，由建设单位承担。

(5) 延误的工期相应顺延。

项目训练七

一、单项选择题

1. 由招标单位通过报刊、电视、广播等新闻媒体发布招标公告,充分体现"公平交易、平等竞争"的招标方式是（　　）。

A. 公开招标　　　　B. 邀请招标　　　　C. 议标　　　　D. 发标

2. 邀请招标的邀请对象的数目不应少于（　　）家。

A.2　　　　　　B.3　　　　　　C.5　　　　　　D.7

3. 下列各项中,（　　）不属于工程建设施工招标应具备的前提条件。

A. 建设用地征用完毕,施工图纸完成

B. 概算已经批准,建设项目已正式列入计划

C. 招标文件已经编制好

D. 建设资金、建材、设备来源已经落实

4. 某工程原定 2018 年 9 月 20 日竣工,因承包人原因,致使工程延至 2018 年 10 月 20 日竣工。但在 2018 年 10 月,因违规的变化导致工程造价增加 120 万元,该工程的合同价款应（　　）。

A. 调整 60 万元　　　　　　　　　B. 调整 90 万元

C. 调整 120 万元　　　　　　　　D. 不予调整

5. 已标价工程量清单中没有适用也没有类似于变更工程项目的,由承包人根据变更工程资料、计量规则和计价办法、工程造价管理机构发布的信息价格和承包人报价浮动率,提出变更工程项目的单价或总价,报（　　）确认后调整。

A. 设计师　　　B. 发包人　　　C. 项目经理　　　D. 监理师

6. 承包人应在收到发包人指令后的（　　）d 内,向发包人提交现场签证报告。

A.7　　　　B. 14　　　　C. 21　　　　D. 28

7. 对于实行招标的建设工程,一般以施工招标文件中规定的提交投标文件的截止时间前的第（　　）d 作为基准日。

A.28　　　　B.30　　　　C.45　　　　D.60

8. 采用工程量清单计价的工程在竣工决算时,暂估价中的材料单价应按（　　）。

A. 承包方自行购买该材料的单价计入综合单价确定

B. 发、承包双方最终确认价在综合单价中调整

C. 招标文件中的暂估价确定

D. 市场价格信息在综合单价中调整

9. 招标工程以投标截止日前 28d,非招标工程以合同签订前 28d 为基准日,其后国家的法律、法规、规章和政策发生变化影响工程造价的,应按省级或行业建设主管部门或其授权的工程造价管理机构发布的规定调整（　　）。

A. 招标控制价　　　　　　　　B. 投标报价

C. 综合单价　　　　　　　　　D. 合同价款

10. 有关工程价款调整的规定中，因非承包人原因引起的工程量增减，在合同未作约定的情况下，若综合单价不作调整，执行原有综合单价，工程量清单项目工程量的变化幅度应在（　　　）。

A.5%以内　　　　B.15%以内　　　　C.15%以外　　　　D.10%以外

二、简答题

1. 建筑装饰工程招标与投标的程序是什么？

2. 建筑装饰工程招标文件的内容有哪些？

3. 建筑装饰工程投标的条件有哪些？

4. 建筑装饰工程承包合同包括哪些主要条款？

三、案例分析题

【背景资料】某建筑装饰工程施工合同中规定的该工程的工期为1年，但吊顶工程的价格未作出明确规定。在施工期间材料价格上涨幅度较大。因施工方的原因工期延误10d。由于施工单位和建设单位不在同一个地区，因此工程结算时施工单位认为应按施工单位所在地材料价格上涨后的价格结算，并扣除由于工期延误的罚款。而建设单位认为应按建设单位所在地材料未涨的价格结算，并扣除罚款。

【问题】该工程的价款应如何结算？

8

单元八　超级清单装饰工程计价软件简介及实际操作

知识点

1. 超级清单软件的主要特点及主要功能。

2. 超级清单软件使用程序。

3. 网上招标投标工具软件使用简介。

着力点

1. 熟练掌握超级清单软件使用的基本操作流程。

2. 掌握招标文件制作工具、投标文件制作工具的主要操作流程。

项目一   装饰工程计价软件概述

8.1.1   国内外计价软件发展概况

随着社会经济的快速发展，人们对建筑施工工程的质量，计算的精度要求越来越高，同时招标投标的时间具有一定的紧迫性，过去的手工计算已经无法满足这一要求，而计算机的强大运算功能恰恰解决了这一问题，工程造价软件的出现使工程造价人员从日益繁重的手工计价中解放出来，提高工作效率的同时，使计算结果也更加准确。

而互联网技术的日新月异，结合大数据、云计算等技术使工程造价行业信息化有了飞速的发展，给工程造价行业不断带来新的可能，工程计价软件进入了云计价时代，软件更加智能，工作效率成几何倍数提高。

8.1.2   装饰工程计价软件的优点

无论是工程量清单计价模式，还是定额计价模式，我们在进行工程造价的计算和管理时，都要进行大量而繁杂的工作。手工计算的效率非常低，而且也容易出错。为了提高工作效率，降低工作强度，提高管理质量，工程计价的电算化和网络化是工程计价及工程造价管理的必然趋势。使用工程计价软件计算装饰工程造价具有以下优点：

（1）应用工程造价软件编制建筑装饰工程造价文件可确保建筑装饰工程造价文件的准确性。计算机作为一种现代化的管理工具，应用它提高管理工作效率和社会劳动生产力水平是全人类的共同愿望。应用计算机编制工程造价文件，其结果的计算误差可降低到千分之零点几。

（2）应用计算机编制建筑装饰工程造价文件可大幅度提高工程造价文件的编制速度。由于工程造价文件的编制过程中问题处理较为复杂，数字运算量大，采用手工编制速度慢，容易出差错，难以适应目前经济建设工作对工程造价文件编制速度的要求，应用计算机可提高造价文件编制速度几十倍，以保证造价文件编制工作的及时性。

（3）应用计算机编制建筑装饰工程造价文件，可有效地实现工程造价文件资料积累的方便性和计价行为的规范性。

（4）应用计算机编制建筑装饰工程造价文件，可有效地实现建设单位和施工单位的工程资料文档管理的科学性和规范性。

8.1.3   装饰工程计价软件的特点

我国工程建设造价的电算化工作起步比较早，在这个领域的软件开发与应用方面迅速，特别是建筑装饰工程工程量自动计算软件的成功开发，为实现工程造价编制完全自动化提供了可靠的条件。

由于工程设计施工图所使用软件及习惯做法不同，各地工程量清单计价办法的实施未能完全统一，造成软件的版本也比较多，加之企业的计算机应用程度不一，因而目前各地大部分企业对中、小工程项目的工程量计算工作还是以手工计算为主。一般造价事务所还是采用以手工输入数据方式计算工程量。

建筑装饰工程计价软件的应用目前比较普遍。其主要特点表现在以下几个方面：

（1）适应性强。建筑装饰工程计价软件在设计的过程中，考虑到建筑装饰工程变化多、发展快的特点，加之装饰装修工程消耗量定额在不同地域和不同时期的应用具有一定的差别，所以计价软件系统中设置开放式接口，可任意结合内容，应用系统时可根据不同地域的消耗量定额和装饰工程材料价格的不同情况，任意重新录入、修改、补充或删除有关内容。

（2）兼容性好。目前，国内许多软件开发公司开发的工程造价软件系统的兼容性也比较好，均可以把工程设计施工图电子文档输入计算机，以供计价软件联合应用，达到完全自动计算工程造价的目的。

（3）使用方便。建筑装饰工程计价软件系统采用了与手工编制工程概预算相同的编制顺序，即工程数据录入—运算—输出，以适应人们的使用习惯。在造价编制过程中的数据处理方法上，系统充分利用计算机的优势，尽量避免同一词组和数据的重复输入，减少多次录入的操作时间。

（4）维护方便。建筑装饰工程预算软件系统为保证系统正常的运行状态，专门设置了相应的维护系统。一方面，系统设置正确的操作方法提示和错误命令拒绝措施提示，同时还设置对原始数据（定额、价格表）的增加、修改、补充、删除等功能，使整个系统的维护极为方便。

8.1.4 装饰工程计价软件计价依据

装饰工程计价软件主要是依据政府相关部门发布的清单计价计量等规范文件。以江苏省为例，具体计价依据包括：

（1）《建设工程工程量清单计价规范》GB 50500—2013；

（2）《房屋建筑与装饰工程工程量计算规范》GB 50854—2013；

（3）《江苏省建筑与装饰工程计价定额》（2014 年）；

（4）《江苏省建设工程费用定额》（2014 年）营改增后调整内容；

（5）《省住房城乡建设厅关于建筑业增值税计价政策调整的通知》（苏建函价〔2018〕298 号文）；

（6）《省住房城乡建设厅关于发布建设工程人工工资指导价的通知》等。

项目二 超级清单装饰工程计价软件简介及实际操作

8.2.1 超级清单软件的主要特点及主要功能

超级清单软件是一款工程计价软件，其主要特点和功能如下。

1.软件主要特点

(1) 快速轻松完成商务标及控制价：软件实现了自动套定额、快速确定总价等功能，大幅度提高造价人员的工作效率。

(2) 大数据、云计价，智能组价：软件运用了当前行业大数据、云计价等领先技术，实现了快速、准确自动组价，调整整个项目管理费、利润和措施费等，能够自动对比多个项目文件中相同清单的不同量和不同价。

(3) 一键查询信息价、定额书：软件内置了丰富的指标库，材料信息价，并且实时更新；软件覆盖了土建、装饰、安装、市政、园林、修缮等专业，可以查询土建装饰、安装、市政全套定额书。

2.软件主要功能

(1) 项目三级管理。软件按照建设项目、单项工程、单位工程三级结构管理工程文件，同时实现文件的导入、导出、合并等功能。

(2) 预算、结算、审计。软件可用于编制工程预算、结算、审计等多种业务场景。

(3) 智能组价。软件运用大数据、云计价等先进技术，实现了自动套定额。

(4) 项目统一调价取费。软件可对整个项目进行人材机统一调价，统一调整整个项目管理费、利润等。

(5) 数据维护。软件提供系统数据的维护功能，包括清单库、定额库、工料机库、取费程序等数据的维护功能。

(6) 报表打印。软件提供报表文件分类管理、报表设计、打印、输出到Excel格式文件等功能。

8.2.2 超级清单软件使用简介

在清单计价模式下，使用超级清单软件的基本操作流程如下：新建工程—编制工程量清单—定额组价—人材机调价—费用汇总—结果输出（导出电子招标投标文件、打印报表）。

下面以"XXX派出所过渡用房装修改造项目施工室内装饰工程"为例，对超级清单软件的使用作简单的介绍。

1.新建工程

双击桌面上超级清单软件的图标进入软件，填写项目名称，选择定额、清单规范和计税方法，如图8.2-1所示。

点击"确定"，进入软件操作主界面，左边树形目录软件默认项目三级管理，包括建设项目、单项工程、单位工程三级结构，如图8.2-2所示。

2.编制工程量清单

工程量清单包括分部分项工程量清单、措施项目清单、其他项目清单等。

在分部分项工程量清单界面，在下窗口"清单库"中选择相应章节，找到所需的清单，双击即可插入，如图8.2-3所示。

接着编辑清单的项目特征，输入清单工程量，即可完成分部分项工程量清单的编制，如图8.2-4所示。

图 8.2-1 新建工程界面（左）

图 8.2-2 树形目录界面（右）

图 8.2-3 编制清单界面

序号	-	费	编码	系数	分部：0	费用	单位	工程量	计算式	变量	综合单价	综合合价	工程类别	暂估价	说明
1	-	1	011102003001		门槛石		m2				0	0	标准类型		清单
2	-	1	011102003002		800*800mm仿爵士白大理石地砖		m2				0	0	标准类型		清单
3	-	1	011102003003		600*600mm仿爵士白大理石地砖		m2				0	0	标准类型		清单
4	-	1	011102003004		块料楼地面		m2				0	0	标准类型		清单

清单编码	块料楼地面	单位
011102001	石材楼地面	m2
011102002	碎石材楼地面	m2
011102003	块料楼地面	m2

图 8.2-4 编写项目特征界面

序号	-	费	编码	系数	分部：45万7473.34	费用	单位	工程量	计算式	变量	综合单价	综合合价	工程类别	说明
					A.11 楼地面装饰工程			1			0	0		一级标题
1	-	1	011102003001		门槛石		m2	6.8			0	0		清单
2	-	1	011102003002		800*800mm仿爵士白大理石地砖		m2	366.32			0	0		清单
3	-	1	011102003003		600*600mm仿爵士白大理石地砖		m2	179.6			0	0		清单
4	-	1	011102003004		300*300mm防霉瓷砖（地面）		m2	4.8			0	0		清单
5	-	1	011102003005		防霉瓷砖拼花（地面）		m2	4			0	0		清单
6	-	1	011102003006		黑金大理石波打线（地面）		m2	36.2			0	0		清单
7	-	1	011104002001		木地板铺地		m2	212.56			0	0		清单
8	-	1	011105003001		块料踢脚线		m	281.2			0	0		清单
9	-	1	011105006001		金属踢脚线		m	419.2			0	0		清单
10	-	1	011106002001		块料楼梯面层		m2	56			0	0		清单

指标统计：1.30mm厚1:3水泥砂浆找平层 2.25mm厚水泥砂浆粘结层2.门槛石

3. 定额组价

点击清单编码，下窗口"特征及指引"有定额供录入参考，双击定额即可插入。也可在下窗口"定额库"中选择相应章节，找到所需的定额，双击插入，如图 8.2-5 所示。

图 8.2-5 组织定额界面

定额组价是整个操作过程中相对繁琐且耗时较多的一步，而大部分清单对应的定额是相对固定的。针对这一情况，软件提供了"智能组价"的功能，可以自动从云库中搜索匹配清单，自动完成组价，如图 8.2-6 所示。

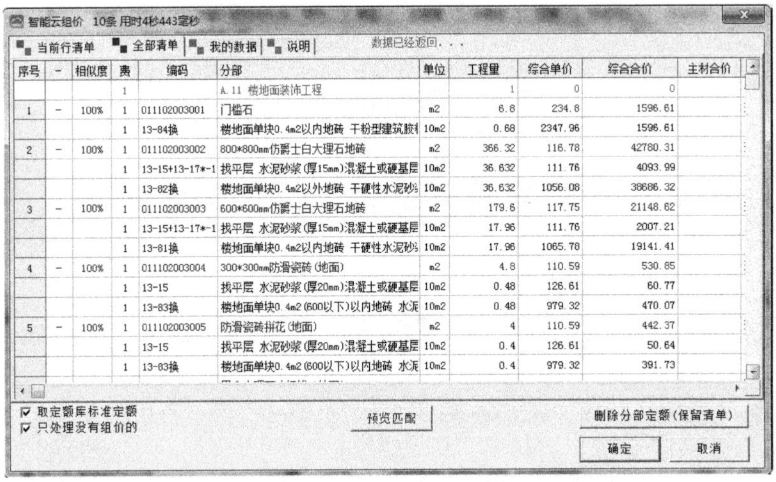

图 8.2-6 智能组价界面

清单组价完成之后，界面如图 8.2-7 所示。

图 8.2-7 组价完成界面

在定额组价的时候通常需要进行定额换算，软件也提供了多种定额换算的方法。

对于定额的章节说明及附注信息，在录入含有标准换算的定额时，软件会自动弹出"定额子目"的窗口，勾选需要的换算项即可完成定额量、价的换算，如图 8.2-8 所示。

图 8.2-8　子目附注换
算界面

对于定额中的工料机换算，点击菜单栏的"换算—工料"，可以从库中选择人工、材料、机械进行换算，如图 8.2-9 所示。

图 8.2-9　工料换算界面

完成分部分项工程量清单组价之后，接下来对措施项目清单进行组价。

措施项目分为"总价措施项目"和"单价措施项目"，总价措施项目是以"费率"为计价基础的措施项目，如图 8.2-10 所示。

单价措施项目是以"项"为计价基础的措施项目，与分部分项类似，需要套用相应的定额，如图 8.2-11 所示。

其他项目费包括暂列金额、暂估价、总承包服务费和计日工，如图 8.2-12所示。

序号	编码	项目：批量设置	单位	数量	计算表达式	费率(%)	单价	合价	标题	费用类别	备注	导出项
1	011707C	安全文明施工	项		(2:3)	100	10585	10585		1:现场安全文		✓
2	1.1	基本费			QS+JG-QSB-JSB	1.7	622646.8	10585		1.1:基本费		✓
3	1.2	增加费			QS+JG-QSB-JSB	0	622646.8	0		1.2:增加费		✓
4	011707C	夜间施工	项			0	0	0			0~0.1%	✓
5	011707C	非夜间施工照明	项			0	0	0			0.2%	✓
6	011707C	冬雨季施工	项			0	0	0			0.05~0.2%	✓
7	011707C	地上、地下设施、建筑物的保	项			0	0	0			1~2.3%	✓
8	011707C	已完工程及设备保护	项		QS+JG-QSB-JSB	0.05	622646.8	311.32			0~0.05%	✓
9	011707C	临时设施	项		QS+JG-QSB-JSB	0.1	622646.8	622.65			1~2.3%	✓
10	011707C	赶工措施	项			0	0	0			0.5~2.1%	✓
11	011707C	工程按质论价	项			0	0	0			1~3.1%	✓
12	011707C	住宅分户验收	项			0	0	0			0.4%	✓
13			项		(2:12)		11518.97	11518.97				

图 8.2-10 总价措施项目清单界面

序号	-	费	编码	系数	措施2：1万6222.87	单位	工程量	计算式	变量	综合单价	综合合价	工程类别	暂估价	说明
1	-	1	011705001001		大型机械设备进出场及安拆	项	1			4994.2	4994.2			
		1	25-2		履带式挖掘机1m3以外场外运输费	次	1			4994.2	4994.2		0	14 土建
2	-	1	011701001001		综合脚手架	m2	665.6			16.87	11228.67			
		1	20-1		综合脚手架檐高在12m以内层高在3.6m内	m2	665.6			16.87	11228.67		0	14 土建

图 8.2-11 单价措施项目清单界面

	其他项目分清单	暂列金额	专业工程暂估价	总承包服务费	计日工		快捷设置				
序号	编码	项目名称	单位	数量	计算参数	费率(%)	单价	合计	费用类别	导出项	备注
1	1	暂列金额	项				106000	106000	1:暂列金额	✓	
2	2	暂估价			(3:4)		0	0	2:暂估价		
3	2.1	材料(工程设备)暂信					0	0	2.1:材料暂估	✓	
4	2.2	专业工程暂估价	项				0	0	2.2:专业工程	✓	
5	3	计日工					0	0	3:计日工	✓	
6	4	总承包服务费					0	0	4:总承包服务	✓	
7	1	合计	项		(1)+(4:6)		106000	106000	5:合计		

图 8.2-12 其他项目清单界面

4. 人材机调价

组价完成后，点击软件上方的"价"，进行人工、材料、机械的价格调整。

人工、机械可以根据相关文件进行调整，材料价格可以根据信息价等进行调整，如图 8.2-13 所示。

图 8.2-13 人材机调价界面

5. 费用汇总

点击"单位工程汇总表"界面，可以看到工程的各项费用，如图 8.2-14 所示。

6. 结果输出

(1) 导出电子招标投标文件：在分部分项工程量清单界面，"导入数据""导出数据"中填写好单位工程的电子招标投标信息之后，点击"确定"即可生成电子招标投标文件，在桌面以同名文件夹命名，可以进行网上招标投标，如图 8.2-15 所示。

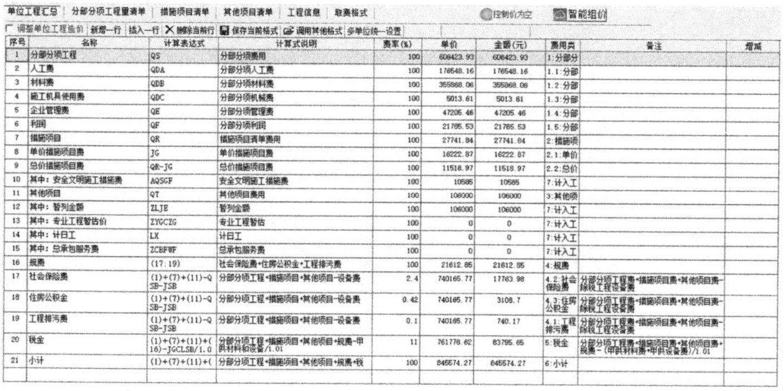

序号	名称	计算表达式	计算式说明	费率(%)	单价	金额(元)	费用类	备注	增减
1	分部分项工程	QS	分部分项费用	100	608423.93	608423.93	1:分部分		
2	人工费	QDA	分部分项人工费	100	176548.16	176548.16	1.1:分部		
3	材料费	QDB	分部分项材料费	100	355868.06	355868.06	1.2:分部		
4	施工机具使用费	QDC	分部分项机械费	100	5013.61	5013.61	1.3:分部		
5	企业管理费	QE	分部分项管理费	100	47205.46	47205.46	1.4:分部		
6	利润	QF	分部分项利润	100	21785.53	21785.53	1.5:分部		
7	措施项目	QR	措施项目清单费用	100	27741.84	27741.84	2:措施项		
8	单价措施项目费	JG	单价措施项目费	100	16222.87	16222.87	2.1:单价		
9	总价措施项目费	QR-JG	总价措施项目费	100	11518.97	11518.97	2.2:总价		
10	其中：安全文明施工措施费	AQSGF	安全文明施工措施费	100	10585	10585	7:计入工		
11	其他项目	QT	其他项目费用	100	106000	106000	3:其他项		
12	其中：暂列金额	ZLJE	暂列金额	100	106000	106000	7:计入工		
13	其中：专业工程暂估价	ZYGCZG	专业工程暂估	100	0	0	7:计入工		
14	其中：计日工	LX	计日工	100	0	0	7:计入工		
15	其中：总承包服务费	ZCBFWF	总承包服务费	100	0	0	7:计入工		
16	规费	(17:19)	社会保险费+住房公积金+工程排污费	100	21612.85	21612.85	4:规费		
17	社会保险费	(1)+(7)+(11)-QSB-JSB	分部分项工程+措施项目+其他项目-设备费	2.4	740165.77	17763.98	4.2:社会保险费	分部分项工程费+措施项目费+其他项目费-除税工程设备费	
18	住房公积金	(1)+(7)+(11)-QSB-JSB	分部分项工程+措施项目+其他项目-设备费	0.42	740165.77	3108.7	4.3:住房公积金	分部分项工程费+措施项目费+其他项目费-除税工程设备费	
19	工程排污费	(1)+(7)+(11)-QSB-JSB	分部分项工程+措施项目+其他项目-设备费	0.1	740165.77	740.17	4.1:工程排污费	分部分项工程费+措施项目费+其他项目费-除税工程设备费	
20	税金	(1)+(7)+(11)+(16)-JGCLSB/1.0	分部分项工程+措施项目+其他项目+规费-甲供材料和设备/1.01	11	761778.62	83795.65	5:税金	分部分项工程费+措施项目费+其他项目费+规费-（甲供材料费+甲供设备费）/1.01	
21	小计	(1)+(7)+(11)+(	分部分项工程+措施项目+其他项目+规费+税	100	845574.27	845574.27	6:小计		

图 8.2–14　单位工程汇总表界面

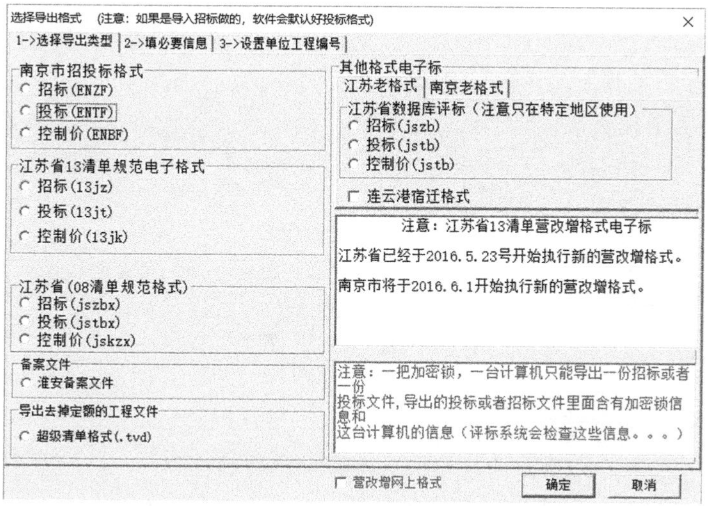

图 8.2–15　电子招标投标导出界面

(2) 打印报表：点击软件主界面系统工具栏中的“打印”按钮，即进入报表打印界面，“项目”下为当前项目工程下的各个“单位工程”报表汇总；“报表”下为当前所选的“单位工程”呈现的内容。也可将报表导出到Excel，报表界面如图8.2–16所示。

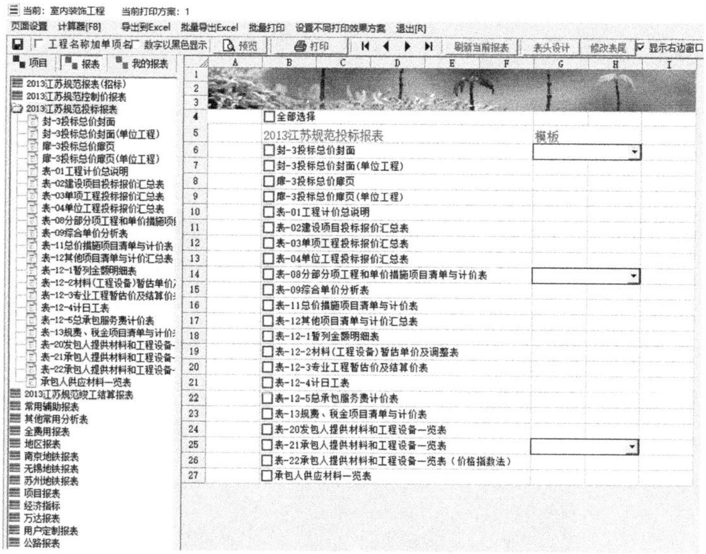

图 8.2–16　打印报表界面

8.2.3 网上招标投标的意义和目的

相较于传统的纸质招标投标过程，网上招标投标可以解决暗箱操作、腐败等行为，增加招标投标工作的透明性和公开性。同时，可以使招标投标过程更加高效、便捷，缩短项目周期，降低运作成本，优化招标投标业务流程，对于招标投标业务模式的推广起到了重要的支持作用，进而对整个招标投标行业的发展起到重要的推动作用，是解决目前招标投标工作中存在问题的有力武器。

8.2.4 网上招标投标的实现方法

招标人或者招标代理使用招标工具编制电子招标文件，并将电子招标文件上传至建设工程交易中心平台，发布招标公告。投标人浏览招标公告并下载电子招标文件，将该文件导入至投标工具中开始制作投标文件，待投标文件制作完成后将电子标书上传至公共资源交易平台。等到投标截止时间时进行开标、评标以及定标，至

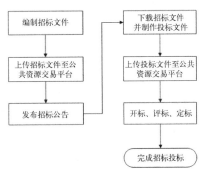

图 8.2-17 网上招标投标流程

此完成完整的电子招标投标工作。网上招标投标流程如图 8.2-17 所示。

8.2.5 网上招标投标工具软件使用简介

南京某招标投标文件制作工具，具有投标速度快、检查全面准确性高、无需插锁轻松挑选资料、内置交易平台一键上传标书等特点。

招标文件制作工具主要操作流程包括以下几步：

项目概况→招标正文→招标附件→文件检查→文件签章→文件生成→文件上传。

投标文件制作工具主要操作流程包括以下几步：

招标信息→制作标书→文件检查→文件签章→生成标书→文件上传。

因招标文件制作工具和投标文件制作工具操作流程类似，下面对投标文件制作工具的使用作简单介绍。

第一步，双击桌面"投标制作工具"快捷方式图标，启动软件，登录初始界面，如图 8.2-18 所示。

点击"新建文件"菜单，选择招标文件 *.NZF 打开，进入投标文件新建初始界面，如图 8.2-19 所示。

导入招标文件和答疑文件之后，可以看到招标信息，包括项目概况、评标细则、招标正文、招标清单、工程图纸、承诺书等内容，如图 8.2-20 所示。

图 8.2-18 登录初始界面

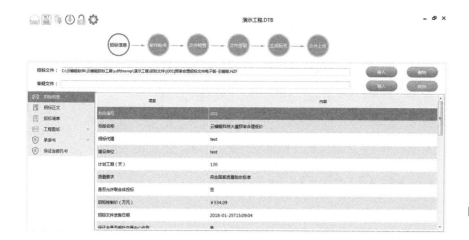

图 8.2—19　投标文件
新建界面

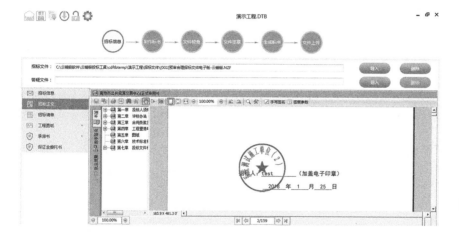

图 8.2—20　招标信息
查询界面

第二步，标书制作，包括投标信息、投标封面、投标函、法人证明、投标保证金、项目管理机构、拟分包项目表、资格审查资料等，如图 8.2—21 所示。

第三步，文件检查，内容包含：对计价软件导出的投标清单数量、单位、名称、特征与招标文件对比的符合性检查，对暂定价格、计算错误、规费取费标准的检查。发现的错误提示会显示在错误列表里，如图 8.2—22 所示。

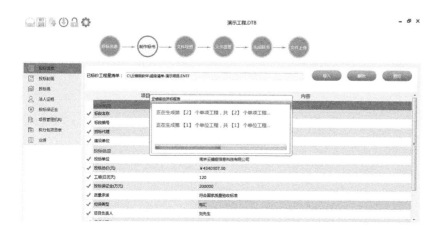

图 8.2—21　标书制作
界面

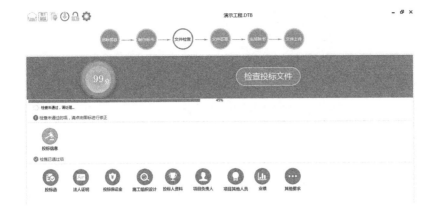

图 8.2-22　文件检查
界面

　　第四步，点击导航中的"文件签章"，生成 PDF 成功后，将出现投标文件中的所有标书内容，可以在如下界面进行电子签章，如图 8.2-23 所示。

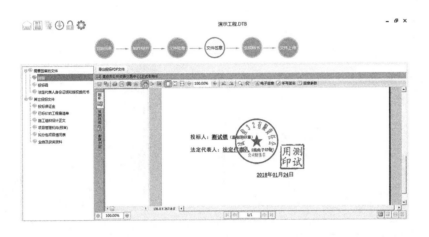

图 8.2-23　文件签章
界面

　　第五步，对于检查后没有错误的投标文件，点击"投标文件"文本框后的按钮设定保存路径，按导航"生成标书"按钮，生成投标文件，提示信息如图 8.2-24 所示。

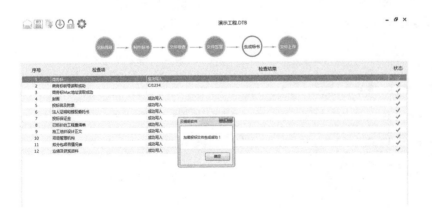

图 8.2-24　生成标书
界面

　　最后一步，点击导航"文件上传"按钮后，直接连接到"公共资源交易中心"平台上，用户登录后，在相应节点上传投标文件，如图 8.2-25 所示。

图 8.2-25 文件上传
界面

项目训练八

1. 简述计算机计算装饰工程造价的优点。

2. 简述装饰工程计价软件有何特点？

3. 简述超级清单软件使用的基本操作流程。

4. 简述招标文件制作工具、投标文件制作工具的主要操作流程。

5. 应用超级清单软件进行上机操作，完成某装饰装修工程工程量清单和工程量清单计价文件的编制并打印相关报表。

6. 练一练

表 XL8-1 所示为某室内装饰工程量清单，请按表 XL8-1 练习编制清单、组织定额、人材机调差、取费等操作。

某室内装饰工程量清单 　　　　　　　　　　　　　　　　　　　　　表XL8-1

序号	项目编码	项目名称	单位	项目特征	工程量
		楼地面装饰工程			
1	011102003002	800mm×800mm大理石地砖	m²	1.30mm厚1：3水泥砂浆找平层 2.25mm厚水泥砂浆粘结层 3.800mm×800mm仿爵士白大理石地砖	360
	13-15+13-17	找平层，水泥砂浆（厚30mm）混凝土或硬基层上预拌（干）	10m²	—	—
	13-85	楼地面单块0.4m²以外地砖水泥砂浆粘贴（预拌）	10m²	—	—
		墙、柱面装饰工程		—	—
2	011201001001	墙面一般抹灰	m²	砖墙内墙抹20mm水泥砂浆	1848
	14-9	砖墙内墙抹水泥砂浆（预拌）	10m²	—	—
3	011204003001	块料墙面	m²	1.20mm水泥砂浆 2.400mm×800mm米黄色大理石墙砖	188
	10-118	聚合物水泥防水涂料1布4涂	10m²	—	—
	14-80	300mm×600mm仿大理石墙砖（预拌）	10m²	—	—

序号	项目编码	项目名称	单位	项目特征	工程量
4	011205002001	块料柱面	m²	—	266
	14—81	爵士白大理石（预拌）	10m²	—	—
		天棚工程			
5	011301001001	白色乳胶漆饰面	m²	内墙面上批腻子3遍、刷白色乳胶漆3遍	1024
	17—176	内墙面，在抹灰面上批901胶混合腻子3遍，刷乳胶漆3遍（柱、梁、天棚面批腻子、刷乳胶漆）	10m²	—	—
6	011302001001	吊顶天棚（12mm厚纸面石膏板）	m²	1.φ8丝杆，M8膨胀螺栓固定 2.50系列轻钢龙骨吊顶，主龙骨1000mm×1000mm，次龙骨间距400mm 3.12mm厚纸面石膏板面层 4.满批腻子三度，乳胶漆三度	96
	15—39	全丝杆天棚吊筋，H=1050mm，ϕ8	10m²		—
	15—7	装配式U形（不上人型）轻钢龙骨，面层规格400mm×600mm，简单	10m²		—
	15—45	纸面石膏板天棚面层安装在U形轻钢龙骨上，平面型	10m²		—
	17—182	夹板面，批腻子3遍，刷乳胶漆3遍（柱、梁、顶棚面批腻子、刷乳胶漆）	10m²		—

建筑装饰工程计量与计价

9

单元九　课程设计——综合实训
练习一

知识点

1. 定额计价课程设计步骤及相关表格。

2. 清单计价课程设计步骤及相关表格。

着力点

1. 熟练掌握定额计价课程设计步骤。

2. 熟练掌握清单计价课程设计步骤。

课程设计（Practicum）：大学某一课程的综合性实践教学环节。我们这里所讲的课程设计，是针对《建筑装饰装修计量与计价》这门课程中展示的两种不同计价方法的练习，其实就是现在所说的实训练习。

单元四我们重点介绍了装饰装修工程计价模式之一：传统的"定额计价模式"。单元五我们重点介绍了另一种计价模式："工程量清单计价模式"。这两个单元分别对两种计价模式从理论到案例分析进行了详细解读。理论要结合实践，要充分掌握所学计价知识，尽快与社会接轨，还必须强化实训练习。

本单元就是在此基础上，运用所学知识，分别在单元四、单元五教学结束后，及时安排学生进行课程设计实训练习。也就是本单元提供小型装饰工程图纸及课程设计任务书，让学生在一定时间（通常为一周）先对照案例及所学知识，在任课教师的指导下，进行手算练习，这样做的目的是尽快让学生及时掌握所学基础知识及计价方法。等熟练后，再进行下一单元的专项电算练习。

项目一　定额计价法课程设计训练

9.1.1　定额计价课程设计训练要求

"定额计价"相关知识详见单元四，这里需要强调的是，做课程设计时学生必须注意以下几点：

（1）仔细阅读图纸，认真耐心理解图纸信息：设计说明和设计尺寸，以及编制说明。

（2）在熟悉图纸及编制说明后，按"分项三原则"进行分项。

（3）掌握单元二关于各个分部分项工程工程量的计算方法，注意各个分部分项工程工程量计算规则及精度计算要求。

（4）能够熟练套用装饰预算定额，查找相应的各分项工程的基价及"人材机"的消耗量。

（5）进行市场调研，掌握"人材机"实时市场价，为调差作准备。

（6）熟练掌握通过调差而求解新基价。

（7）掌握各种取费费率及其应用。

9.1.2　定额计价课程设计步骤

（1）熟悉图纸及其设计说明，按任务书要求，依次对分部工程（如地面工程、墙面工程、吊顶工程等）进行分项；分项按分部工程所使用的不同材料（如地面工程中使用的地板、瓷砖等）、或同种材料不同规格（如地砖：500mm×500mm、300mm×300mm等）、或不同施工工艺进行（如拼花地砖、异形吊顶等）。分项结束，将分项工程填入工程量计算表（参见表4.4-1）。

（2）分项完成后，根据分项内容查定额，从定额相应的分部工程中找到相符合的子目，并将子目的定额编号标入对应的分项工程（参见表 4.4-1）。

（3）根据施工图提供的信息计算每个分项工程的工程量，并填入工程量汇总表（参见表 4.4-1）。

（4）根据分项工程对应的定额编号套用定额，查出该分项工程的定额基价（即原基价），并填入新基价计算表（参见表 4.4-3）。

（5）根据人工及主材的市场价格对各个分项工程进行调差计算（参见表 4.4-2），并计算出调整后的新基价，然后填入新基价计算表（参见表 4.4-3）。

（6）根据已算出的各分项工程的工程量和新基价，计算出各个分项工程的直接费（参见表 4.4-4）。

（7）计算各分项工程人工费及机械费（见表 4.4-5）。

（8）计算单位工程的各项取费及含税总造价（见表 4.4-6）。

（9）进行各分项工程的工料分析（只分析人工及主材）（见表 4.4-7）。

（10）编制装饰工程预算书封面及总说明（参见图 4.4-12～图 4.4-14）。

9.1.3 定额计价课程设计训练

因篇幅所限，定额计价法只选择两项小型工程图纸供学生进行练习。

9.1.3.1 定额计价课程设计训练一

1. 编制说明及要求

1）图纸补充说明

（1）本套图纸为一餐厅包间，共有七张图纸，所需尺寸详见图 9.1-1～图 9.1-7。墙厚 240mm。

（2）图中所示所有家具、装饰画及灯具不在计价范围。

（3）图中所有材料均采用国产材料，品种自选。

（4）门的洞口尺寸为 1000mm×2100mm；窗的洞口尺寸为 2100mm×1500mm。

（5）"人材机"单价采用当前市场实时价格或参考当地定额造价管理部门定期发布的造价信息。

（6）施工企业为一级资质；工程采取包工包料形式。

2）编制要求

（1）按照图示尺寸、设计说明及补充说明分别计算出分部工程地面、墙面及吊顶的工程量及工程直接费。

（2）取费标准参考本地最新费用定额。

（3）按单元四所讲"定额计价法"计算工程含税总造价。

2. 餐厅包间图纸（图 9.1-1～图 9.1-7）

9.1.3.2 定额计价课程设计训练二

1. 编制说明及要求

1）图纸补充说明

（1）本套图纸为一接待室，共有八张图纸，所需尺寸详见图 9.1-8～图 9.1-15。墙厚 240mm。

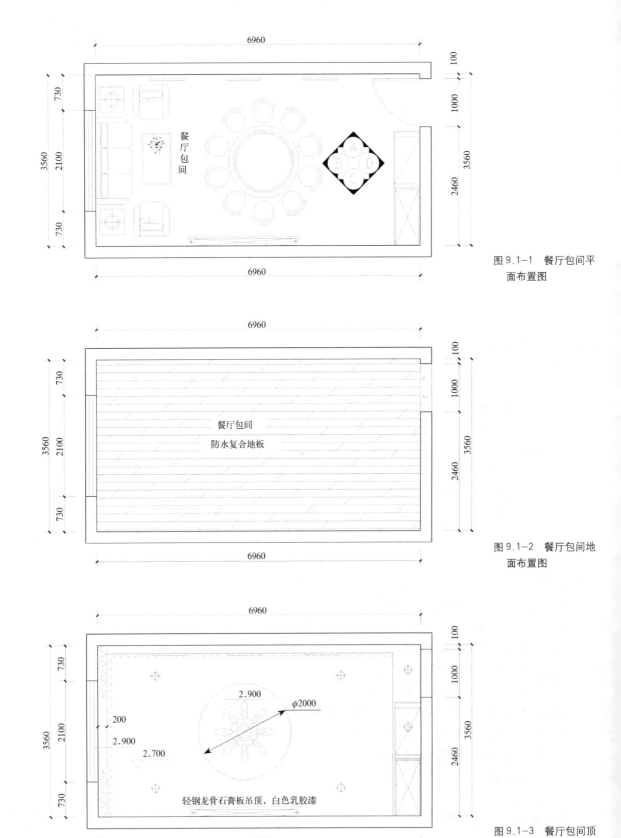

图 9.1-1　餐厅包间平面布置图

图 9.1-2　餐厅包间地面布置图

图 9.1-3　餐厅包间顶面布置图

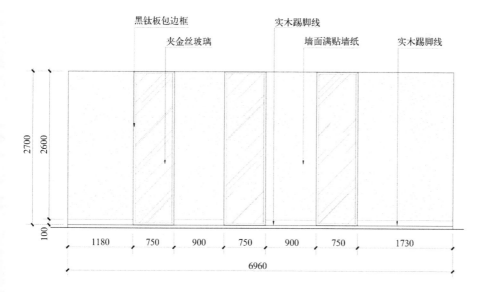

黑钛板包边框　　　　　实木踢脚线

夹金丝玻璃　　　　墙面满贴墙纸　　　实木踢脚线

2700　2600　100

1180　750　900　750　900　750　1730

6960

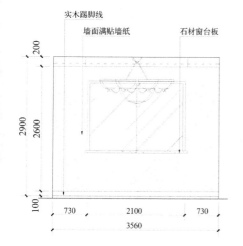

实木踢脚线

墙面满贴墙纸　　　石材窗台板

200　2900　2600　100

730　2100　730

3560

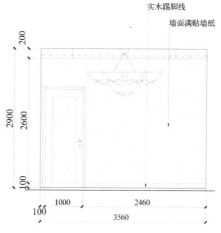

实木踢脚线

墙面满贴墙纸

200　2900　2600　100

1000　2460

100　3560

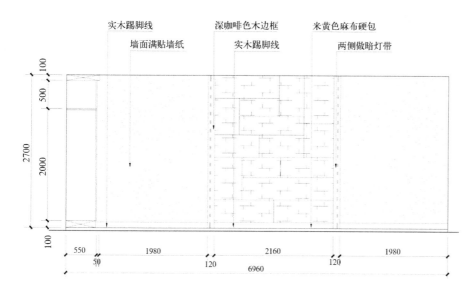

实木踢脚线　　　　深咖啡色木边框　　　米黄色麻布硬包

墙面满贴墙纸　　　实木踢脚线　　　两侧做暗灯带

100　500　2700　2000　100

550　1980　2160　1980

50　120　120

6960

图 9.1-4　餐厅包间 A
　　　　立面图（上）

图 9.1-5　餐厅包间 B
　　　　立面图（中左）

图 9.1-6　餐厅包间 C
　　　　立面图（下）

图 9.1-7　餐厅包间 D
　　　　立面图（中右）

（2）图中所示所有家具、装饰画及灯具不在计价范围。

（3）图中所有材料均采用国产材料，品种自选。

（4）门的洞口尺寸为 800mm×2100mm；窗的洞口尺寸为 2100mm×1300mm。

（5）"人材机"单价采用当前市场实时价格或参考当地定额造价管理部门定期发布的造价信息。

（6）施工企业为一级资质；工程采取包工包料形式。

2）编制要求

（1）按照图示尺寸、设计说明及补充说明分别计算出分部工程地面、墙面及吊顶的工程量及工程直接费。

（2）取费标准参考本地最新费用定额。

（3）按单元四所讲"定额计价法"计算工程含税总造价。

2. 接待室施工图纸（图 9.1-8 ~ 图 9.1-15）

图 9.1-8　接待室平面
　　　　布置图（左）
图 9.1-9　接待室地面
　　　　布置图（中）
图 9.1-10　接待室顶
　　　　面布置图（右）

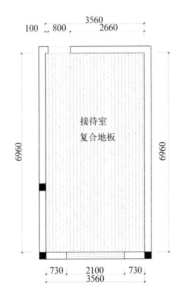

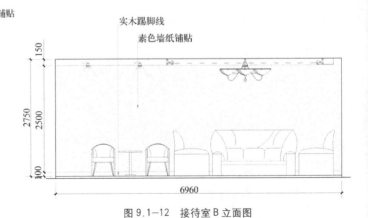

图 9.1-11　接待室 A 立面图　　　　　　图 9.1-12　接待室 B 立面图

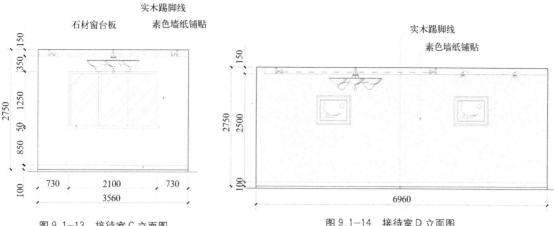

图 9.1-13 接待室 C 立面图   图 9.1-14 接待室 D 立面图

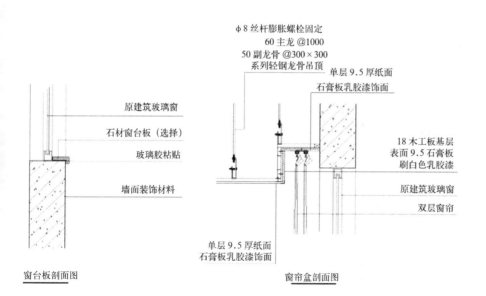

窗台板剖面图   窗帘盒剖面图

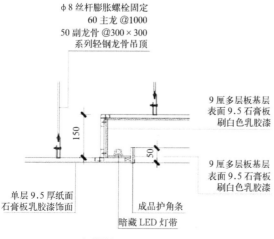

灯槽详图   图 9.1-15 接待室详图

项目二 清单计价法课程设计训练

9.2.1 清单计价课程设计训练要求

"清单计价"相关知识详见单元五，这里需要强调的是，做课程设计时学生必须注意以下几点：

（1）与定额计价相同，做好编制前的准备工作：仔细阅读图纸，认真耐心理解图纸信息，设计说明和设计尺寸，以及编制说明。

（2）在熟悉图纸及编制说明后，按"分项三原则"进行分项。

（3）熟练掌握《房屋建筑与装饰工程工程量计算规范》GB 50854-2013应用，认真计算工程量以及精度计算要求。

（4）熟悉施工组织设计、准备并熟悉最新定额手册、收集"人材机"市场造价信息，能够熟练使用《江苏省建筑与装饰工程计价定额》（2014年），正确查找相应的各分项工程的"人材机"的消耗量。

（5）熟练制作工程量清单及措施项目清单，注意项目特征的描述。

（6）熟练掌握综合单价的计算及分析表格的制作。

（7）掌握各种取费费率及其应用。

9.2.2 清单计价课程设计步骤

1.分项并计算工程量

（1）分项：仔细阅读图纸，对工程进行分项，并列出各分项工程项目名称。注意分项三原则：分项按分部工程所使用的不同材料（如地面工程中使用的地板、瓷砖等）、或同种材料不同规格（如地砖：500mm×500mm、300mm×300mm等）或不同施工工艺进行（如拼花地砖、异形吊顶等）。

（2）按照相关图纸及工程量计算规则（参见教材附录二《房屋建筑与装饰工程工程量计算规范》GB 50854-2013）计算各个分项工程的工程量，并列出各个分项工程的工程量计算表（参见表5.4-1）。

（3）制定工程量清单。根据各个分项工程项目名称，参见教材附录《房屋建筑与装饰工程工程量计算规范》GB 50854-2013，确定其项目编码、项目特征、计量单位等。完成："分部分项工程量清单"部分内容（参见表5.4-3）。

2.确定各分项工程的综合单价

（1）当清单项目只有一个计价工程项目时，计价工程项目工程量与清单工程量相同，采用表5.3-11计算即可。

（2）当清单项目含多个计价工程项目，而每个计价工程项目工程量与清单工程量又相同时，也采用表5.3-11分别计算，然后相加即可。

（3）当清单项目含多个计价工程项目，但每个计价工程项目工程量与清单工程量不一定相同时，可以先采用表5.3-11分别算出，然后再并入表5.3-12计算出综合单价。

3. 根据第 1、2 步计算结果完成"分部分项工程量清单计价表"（参见表 5.4-3）

4. 完成"措施项目清单计价表"（见表 5.4-3、表 5.4-4）

5. 完成规费、税金项目计价表（见表 5.4-5）

6. 完成单位工程投标报价汇总表（见表 5.4-6）

7. 完成投标报价封面、扉页及总说明（见图 5.4-1 ～图 5.4-3）

9.2.3 清单计价课程设计训练

因篇幅所限，跟定额计价法一样，清单计价法也只选择两项小型工程图纸供学生进行实训练习。

9.2.3.1 清单计价课程设计训练一

1. 编制说明及要求

1）图纸补充说明

（1）本套图纸为一套卫生间施工图，共有七张图纸，所需尺寸详见图 9.2-1 ～图 9.2-7。墙厚 240mm。

（2）图中所示所有器具、隔断及灯具不在计价范围。

（3）图中所有材料均采用国产材料，品种自选。

（4）门的洞口尺寸为 700mm×2100mm。窗的洞口尺寸为 3100mm×1500mm。

（5）"人材机"单价采用当前市场实时价格或参考当地定额造价管理部门定期发布的造价信息。

（6）施工企业为一级资质；工程采取包工包料形式。

2）编制要求

（1）按照图示尺寸、设计说明及补充说明分别计算出分部工程地面、墙面及吊顶的清单工程量及综合单价。

（2）列出工程量清单、措施项目清单及其他项目清单。

（3）取费标准参考本地最新费用定额。

（4）按单元五所讲"清单计价法"计算工程含税总造价。

2. 卫生间施工图纸（见图 9.2-1 ～图 9.2-7）

图 9.2-1　男卫生间平面布置图（左）

图 9.2-2　男卫生间地面布置图（右）

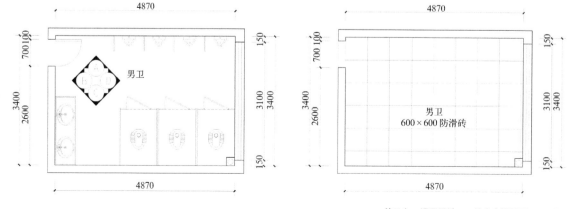

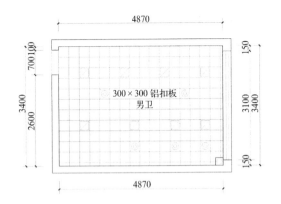

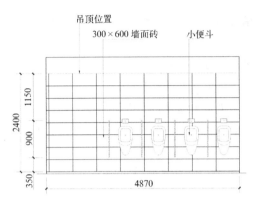

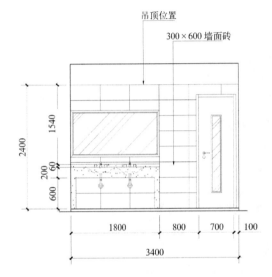

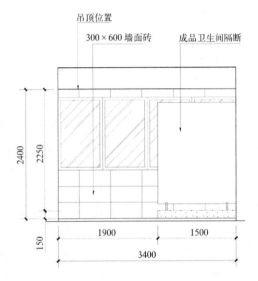

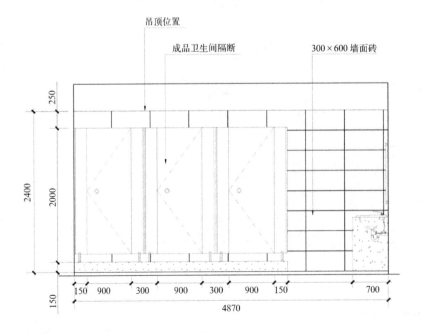

图 9.2-3　男卫生间顶面布置图（左上）

图 9.2-4　男卫生间 A 立面图（右上）

图 9.2-5　男卫生间 B 立面图（左中）

图 9.2-6　男卫生间 C 立面图（下）

图 9.2-7　男卫生间 D 立面图（右中）

9.2.3.2 清单计价课程设计训练二

1.编制说明及要求

1）图纸补充说明

（1）本套图纸为一套小会议室施工图，共有七张图纸，所需尺寸详见图9.2-8～图9.2-14。墙厚240mm。

（2）图中所示所有家具及灯具不在计价范围。

（3）图中所有材料均采用国产材料，品种自选。

（4）门的洞口尺寸为800mm×2100mm。窗户洞口尺寸为3100mm×1500mm。

（5）"人材机"单价采用当前市场实时价格或参考当地定额造价管理部门定期发布的造价信息。

（6）施工企业为一级资质；工程采取包工包料形式。

2）编制要求

（1）按照图示尺寸、设计说明及补充说明分别计算出分部工程地面、墙面及吊顶的清单工程量及综合单价。

（2）列出工程量清单、措施项目清单及其他项目清单。

（3）取费标准参考本地最新费用定额。

（4）按单元五所讲"清单计价法"计算工程含税总造价。

2.小会议室施工图纸（见图9.2-8～图9.2-14）

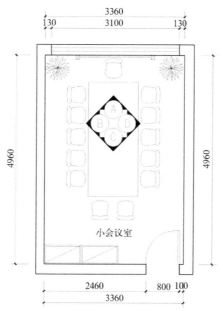

图9.2-8 小会议室平面布置图

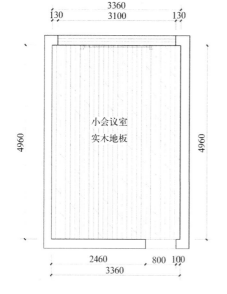

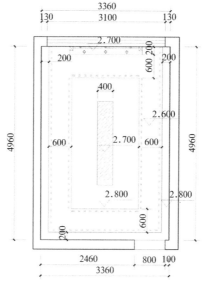

图9.2-9 小会议室地面布置图（左）

图9.2-10 小会议室顶面布置图（右）

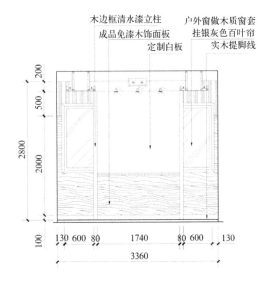

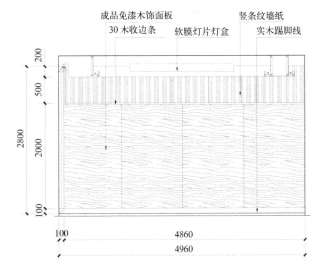

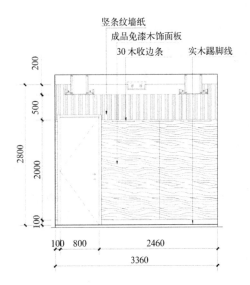

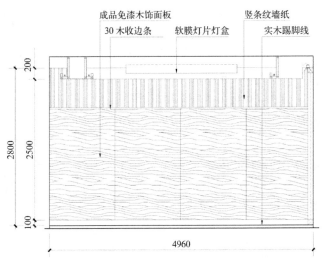

图 9.2—11　小会议室
A 立面图（左上）

图 9.2—12　小会议室
B 立面图（右上）

图 9.2—13　小会议室
C 立面图（左下）

图 9.2—14　小会议室
D 立面图（右下）

10

单元十　毕业设计——综合实训练习二

知识点

清单计价毕业设计步骤及相关表格。

着力点

熟练掌握清单计价毕业设计步骤。

项目一 毕业设计要求

10.1.1 毕业设计相关要求

这里想声明一点：毕业设计只选择清单计价法作为练习对象，而且是运用市场已经成熟的超级清单软件进行计价（详见单元八），这样毕业后，稍加培训即可上岗。毕业设计与课程设计所需基础知识都是相同的，设计步骤也差不多，只是工程内容较多，算量工作量较大，需要务必专心分项，细心算量。同时，要在熟练掌握单元八相关知识的情况下才能进行。

10.1.2 毕业设计相关步骤

（1）分项并计算工程量：

①分项：仔细阅读图纸，对工程进行分项，并列出各分项工程项目名称。注意分项三原则：分项按分部工程所使用的不同材料（如地面工程中使用的地板、瓷砖等）、或同种材料不同规格（如地砖：500mm×500mm、300mm×300mm 等）或不同施工工艺进行（如拼花地砖、异形吊顶等）。

②按照相关图纸及工程量计算规则（参见教材附录二《房屋建筑与装饰工程工程量计算规范》GB 50854—2013）计算各个分项工程的工程量，并列出各个分项工程的工程量计算表（参见表 5.4-1）。

（2）新建工程：选择计价规范、确定定额种类及计税方式等，并填写相关工程及编制人员信息。

（3）交替选择清单库及定额库，编制分部分项工程量清单，并进行"人材机"调差、取费等。

（4）进行措施项目清单计价。

（5）进行其他项目清单计价。

（6）检查无误后打印装订报表（招标、控制价、投标等按需要打印），报表自动生成（包括综合单价分析表）。

项目二 毕业设计训练

10.2.1 毕业设计训练一

1. 编制说明

1）图纸补充说明（本训练图纸参考王起兵、邬宏主编的《建筑装饰工程计量与计价》任务五题图）

（1）某砖混建筑物如图 10.2-1~10.2-7 所示，该建筑层数为一层，层高3.9m，屋面板厚120mm，外墙墙体为 370mm 厚空心砖砌筑，外粘 50mm 厚聚苯板保温，轴线为外 250mm、内 120mm，内墙为 240mm 及 120mm 厚空心砖砌筑。

（2）门窗尺寸、数量及类型见表 10.2-1，房间做法见表 10.2-2、表 10.2-3。

（3）图中所示所有器具、家具及灯具等不在计价范围内。

（4）图中所有材料均采用国产材料，品种自选。

（5）"人材机"单价采用当前市场实时价格或参考当地定额造价管理部门定期发布的造价信息。

（6）施工企业为一级资质；工程采取包工包料形式。

2）编制要求

（1）按照图示尺寸、设计说明及补充说明分别计算出分部工程地面、墙面及吊顶的清单工程量。

（2）按照超级清单软件列出工程量清单、措施项目清单及其他项目清单。

（3）取费标准参考本地最新费用定额。

（4）按单元五所讲"清单计价法"计算工程含税总造价。

2. 编制施工图纸（见图 10.2-1~ 图 10.2-7）

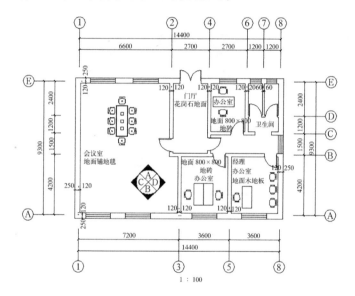

图 10.2-1　平面布置图

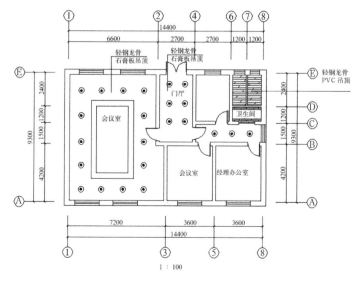

图 10.2-2　顶面布置图

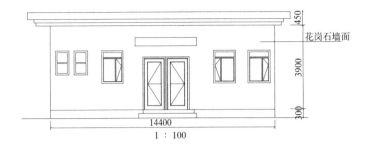

1:100

图 10.2-3　立面图

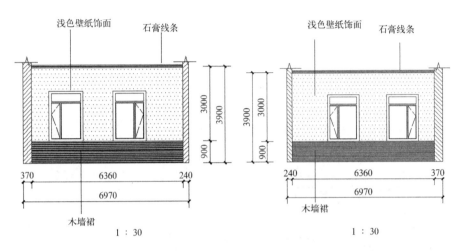

1:30

1:30

图 10.2-4　会议室A
　　　　立面图（左）
图 10.2-5　会议室B
　　　　立面图（右）

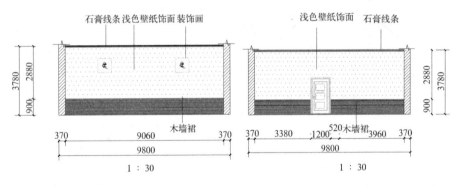

1:30

1:30

图 10.2-6　会议室C
　　　　立面图（左）
图 10.2-7　会议室D
　　　　立面图（右）

门窗尺寸、数量及类型　　　　　　　表10.2-1

类型	设计编号	洞口尺寸（mm）	数量	类型	备注
窗	C1821	1800×2100	2	铝合金窗	大理石窗台板330mm
	C1521	1500×2100	1	铝合金窗	大理石窗台板330mm
	C0609	600×900	2	铝合金窗	
	C1221	1200×2100	1	铝合金窗	大理石窗台板330mm
	C2121	2100×2100	4	铝合金窗	大理石窗台板330mm
门	M1524	1500×2400	1	铝合金地弹门	
	M1221	1200×2100	2	成品装饰门	
	M1021	1000×2100	3	成品装饰门	
	M0921	900×2100	2	成品装饰门	

房间做法（一）　　　　　　　　　　表10.2-2

房间名称	地面	踢脚板	墙裙	内墙面	顶棚
门厅	地1			墙1	棚1
走廊	地2	踢2		墙2	棚2
会议室	地3		裙1	墙3	棚3
办公室	地2	踢1		墙2	棚4
经理办公室	地5		裙1	墙3	棚4
卫生间	地4			墙4	棚5

房间做法（二）　　　　　　　　　　表10.2-3

单项工程	做法	单项工程	做法
地1	1.150mm厚卵石灌浆，M2.5混合砂浆 2.100mm厚C15混凝土整层 3.素水泥浆结合层 4.30mm厚干硬性水泥砂浆 5.20mm厚花岗岩板铺实拍平，水泥浆擦缝	墙1	1.30mm厚1：2.5水泥砂浆分层灌浆 2.20mm厚花岗石板
地2	1.150mm厚卵石灌浆，M2.5混合砂浆 2.100mm厚C15混凝土垫层 3.素水泥浆结合层 4.20mm厚干硬性水泥砂浆 5.10mm厚陶瓷地砖铺实拍平，水泥浆擦缝	墙2	1.13mm厚水泥砂浆打底 2.7mm厚水泥砂浆面层 3.刮腻子两遍 4.乳胶漆两遍
地3	1.150mm厚卵石灌浆，M2.5混合砂浆 2.10mm厚C15混凝土垫层 3.20m厚水泥砂浆找平，压实抹光 4.2mm厚聚乙烯泡沫塑料隔声垫（橡胶海绵封垫） 5.纤维地毯	墙3	1.13mm厚水泥砂浆打底 2.7mm厚水泥砂浆面层 3.刮腻子两遍 4.贴壁纸
地4 （卫生间）	1.150mm厚卵石灌浆，M2.5混合砂浆 2.100mm厚C15混凝土垫层 3.50mm厚C15卵石混凝土找坡，坡度不小于0.5%，最薄处不小于30mm厚 4.15mm厚1：2.5水泥砂浆找平 5.聚氨酯防水涂膜，四周沿墙上返150mm高 6.20mm厚干硬性水泥砂浆 7.10mm厚300mm×300mm陶瓷地砖铺实拍平，水泥浆擦缝	墙4	1.20mm厚水泥砂浆 2.白色釉面砖，白水泥擦缝

单项工程	做法	单项工程	做法
地5	1.150mm厚卵石灌浆，M2.5混合砂浆 2.100mm厚C15混凝土整层 3.20mm厚水泥砂浆找平 4.竹木地板	墙群 (*H*=900mm)	1.20mm厚水泥砂浆 2.涂刷防水涂料 3.木龙骨中距500mm 4.胶合板面层 5.涂装
棚1	1.轻钢龙骨，中距600mm 2.10mm厚胶合板，自攻螺钉拧牢 3.6mm厚镜面玻璃面层	踢1	1.20mm厚水泥砂浆 2.陶瓷地砖踢脚板
棚2	1.轻钢龙骨，中距600mm 2.矿棉装饰板面层	踢2	1.20mm厚水泥砂浆 2.涂装
棚3	1.轻钢龙骨，中距600mm 2.纸面石膏板面层 3.刮腻子两遍 4.乳胶漆两遍		
棚4	1.12mm厚水泥砂浆抹面 2.刮腻子两遍 3.乳胶漆两遍		
棚5 (卫生间)	1.轻钢龙骨，中距600mm 2.PVC吊顶		

10.2.2 毕业设计训练二

1. 编制说明及要求

1）图纸补充说明（本训练图纸参考戴晓燕主编的《装饰装修工程计量与计价》案例图部分图纸）

（1）本套图纸为一套家装施工图，共有六张图纸，所需尺寸详见图10.2-8～图10.2-13。

（2）图中所示所有器具、家具及灯具等不在计价范围内。

（3）图中所有材料均采用国产材料，品种自选。

（4）门窗的洞口尺寸见表10.2-4。

（5）地面、墙面、吊顶施工要求见相关图纸设计说明及表10.2-5。

（6）"人材机"单价采用当前市场实时价格或参考当地定额造价管理部门定期发布的造价信息。

（7）施工企业为一级资质；工程采取包工包料形式。

2）编制要求

（1）按照图示尺寸、设计说明及补充说明分别计算出分部工程地面、墙面及吊顶的清单工程量。

（2）按照超级清单软件列出工程量清单、措施项目清单及其他项目清单。

（3）取费标准参考本地最新费用定额。

（4）按单元五所讲"清单计价法"计算工程含税总造价。

2. 编制施工图纸（图 10.2-8～图 10.2-13）

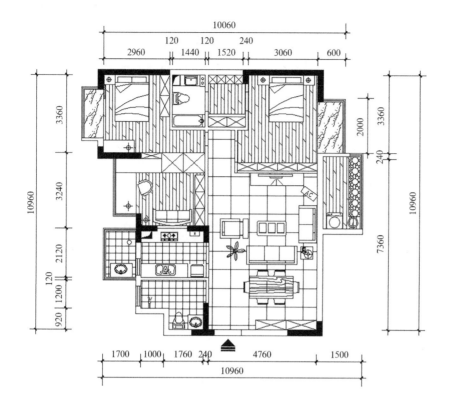

图 10.2-8　平面布置图

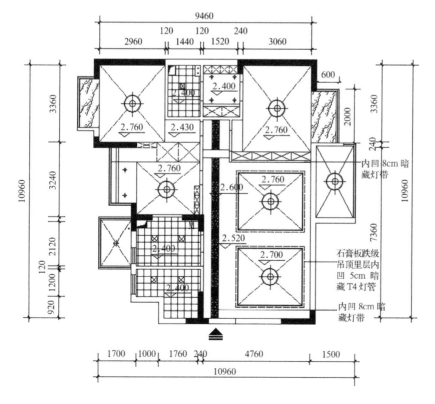

图 10.2-9　顶面布置图

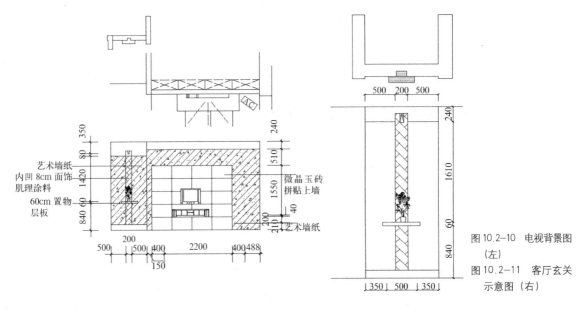

艺术墙纸
内凹 8cm 面饰
肌理涂料

微晶玉砖
拼贴上墙

60cm 置物
层板

艺术墙纸

图 10.2-10　电视背景图
　　　　　（左）
图 10.2-11　客厅玄关
　　　　　示意图（右）

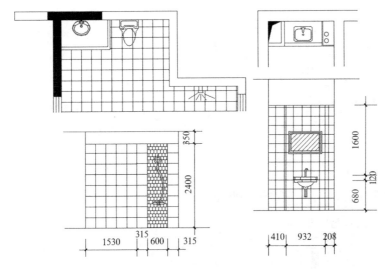

图 10.2-12　卫生间墙
　　　　　砖铺贴图（左）
图 10.2-13　主卫生间
　　　　　台面图（右）

门窗尺寸、数量及类型　　　　　　　　　　表10.2-4

类型	设计编号	洞口尺寸（mm）	数量	类型	位置
窗	C1	600×1500	1	塑钢窗	次卫
	PC1	2000×1900	2	塑钢窗	主卧、小孩房、飘窗
	PC2	1800×1900	1	塑钢窗	书房飘窗
门	M1	1350×2100	1	成品防盗门	入户门
	M2	900×2100	3	成品装饰门	主卧、小孩房、书房
	M3	800×2100	1	成品装饰门	厨房
	M4	700×2100	2	成品装饰门	卫生间
	M5	2000×2100	1	成品门	客厅阳台
	MC	1500×2100	1	塑钢门连窗	厨房阳台

单项工程做法

表10.2-5

单项工程	做法
一	地面工程
客厅、餐厅	1.素水泥砂浆结合层 2.30mm厚干硬性水泥砂浆 3.800mm×800mm玻化砖，水泥浆擦缝
主卧、衣帽间、小孩房、书房	1.20mm厚水泥砂浆找平 2.2mm厚聚乙烯泡沫塑料隔声垫（橡胶海绵衬垫） 3.满铺实木地板
主卫、次卫、厨房及厨房凉台	1.素水泥砂浆结合层 2.20mm厚干硬性水泥砂浆 3.300mm×300mm防滑地砖，水泥浆擦缝
主卧、小孩房、书房飘窗	按尺寸定制大理石台面板
客厅凉台	1.铺设户外板，面积尺寸860mm×3000mm 2.铺设部分鹅卵石，面积尺寸400mm×3000mm
二	天棚工程
客厅、餐厅天棚	1.木龙骨造型、不上人，40mm×40mm次龙骨，中距305mm×305mm跌级 2.石膏板装饰面层
主卫、次卫、厨房	1.天棚装配式U形轻钢龙骨，不上人型；面层规格300mm×300mm平面 2.天棚面层，高级覆膜方扣板300mm×300mm
主卧、衣帽间、儿童房、书房	1.12mm厚水泥砂浆抹面 2.刮腻子两遍 3.乳胶漆两遍
三	墙面工程
主卫、次卫、厨房	1.20mm厚水泥砂浆 2.白色釉面砖300mm×300mm，白水泥擦缝
客厅、厨房凉台	1.20mm厚水泥砂浆 2.白色釉面砖240mm×60mm，白水泥擦缝
客厅石膏板隔声墙	1.墙体龙骨断面13cm^{2}以内，木龙骨间距40cm以内 2.石膏板面层
玄关墙面	1.干挂大理石 2.艺术墙纸
其他墙面	1.12mm厚水泥砂浆抹面 2.刮腻子两遍 3.乳胶漆两遍

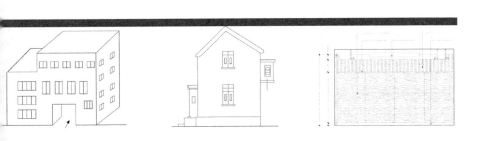

建筑装饰工程计量与计价

附录一 《江苏省建筑装饰工程预算定额》
（1998 年）（节选）

第一章　楼地面工程（节选）
一、找平层

工作内容：1. 清理基层、调运水泥砂浆、刷素水泥浆、熬制沥青砂浆及压实。

　　　　　2. 细石混凝土搅拌振捣养护。

计量单位：10m²

定额编号			1—1		1—2		1—3	
项目	单位	单价	水泥砂浆找平层					
			在混凝土或硬基层上		在填充材料上		每增减5mm	
			20mm厚					
			数量	合价	数量	合价	数量	合价
基价	元		60.60		66.60		13.10	
其中	人工费	元	18.75		20.00		3.50	
	材料费	元	36.32		40.71		8.19	
	机械费	元	5.53		5.89		1.41	
综合工日	工日	25.00	0.75	18.75	0.80	20.00	0.14	3.50
材料	水泥砂浆（1∶3）	m³	160.67	0.202	32.46	0.253	40.65	0.051	8.19
	素水泥浆	m³	379.76	0.01	3.80				
	水	m³	0.99	0.06	0.06	0.06	0.06		
机械	灰浆拌合机	台班	45.00	0.034	1.53	0.042	1.89	0.009	0.41
	垂直运输费	元			4.00		4.00		1.00

工作内容：同前。

计量单位：10m²

定额编号				1—4		1—5		1—6		1—7	
项目	单位	单价		细石混凝土找平层				沥青砂浆找平层			
				厚 30mm		厚度每增（减）5mm		厚 20mm		厚度每增（减）5mm	
				数量	合价	数量	合价	数量	合价	数量	合价
基价		元		79.71		13.03		232.44		55.28	
其中	人工费	元		20.50		3.50		31.25		7.75	
	材料费	元		52.59		8.20		197.19		46.53	
	机械费	元		6.62		1.33		4.00		1.00	
综合工日	工日	25.00		0.82	20.50	0.14	3.50	1.25	31.25	0.31	7.75
材料	细石混凝土（C20）	m³	160.81	0.303	48.73	0.051	8.20				
	冷底子油（30：70）	100K	268.91					0.048	12.91		
	木柴	kg	0.35					20.60	7.21	5.20	1.82
	煤	kg	0.27					41.20	11.12	10.40	2.81
	沥青砂浆（1：2：6）	m³	821.51					0.202	165.95	0.051	41.90
	素水泥浆	m³	379.76	0.01	3.80						
	水	m³	0.99	0.06	0.06						
机械	混凝土搅拌机（400L）	台班	110.00	0.019	2.09	0.003	0.33				
	平板振动机	台班	14.00	0.038	0.53						
	垂直运输费	元			4.00		1.00		4.00		1.00

三、块料面层

1. 大理石

工作内容：清理基层、锯板磨边、贴大理石、擦缝、清理净面、调制水泥浆、刷素水泥浆。

计量单位：10m²

定额编号				1—22		1—23		1—24	
项目	单位	单价		楼地面		楼梯		台阶	
				水泥砂浆					
				数量	合价	数量	合价	数量	合价
基价		元		2546.96		2711.84		2591.59	
其中	人工费	元		124.75		213.25		170.00	
	材料费	元		2409.86		2482.49		2413.49	
	机械费	元		12.35		16.10		8.10	
综合工日		工日	25.00	4.99	124.75	8.53	213.25	6.80	170.00
材料	大理石板	m²	230.00	10.20	2346.00	10.50	2415.00	10.20	2346.00
	水泥砂浆（1:1）	m³	227.72	0.081	18.45	0.081	18.45	0.081	18.45
	水泥砂浆（1:3）	m³	160.67	0.202	32.46	0.202	32.46	0.202	32.46
	素水泥浆	m³	379.76	0.01	3.80	0.01	3.80	0.01	3.80
	白水泥	kg	0.58	1.00	0.58	1.00	0.58	1.00	0.58
	棉纱头	kg	6.04	0.10	0.60	0.10	0.60	0.10	0.60
	锯木屑	m³	12.00	0.06	0.72	0.06	0.72	0.06	0.72
	合金钢切割锯片	片	56.73	0.035	1.99	0.099	5.62	0.099	5.62
	水	m³	0.99	0.26	0.26	0.26	0.26	0.26	0.26
	其他材料费	元			5.00		5.00		5.00
机械	灰浆拌合机（200L）	台班	45.00	0.05	2.25	0.05	2.25	0.05	2.25
	石料切割机	台班	15.00	0.14	2.10	0.39	5.85	0.39	5.85
	垂直运输费	元			8.00		8.00		

注：当地面遇到弧形贴面时，其弧形部分的石材损耗可按实调整，并按弧形图示尺寸每10m另外增加：切贴人工0.60工日，合金钢切割锯片0.14片，石料切割机0.60台班。

工作内容:清理基层、锯板磨细、贴大理石、擦缝、清理净面、调制水泥浆、粘结剂、刷素水泥浆。

计量单位:10m²

定额编号				1-25		1-26		1-27	
项目	单位	单价		踢脚线				楼地面	
				水泥砂浆		干粉型粘结剂			
				10m				10m²	
基价		元		385.36		401.07		2616.12	
其中	人工费	元		23.75		23.75		129.50	
	材料费	元		360.06		375.77		2478.99	
	机械费	元		1.55		1.55		7.63	
综合工日	工日	25.00		0.95	23.75	0.95	23.75	5.18	129.50
材料	大理石板	m²	230.00	1.53	351.90	1.53	351.90	10.20	2346.00
	水泥砂浆(1:2)	m³	192.55	0.03	5.78	0.03	5.78		
	107胶素水泥浆	m³	438.35	0.002	0.88				
	水泥砂浆(1:3)	m³	160.67					0.202	32.46
	干粉型粘结剂	kg	1.58			10.50	16.59	60.00	94.80
	白水泥	kg	0.58	0.40	0.23	0.40	0.23	2.00	1.16
	棉纱头	kg	6.04	0.015	0.09	0.015	0.09	0.10	0.60
	锯木屑	m³	12.00	0.009	0.11	0.009	0.11	0.06	0.72
	合金钢切割锯片	片	56.73	0.005	0.28	0.005	0.28	0.035	1.99
	水	m³	0.99	0.04	0.04	0.04	0.04	0.26	0.26
	其他材料费	元			0.75		0.75		1.00
机械	灰浆拌合机(200L)	台班	45.00	0.005	0.23	0.005	0.23	0.034	1.53
	石料切割机	台班	15.00	0.021	0.32	0.021	0.32	0.14	2.10
	垂直运输费	元			1.00		1.00		4.00

2. 花岗岩

工作内容：清理基层、锯板磨边、贴花岗岩、擦缝、清理净面、调制水泥浆、粘结剂、刷素水泥浆。

计量单位：10m²

定额编号			1—28		1—29		1—30	
项目	单位	单价	楼地面		楼梯		台阶	
			水泥砂浆					
			数量	合价	数量	合价	数量	合价
基价	元		3472.80		3671.17		3506.92	
其中 人工费	元		131.75		225.25		165.00	
其中 材料费	元		3328.25		3428.62		3332.62	
其中 机械费	元		12.80		17.30		9.30	
综合工日	工日	25.00	5.27	131.75	9.01	225.25	6.60	165.00
材料 花岗岩板	m²	320.00	10.20	3264.00	10.50	3360.00	10.20	3264.00
水泥砂浆（1:1）	m³	227.72	0.081	18.45	0.081	18.45	0.081	18.45
水泥砂浆（1:3）	m³	160.67	0.202	32.46	0.202	32.46	0.202	32.46
素水泥浆	m³	379.76	0.01	3.80	0.01	3.80	0.01	3.80
白水泥	kg	0.58	1.00	0.58	1.00	0.58	1.00	0.58
棉纱头	kg	6.04	0.10	0.60	0.10	0.60	0.10	0.60
锯木屑	m³	12.00	0.06	0.72	0.06	0.72	0.06	0.72
合金钢切割锯片	片	56.73	0.042	2.38	0.119	6.75	0.119	6.75
水	m³	0.99	0.26	0.26	0.26	0.26	0.26	0.26
其他材料费	元			5.00		5.00		5.00
机械 灰浆拌合机（200L）	台班	45.00	0.05	2.25	0.05	2.25	0.05	2.25
石料切割机	台班	15.00	0.17	2.55	0.47	7.05	0.47	7.05
垂直运输费	元			8.00		8.00		

注：当地面遇到弧形贴面时，其弧形部分的石材损耗可按实调整，并按弧形图示尺寸每10m另外增加：切贴人工0.60工日，合金钢切割锯片0.14片，石料切割机0.60台班。

工作内容：清理基层、锯板磨边、贴花岗岩、擦缝、清理净面、调制水泥砂浆、刷素水泥浆。

计量单位：10m²

定额编号			1—31		1—32		1—33	
项目	单位	单价	踢脚线				楼地面	
			水泥砂浆		干粉型粘结剂			
			10m		10m		10m²	
			数量	合价	数量	合价	数量	合价
基价	元		525.98		538.90		3550.01	
其中 人工费	元		23.75		23.75		137.00	
材料费	元		499.59		512.57		3401.38	
机械费	元		2.64		2.58		11.63	
综合工日	工日	25.00	0.95	23.75	0.95	23.75	5.48	137.00
材料 花岗岩板	m²	320.00	1.53	489.60	1.53	489.60	10.20	3264.00
水泥砂浆（1：1）	m³	227.72	0.012	2.73				
水泥砂浆（1：3）	m³	160.67	0.03	4.82	0.03	4.82	0.202	32.46
107胶素水泥浆	m³	438.35	0.002	0.88				
干粉型粘结剂	kg	1.58			10.50	16.59	60.00	94.80
白水泥	kg	0.58	0.40	0.23	0.40	0.23	2.00	1.16
棉纱头	kg	6.04	0.015	0.09	0.015	0.09	0.10	0.60
锯木屑	m³	12.00	0.009	0.11	0.009	0.11	0.06	0.72
合金钢切割锯片	片	56.73	0.006	0.34	0.006	0.34	0.042	2.38
水	m³	0.99	0.04	0.04	0.04	0.04	0.26	0.26
其他材料费	元			0.75		0.75		5.00
机械 灰浆拌合机（200L）	台班	45.00	0.007	0.32	0.005	0.23	0.034	1.53
石料切割机	台班	15.00	0.021	0.32	0.023	0.35	0.14	2.10
垂直运输费	元			2.00		2.00		8.00

7. 地砖

工作内容：清理基层、锯板磨细、贴地砖、擦缝、清理净面、调制水泥砂浆、刷素水泥浆、调制粘结剂。

计量单位：10m²

项目	单位	单价	1-60		1-61		1-62		1-63	
			楼地面							
			300mm×300mm以下				300mm×300mm以上			
			水泥砂浆		干粉型粘结剂		水泥砂浆		干粉型粘结剂	
			数量	合价	数量	合价	数量	合价	数量	合价
基价	元		704.04		761.70		714.55		770.71	
其中 人工费	元		104.50		112.00		83.50		89.50	
材料费	元		592.88		643.04		624.78		674.94	
机械费	元		6.66		6.66		6.27		6.27	
综合工日	工日	25.00	4.18	104.50	4.48	112.00	3.34	83.50	3.58	89.50
材料 同质地砖 (300mm×300mm)	块	4.73	114.00	539.22	114.00	539.22				
同质地砖 (400mm×400mm)	块	8.93					64.00	571.52	64.00	571.52
水泥砂浆 (1:2)	m³	192.55	0.051	9.82			0.051	9.82		
水泥砂浆 (1:3)	m³	160.67	0.202	32.46	0.202	32.46	0.202	32.46	0.202	32.46
素水泥浆	m³	379.76	0.01	3.80			0.01	3.80		
干粉型粘结剂	kg	1.58			40.00	63.20			40.00	63.20
白水泥	kg	0.58	1.00	0.58	2.00	1.16	1.00	0.58	2.00	1.16
棉纱头	kg	6.04	0.10	0.60	0.10	0.60	0.10	0.60	0.10	0.60
锯木屑	m³	12.00	0.06	0.72	0.06	0.72	0.06	0.72	0.06	0.72
合金钢切割锯片	片	56.73	0.032	1.82	0.032	1.82	0.025	1.42	0.025	1.42
水	m³	0.99	0.26	0.26	0.26	0.26	0.26	0.26	0.26	0.26
其他材料费	元			3.60		3.60		3.60		3.60
机械 灰浆拌合机 (200L)	台班	45.00	0.017	0.77	0.017	0.77	0.017	0.77	0.017	0.77
石料切割机	台班	15.00	0.126	1.89	0.126	1.89	0.10	1.50	0.10	1.50
垂直运输费	元			4.00		4.00		4.00		4.00

注：1.当地面遇到弧形墙面时，其弧形部分的地砖损耗可按实调整，并按弧形图示尺寸每10m增加切贴人工0.3工日。
2.地砖规格不同按设计用量加2%损耗进行调整。
3.镜面同质地砖执行本定额，地砖单价换算，其他不变。

工作内容:清理基层、锯板磨细、贴镜面同质砖、擦缝、清理净面、调制水泥砂浆、刷素水泥浆、调制粘结剂。

计量单位:10m²

定额编号			1—64		1—65	
项目	单位	单价	楼地面			
			多色简单图案镶贴			
			水泥砂浆		干粉型胶粘剂	
			数量	合价	数量	合价
基价	元		803.11		864.52	
其中 人工费	元		156.75		168.00	
材料费	元		637.84		688.00	
机械费	元		8.52		8.52	
综合工日	工日	25.00	6.27	156.75	6.72	168.00
材料 同质地砖 (300mm×300mm)	块	4.73	123.00	581.79	123.00	581.79
水泥砂浆 (1:2)	m³	192.55	0.051	9.82		
水泥砂浆 (1:3)	m³	160.67	0.202	32.46	0.202	32.46
素水泥浆	m³	379.76	0.01	3.80		
干粉型粘结剂	kg	1.58			40.00	63.20
白水泥	kg	0.58	2.00	1.16	3.00	1.74
棉纱头	kg	6.04	0.10	0.60	0.10	0.60
锯木屑	m³	12.00	0.06	0.72	0.06	0.72
合金钢切割锯片	片	56.73	0.064	3.63	0.064	3.63
水	m³	0.99	0.26	0.26	0.26	0.26
其他材料费	元			3.60		3.60
机械 灰浆拌合机 (200L)	台班	45.00	0.017	0.77	0.017	0.77
石料切割机	台班	15.00	0.25	3.75	0.25	3.75
垂直运输费	元			4.00		4.00

注:1.设计地砖规格与定额不同时,按比例调整用量。
2.多色复杂图案(弧线型)镶贴,人工乘以系数1.2,其弧形部分的地砖损耗可按实调整。

工作任务：清理基层、锯板磨边、贴同质地砖、擦缝、清理净面、调制砂浆或粘结剂。

计量单位：10m²

定额编号			1-66		1-67		1-68		1-69	
			楼梯		台阶		对角线			
项目	单位	单价	水泥砂浆						干粉型粘结剂	
			10m²				10m			
			数量	合价	数量	合价	数量	合价	数量	合价
基价	元		917.58		776.18		118.40		127.76	
其中 人工费	元		270.75		153.00		27.25		30.25	
其中 材料费	元		634.01		610.36		89.54		95.95	
其中 机械费	元		12.52		12.82		1.61		1.56	
综合工日	工日	25.00	10.83	270.75	6.12	153.00	1.09	27.25	1.21	30.25
同质地砖 (300mm×300mm)	块	4.73	122.00	577.06	117.00	553.41	17.00	80.41	17.00	80.41
水泥砂浆（1:2）	m³	192.55	0.051	9.82	0.051	9.82	0.008	1.54		
水泥砂浆（1:3）	m³	160.67	0.202	32.46	0.202	32.46	0.03	4.82	0.03	4.82
素水泥浆	m³	379.76	0.01	3.80	0.01	3.80	0.002	0.76		
干粉型粘结剂	kg	1.58							6.00	9.48
白水泥	kg	0.58	1.00	0.58	1.00	0.58	0.12	0.12	0.40	0.23
棉纱头	kg	6.04	0.10	0.60	0.10	0.60	0.09	0.09	0.015	0.09
107胶素水泥浆	m³	438.35					0.88	0.88		
锯木屑	m³	12.00	0.06	0.72	0.06	0.72	0.11	0.11	0.009	0.11
合金钢切割锯片	片	56.73	0.09	5.11	0.09	5.11	0.23	0.23	0.004	0.23
水	m³	0.99	0.26	0.26	0.26	0.26	0.04	0.04	0.04	0.04
其他材料费	元			3.60		3.60		0.54		0.54
灰浆拌合机（200L）	台班	45.00	0.078	3.51	0.078	3.51	0.007	0.32	0.006	0.27
石料切割机	台班	15.00	0.354	5.31	0.354	5.31	0.019	0.29	0.019	0.29
垂直运输费	元			4.00		4.00		1.00		1.00

注：设计地砖规格与定额不同时，按比例调整用量。

四、木地板、栏杆、扶手

1. 木地板

工作内容：埋铁件、龙骨、横撑制作、安装、铺油毡、刷防腐油等。

计量单位：10m²

定额编号			1—86		1—87		1—88		1—89	
项目	单位	单价	铺设木楞				铺设木楞及毛地板			
			水泥砂浆1:3 坞龙骨						水泥砂浆1:3 坞龙骨	
			数量	合价	数量	合价	数量	合价	数量	合价
基价	元		202.94		289.38		853.16		939.60	
其中 人工费	元		16.25		35.00		31.75		50.50	
其中 材料费	元		167.92		227.11		797.92		857.11	
其中 机械费	元		18.77		27.27		23.49		31.99	
综合工日	工日	25.00	0.65	16.25	1.40	35.00	1.27	31.75	2.02	50.50
材料 普通成材	m³	1200.00	0.135	162.00	0.135	162.00	0.135	162.00	0.135	162.00
材料 毛地板（25mm厚）	m²	60.00					10.50	630.00	10.50	630.00
材料 防腐油	kg	1.38	2.84	3.92	2.84	3.92	2.84	3.92	2.84	3.92
材料 水泥砂浆（1:3）	m³	160.67			0.368	59.13			0.368	59.13
材料 水	m³	0.99			0.06	0.06			0.06	0.06
材料 其他材料费	元			2.00		2.00		2.00		2.00
机械 木工圆锯机（φ500）	台班	28.00	0.01	0.28	0.01	0.28	0.078	2.18	0.078	2.18
机械 垂直运输费	元			4.00		8.00		4.00		8.00
机械 灰浆拌合机（200L）	台班	45.00			0.10	4.50			0.10	4.50
机械 其他机械费	元			14.49		14.49		17.31		17.31

注：1. 楞木按苏J9501-19/3，其中：楞木0.082m³，横撑0.033m³，木垫块0.021m³（预埋铅丝土建单位已埋入）。设计与定额不符，按比例调整用量，不设木垫块应扣除。

2. 坞龙骨水泥砂浆厚度为50mm，设计与定额不符，砂浆用量按比例调整。

3. 木楞与混凝土楼板用膨胀螺栓连接，按设计用量另增膨胀螺栓、电锤0.4台班。

工作内容：清理基层、刷胶、铺设地板、打磨刨光、净面。

计量单位：10m²

定额编号			1—90		1—91		1—92		1—93	
项目	单位	单价	硬木地板						复合木地板悬浮安装	
			平口		企口		免刨免漆地板			
			数量	合价	数量	合价	数量	合价	数量	合价
基价	元		894.13		1348.95		2496.53		2293.57	
其中 人工费	元		99.00		112.50		120.00		98.25	
其中 材料费	元		788.61		1229.93		2370.01		2188.80	
其中 机械费	元		6.52		6.52		6.52		6.52	
综合工日	工日	25.00	3.96	99.00	4.50	112.50	4.80	120.00	3.93	98.25
材料 防潮泡沫垫	m²	4.20							11.00	46.20
材料 条形平口硬木地板	m²	73.54	10.50	772.17						
材料 硬木企口木地板（成品）	m²	115.57			10.50	1213.49				
材料 免刨免漆实木地板	m²	215.37					10.50	2261.39		
材料 地板钉	kg	9.98	1.587	15.84	1.587	15.84	1.587	15.84		
材料 复合木地板	m²	199.61							10.50	2095.91
材料 粘结剂	kg	12.14					7.00	84.98	3.50	42.49
材料 地板水胶粉	kg	4.50					1.60	7.20	0.80	3.60
材料 棉纱头	kg	6.04	0.10	0.60	0.10	0.60	0.10	0.60	0.10	0.60
机械 木工圆锯机（φ500）	台班	28.00	0.09	2.52	0.09	2.52	0.09	0.52	0.09	2.52
机械 垂直运输费	元			4.00				4.00		4.00

注：木地板悬浮安装是在毛地板或水泥砂浆基层上拼装。

工作内容：同前。

计量单位：10m²

定额编号			1-94		1-95		1-96		1-97	
项目	单位	单价	硬木拼花地板							
			粘贴在水泥面上				粘贴在毛地板上			
			平口		企口		平口		企口	
			数量	合价	数量	合价	数量	合价	数量	合价
基价	元		588.27		1495.80		603.60		1511.13	
其中 人工费	元		157.50		182.50		157.50		182.50	
材料费	元		424.25		1306.78		439.58		1322.11	
机械费	元		6.52		6.52		6.52		6.52	
综合工日	工日	25.00	6.30	157.50	7.30	182.50	6.30	157.50	7.30	182.50
材料 席纹地板（平口硬木地板条）	m²	31.52	10.50	330.96			10.50	330.96		
硬木企口木地板（成品）	m²	115.57			10.50	1213.49				
地板钉	kg	9.98					1.587	15.84	1.587	15.84
免刨硬木企口木地板	m²	115.57							10.50	1213.49
地板	kg	12.14	7.00	84.98	7.00	84.98	7.00	84.98	7.00	84.98
粘结剂	kg	4.50	1.60	7.20	1.60	7.20	1.60	7.20	1.60	7.20
地板水胶粉	kg	6.04	0.10	0.60	0.10	0.60	0.10	0.60	0.10	0.60
棉纱头										
水	m³	0.99	0.52	0.51	0.52	0.51				
机械 木工圆锯机（φ500）	台班	28.00	0.09	2.52	0.09	2.52	0.09	2.52	0.09	2.52
垂直运输费	元			4.00		4.00		4.00		4.00

注：拼花包括方格、人字形等在内。

2. 硬木踢脚线

工作内容：下料、制作、垫木安置、安装、清理。

计量单位：100m

定额编号			1-100		1-101	
项目	单位	单价	硬木踢脚线制作安装		衬板上贴切片块踢脚线制作安装	
			数量	合价	数量	合价
基价	元		1129.24		1686.51	
其中	人工费	元		128.50		187.50	
	材料费	元		979.55		1477.82	
	机械费	元		21.19		21.19	
综合工日	工日	25.00	5.14	128.50	7.50	187.50
材料	硬木成材	m³	2600.00	0.33	858.00		
	普通成材	m³	1200.00	0.09	108.00	0.09	108.00
	防腐油	kg	1.38	3.68	5.08	3.68	5.08
	柳桉芯机拼木工板（12mm）	m²	40.13			15.75	632.05
	普通切片三夹板（白橡切片）	m²	32.83			15.75	517.07
	万能胶	kg	15.15			3.00	45.45
	压顶阴角线（15mm×15mm）	m	1.47			110.00	161.70
	铁钉	kg	7.00	1.21	8.47	1.21	8.47
机械	垂直运输费	元			10.00		10.00
	木工圆锯机（φ500）	台班	28.00	0.10	2.80	0.10	2.80
	木工压刨床（单面）（600mm）	台班	31.00	0.17	5.27	0.17	5.27
	木工裁口机（多面）（400mm）	台班	39.00	0.08	3.12	0.08	3.12

注：1. 踢脚线按150mm×20mm毛料计算，设计断面不同，材积按比例换算。

2. 设计踢脚线安装在墙面木龙骨上时，应扣除木砖成材0.091m³。

4. 地毯

工作内容：1. 地毯放样、剪裁、清理基层、钉压条、刷胶；

　　　　　2. 地毯拼接、铺毯、修边、清扫地毯。

计量单位：10m²

定额编号				1-105		1-106		1-107		1-108	
项目	单位		单价	楼地面							
				固定				不固定		方块地毯	
				单层		双层					
				数量	合价	数量	合价	数量	合价	数量	合价
基价	元			462.05		588.28		420.05		908.30	
其中	人工费	元		48.00		72.00		38.50		37.50	
	材料费	元		408.05		506.28		375.55		866.80	
	机械费	元		6.00		10.00		6.00		4.00	
综合工日	工日		25.00	1.92	48.00	2.88	72.00	1.54	38.50	1.50	37.50
材料	方块地毯	m²	78.80							11.00	866.80
	地毯	m²	31.52	11.00	346.72	11.00	346.72	11.00	346.72		
	地毯衬垫	m²	8.93			11.00	98.23				
	木刺条	m	1.89	12.20	23.06	12.20	23.06				
	(100mm×20mm)										
	地毯烫带	m	3.44	7.50	25.80	7.50	25.80	7.50	25.80		
	万能胶	kg	15.15	0.20	3.03	0.20	3.03	0.20	3.03		
	钢钉	kg	7.59	0.62	4.71	0.62	4.71				
	铝合金收口条	m	4.73	1.00	4.73	1.00	4.73				
机械	垂直运输费	元			4.00		8.00		4.00		4.00
	其他机械费	元			2.00		2.00		2.00		

注：1. 标准客房铺设地毯设计不拼接时，定额中地毯应按房间主墙间净面积调整含量，其他不变。

　　2. 地毯分色、镶边分别套用定额子目，人工乘以1.10系数。

　　3. 设计不用铝收口条者，应扣除铝收口条及钢钉，其他不变。

内容：清理基层表面、地毯放样、剪裁、拼接、钉压条、刷胶、铺毯修边、清扫地毯。

计量单位：10m²

定额编号			1—109		1—110		1—111	
项目	单位	单价	楼梯铺地毯					
			满铺				不满铺	
			带胶垫		不带胶垫		实铺面积	
			数量	合价	数量	合价	数量	合价
基价		元	544.91		447.63		476.32	
其中	人工费	元	79.50		54.00		54.00	
	材料费	元	455.41		387.63		415.48	
	机械费	元	10.00		6.00		6.84	
综合工日	工日	25.00	3.18	79.50	2.16	54.00	2.16	54.00
材料	地毯	m²	31.52	11.00	346.72	11.00	346.72	11.00	346.72
	地毯衬垫	m²	8.93	7.59	67.78				
	木刺条	m	1.89	13.05	24.66	13.05	24.66	2.40	4.54
	铝合金收口条	m	4.73	1.00	4.73	1.00	4.73	1.20	5.68
	钢钉	kg	7.59	0.18	1.37	0.18	1.37	0.256	1.94
	万能胶	kg	15.15	0.20	3.03	0.20	3.03	3.10	46.97
	地毯烫带	m	3.44	2.07	7.12	2.07	7.12	2.80	9.63
机械	垂直运输费	元			8.00		4.00		4.00
	其他机械费	元			2.00		2.00		2.84

注：1.地毯分色、镶边分别套用定额子目，人工乘以1.10系数。

2.设计不用铝收口条者，应扣除铝收口条及钢钉，其他不变。

工作内容：打眼、下楔、安装固定。

计量单位：10套

定额编号				1—112	
项目	单位	单价	楼梯地毯		
			压棍安装		
			10套		
			数量	合价	
基价	元		353.12		
其中	人工费	元		31.25	
	材料费	元		321.87	
	机械费	元			
综合工日	工日	25.00	1.25	31.25	
材料	不锈钢压棍	m	30.00	10.50	315.00
	木螺钉	百只	3.00	0.84	2.52
	棉纱头	kg	6.04	0.10	0.60
	其他材料费	元			3.75

注：1.压棍、材料不同应换算。

2.楼梯地毯压铜防滑板按镶嵌铜条有关项目执行。

第二章 墙柱面工程（节选）

二、镶贴块料面层

1. 大理石板

工作内容：1. 清理、修补、湿润基层表面、预埋铁件、制作安装钢筋网、电焊固定。
　　　　　2. 选料湿水、钻孔成槽、镶贴面层及阴阳角、穿线固定。
　　　　　3. 调运灌砂浆、磨光打蜡、养护。

计量单位：10m²

定额编号			2-12		2-13		2-14		2-15	
项目	单位	单价	挂贴大理石							
			灌缝砂浆 50mm 厚							
			砖墙面		混凝土墙面		砖柱面		混凝土柱面	
			数量	合价	数量	合价	数量	合价	数量	合价
基价		元	2802.72		2874.95		2843.60		3003.60	
其中 人工费		元	223.75		229.25		249.75		277.50	
其中 材料费		元	2558.38		2619.26		2573.29		2693.96	
其中 机械费		元	20.59		26.44		20.56		32.14	
综合工日	工日	25.00	8.95	223.75	9.17	229.25	9.99	249.75	11.10	277.50
材料 大理石	m²	230.00	10.20	2346.0	10.20	2346.0	10.20	2346.0	10.20	2346.0
材料 水泥砂浆（1：2.5）	m³	181.17	0.555	100.55	0.555	100.55	0.555	100.55	0.555	100.55
材料 素水泥浆	m³	379.76	0.01	3.80	0.01	3.80	0.01	3.80	0.01	3.80
材料 钢筋（φ6.5）	t	3000.00	0.011	33.00	0.011	33.00	0.015	45.00	0.015	45.00
材料 铁件制安	kg	4.14	3.487	14.44			3.058	12.66		
材料 铁膨胀螺栓（M10×100）	套	1.05			52.40	55.02			92.00	96.60
材料 铜丝	kg	31.00	0.777	24.09	0.777	24.09	0.777	24.09	0.777	24.09
材料 电焊条	kg	7.84	0.151	1.18	0.151	1.18	0.133	1.04	0.266	2.09
材料 白水泥	kg	0.58	1.50	0.87	1.50	0.87	2.40	1.39	2.40	1.39
材料 合金钢钻头	支	30.99			0.655	20.30			1.15	35.64
材料 合金钢切割锯片	片	56.73	0.269	15.26	0.269	15.26	0.269	15.26	0.269	15.26
材料 硬蜡	kg	4.88	0.39	1.90	0.39	1.90	0.39	1.90	0.39	1.90
材料 草酸	kg	6.30	0.10	0.63	0.10	0.63	0.10	0.63	0.10	0.63
材料 煤油	kg	2.49	0.40	1.00	0.40	1.00	0.40	1.00	0.40	1.00
材料 棉纱头	kg	6.04	0.10	0.60	0.10	0.60	0.125	0.76	0.13	0.79
材料 水	m³	0.99	0.141	0.14	0.141	0.14	0.155	0.15	0.159	0.16
材料 其他材料费	元			14.92		14.92		19.06		19.06
机械	台班	9.00			0.65	5.85			1.15	10.35
机械 电锤（520W）	台班	45.00	0.093	4.19	0.093	4.19	0.093	4.19	0.093	4.19
机械 灰浆拌合机（200L）	台班	95.00	0.015	1.43	0.015	1.43	0.013	1.24	0.026	2.47
机械 交流电焊机（30kVA）	台班	41.00	0.005	0.21	0.005	0.21	0.007	0.29	0.007	0.29
机械 钢筋调直机（φ14）	台班									
机械 钢筋切断机（φ40）	台班	41.00	0.005	0.21	0.005	0.21	0.007	0.29	0.007	0.29
机械 垂直运输费	元			12.00		12.00		12.00		12.00
机械 石料切割机	台班	15.00	0.17	2.55	0.17	2.55	0.17	2.55	0.17	2.55

注：挂贴大理石的钢筋按设计量加2%损耗进行调整。

工作内容：1．清理、修补、湿润基层表面、预埋铁件、制作安装钢筋网、电焊固定。
　　　　　2．选料湿水、钻孔成槽、镶贴面层及阴阳角、穿线固定。

计量单位：10m²

定额编号			2-16	
项目	单位	单价	挂贴大理石	
			灌缝砂浆50mm厚	
			零星项目	
			数量	合价
基价		元	3368.72	
其中	人工费	元	250.75	
	材料费	元	3085.56	
	机械费	元	32.41	
综合工日	工日	25.00	10.03	250.75
材料	大理石	m²	230.00	11.77	2707.10
	水泥砂浆（1∶2）	m	192.55	0.592	113.99
	素水泥浆	m	379.76	0.01	3.80
	钢筋（ϕ6.5）	t	3000.00	0.015	45.00
	铁件制安	kg	4.14	3.058	12.66
	铁膨胀螺栓（M10×100）	套	1.05	92.00	96.60
	铜丝	kg	31.00	0.777	24.09
	电焊条	kg	7.84	0.266	2.09
	白水泥	kg	0.58	1.50	0.87
	白金钢钻头	支	30.99	1.15	35.64
	白金钢切割锯片	片	56.73	0.349	19.80
	硬蜡	kg	4.88	0.39	1.90
	草酸	kg	6.30	0.119	0.75
	煤油	kg	2.49	0.518	1.29
	棉纱头	kg	6.04	0.125	0.76
	水	m³	0.99	0.159	0.16
	其他材料费	元			19.06
机械	电锤（520W）	台班	9.00	1.15	10.35
	灰浆拌合机（200L）	台班	45.00	0.099	4.46
	交流电焊机（30kVA）	台班	95.00	0.026	2.47
	钢筋吊直机（ϕ14）	台班	41.00	0.007	0.29
	其他运输费（ϕ40）	台班	41.00	0.007	0.29
	垂直运输费	元			12.00
	石料切割机	台班	15.00	0.17	2.55

注：门窗套挂贴大理石按零星项目执行。

工作内容：1. 清理基层、调运砂浆、打底刷浆。

2. 镶贴块料面层、砂浆灌缝（勾缝）。

3. 磨光、擦缝、打蜡养护。

计量单位：10m²

定额编号			2—17		2—18		2—19		2—20	
项目	单位	单价	拼碎大理石				粘贴大理石			
			砖墙面		混凝土墙面		墙面		零星项目	
			数量	合价	数量	合价	数量	合价	数量	合价
基价	元		593.94		597.47		2736.11		3037.07	
其中 人工费	元		267.75		267.75		213.50		236.50	
其中 材料费	元		313.37		317.17		2508.53		2786.35	
其中 机械费	元		12.82		12.55		14.08		14.22	
综合工日	工日	25.00	10.71	267.75	10.71	267.75	8.54	213.50	9.46	236.50
材料 碎花岗石板	m²	25.00	9.60	240.00	9.60	240.00				
水泥砂浆	m³	227.72	0.005	1.14	0.005	1.14				
水泥砂浆	m³	192.55	0.111	21.37	0.111	21.37				
白水浆	kg	0.58					1.50	0.87	1.70	0.99
合金钢切割锯片	片	56.73					0.269	15.26	0.299	16.96
煤油	kg	2.49					0.40	1.00	0.444	1.11
其他材料费	元							13.43		17.15
大理石	m²	230.00					10.20	2346.0	11.32	2603.6
水泥砂浆	m³	160.67	0.111	17.83	0.001	17.83	0.133	21.37	0.148	23.78
素水砂浆	m³	379.76	0.01	3.80	0.02	7.60				
107胶水	块	2.79	0.248	0.69	0.248	0.69				
金刚石	kg	8.96	2.10	18.82	2.10	18.82				
干粉型粘接剂	kg	1.58					68.25	107.84	75.76	119.70
硬蜡	kg	4.88	0.50	2.44	0.50	2.44	0.265	1.29	0.294	1.43
草酸	kg	6.30	0.30	1.89	0.30	1.89	0.10	0.63	0.111	0.70
松节油	kg	3.00	1.50	4.50	1.50	4.50	0.06	0.18	0.067	0.20
锡纸	kg	7.14	0.03	0.21	0.03	0.21				
棉纱头	kg	6.04	0.10	0.60	0.10	0.60	0.10	0.60	0.111	0.67
水	m³	0.99	0.083	0.08	0.083	0.08	0.059	0.06	0.063	0.06
机械 灰浆拌合机	台班	45.00	0.046	2.07	0.04	1.80	0.034	1.53	0.037	1.67
垂直运输费	元			10.00		10.00		10.00		10.00
石料切割机	台班	15.00	0.05	0.75	0.05	0.75	0.17	2.55	0.17	2.55

注：门窗套粘贴大理石按零星项目执行。

工作内容：1. 清理基层、调运砂浆、打底刷浆。

2. 镶贴块料面层、刷粘接剂、切割面料。

3. 磨光、擦缝、打蜡养护。

计量单位：10m²

定额编号			2-21		2-22		2-23	
项目	单位	单价	粘贴大理石					
			水泥砂浆粘贴					
			砖墙面		混凝土墙面		零星项目	
			数量	合价	数量	合价	数量	合价
基价	元		2688.42		2718.36		2984.24	
其中 人工费	元		211.00		255.50		235.50	
材料费	元		2463.83		2479.41		2734.97	
机械费	元		13.59		13.45		13.77	
综合工日	工日	25.00	8.44	211.00	9.02	225.50	9.42	235.50
材料 大理石	m²	230.00	10.20	2346.00	10.20	2346.00	11.32	2603.60
水泥砂浆（1:2:5）	m	181.17	0.067	12.14	0.067	12.14	0.074	13.41
水泥砂浆（1:3）	m	160.67	0.133	21.37	0.111	17.83	0.148	23.78
白水泥	kg	0.58	1.50	0.87	1.50	0.87	1.70	0.99
YJ-Ⅲ粘接剂	kg	12.14	4.20	50.99	4.20	50.99	4.662	56.60
BJ-302粘接剂	kg	12.14			1.575	19.12		
合金钢切割锯片	片	56.73	0.269	15.26	0.269	15.26	0.269	15.26
硬蜡	kg	4.88	0.265	1.29	0.265	1.29	0.294	1.43
草酸	kg	6.30	0.10	0.63	0.10	0.63	0.111	0.70
煤油	kg	2.49	0.40	1.00	0.40	1.00	0.44	1.10
松节油	kg	3.00	0.06	0.18	0.06	0.18	0.067	0.20
棉纱头	kg	6.04	0.10	0.60	0.10	0.60	0.111	0.67
水	m	0.99	0.07	0.07	0.07	0.07	0.078	0.08
其他材料费	元			13.43		13.43		17.15
机械 灰浆拌合机（200L）	台班	45.00	0.033	1.49	0.03	1.35	0.037	1.67
垂直运输费	元			10.00		10.00		10.00
石料切割机	台班	15.00	0.14	2.10	0.14	2.10	0.14	2.10

注：门窗套挂贴大理石按零星项目执行。

工作内容:1.清理基层、清洗大理石、钻孔成槽、安铁件（螺栓）、挂大理石。
2.刷胶、清理面层、打蜡。

计量单位:10m²

定额编号			2—24		2—25		2—26		2—27	
			干挂大理石							
项目	单位	单价	内墙面		外墙面				柱面	
					密缝		勾缝			
			数量	合价	数量	合价	数量	合价	数量	合价
基价	元		3132.32		3375.92		3564.53		3362.10	
其中 人工费	元		253.75		244.75		302.75		286.50	
材料费	元		2843.84		3101.69		3232.57		3038.08	
机械费	元		34.73		29.48		29.21		37.52	
综合工日	工日	25.00	10.15	253.75	9.79	244.75	12.11	302.75	11.46	286.50
材料 大理石	m²	230.00	10.20	2346.0	10.20	2346.0	10.02	2304.6	10.20	2346.0
铁膨胀螺栓(M14×130)	套	2.94	113.30	333.10	66.10	194.33	64.20	188.75	154.00	452.76
铝合金条（4mm）	m	5.50	15.862	87.24					23.80	130.90
合金钢钻头	支	30.99	1.403	43.48	0.826	25.60	0.803	24.88	2.084	64.58
合金钢切割锯片	片	56.73	0.269	15.26	0.269	15.26	0.261	14.81	0.349	19.80
F130密封胶	支	30.80					5.26	162.01		
不锈钢连接件	片	4.09			66.10	270.35	64.20	262.58		
不锈钢六角螺栓(M10×40)	套	2.78			66.10	183.76	64.20	178.48		
φ4不锈钢连接件	根	0.25			66.10	16.53	64.20	16.05		
φ10泡沫条	m	1.10					28.68	31.55		
干挂云石胶（AB胶）	组	250.80			0.124	31.10	0.12	30.10		
草酸	kg	6.30	0.10	0.63	0.10	0.63	0.10	0.63	0.13	0.82
硬蜡	kg	4.88	0.265	1.29	0.265	1.29	0.265	1.29	0.343	1.67
煤油	kg	2.49	0.40	1.00	0.40	1.00	0.40	1.00	0.518	1.29
松节油	kg	3.00	0.06	0.18	0.06	0.18	0.06	0.18	0.078	0.23
棉纱头	kg	6.04	0.10	0.60	0.10	0.60	0.10	0.60	0.13	0.79
水	m³	0.99	0.142	0.14	0.142	0.14	0.142	0.14	0.183	0.18
其他材料费	元			14.92		14.92		14.92		19.06
机械 垂直运输费	元			10.00		10.00		10.00		10.00
石料切割机	台班	15.00	0.14	2.10	0.14	2.10	0.14	2.10	0.208	3.12
电锤（520W）	台班	9.00	1.403	12.63	0.82	7.38	0.79	7.11	1.60	14.40
其他机械费	元			10.00		10.00		10.00		10.00

注:1.勾缝宽6mm以内为准，超过者花岗岩、密封胶用量换算。
2.不锈钢、连接件、连接螺栓、插棍按设计用量调整。
3.大理石上钻孔成槽由供货商完成的，基价中每10m²应扣除人工10%，其他机械费10元。

2. 花岗岩

工作内容:1. 清理、修补基层表面、预埋铁件、制作安装钢筋网、电焊固定。
　　　　　2. 选料湿水、钻孔成槽、镶贴面层及阴阳角、穿丝固定。
　　　　　3. 调运灌砂浆、磨光打蜡、擦缝、养护。

计量单位:10m²

定额编号			2-28		2-29		2-30		2-31	
项目	单位	单价	挂贴花岗岩板							
			灌缝砂浆50mm厚							
			砖墙		混凝土墙		砖柱面		混凝土柱面	
			数量	合价	数量	合价	数量	合价	数量	合价
基价	元		3732.91		3819.08		3781.92		3955.62	
其中　人工费	元		227.75		232.75		255.50		283.00	
材料费	元		3484.57		3559.89		3505.86		3640.48	
机械费	元		20.59		26.44		20.56		32.14	
综合工日	工日	25.00	9.11	277.75	9.31	232.75	10.22	255.50	11.32	283.00
材料　水泥砂浆(1:2:5)	m	181.17	0.555	100.55	0.555	100.55	0.555	100.55	0.555	100.55
素水泥浆	m	379.76	0.01	3.80	0.01	3.80	0.10	3.80	0.01	3.80
花岗岩	m²	320.00	10.20	3264.0	10.20	3264.0	10.20	3264.0	10.20	3264.0
钢筋(φ6.5)	t	3000.00	0.011	33.00	0.011	33.00	0.015	45.00	0.015	45.00
铁件	kg	4.14	3.487	14.44	3.487	14.44	3.059	12.66	3.059	12.66
铁膨胀螺栓(M10×100)	套	1.05			52.40	55.02			92.00	96.60
铜丝	kg	31.00	0.777	24.09	0.777	24.09	0.777	24.09	0.777	24.09
电焊条	kg	7.84	0.151	1.18	0.151	1.18	0.133	1.04	0.266	2.09
白水泥	kg	0.58	1.50	0.87	1.50	0.87	1.90	1.10	1.90	1.10
白金钢钻头	支	30.99			0.655	20.30			1.15	35.64
白金钢切割锯片	片	56.73	0.421	23.88	0.421	23.88	0.525	29.78	0.545	30.92
硬蜡	kg	4.88	0.265	1.29	0.265	1.29	0.33	1.61	0.343	1.67
草酸	kg	6.30	0.10	0.63	0.10	0.63	0.125	0.79	0.13	0.82
煤油	kg	2.49	0.40	1.00	0.40	1.00	0.499	1.24	0.518	1.29
松节油	kg	3.00	0.06	0.18	0.06	0.18	0.075	0.23	0.078	0.23
棉纱头	kg	6.04	0.10	0.60	0.10	0.60	0.125	0.76	0.133	0.80
水	m³	0.99	0.141	0.14	0.141	0.14	0.155	0.15	0.159	0.16
其他材料费	元			14.92		14.92		19.06		19.06
机械　电锤(520W)	台班	9.00			0.65	5.85			1.15	10.35
灰浆拌合机(200L)	台班	45.00	0.093	4.19	0.093	4.19	0.093	4.19	0.093	4.19
交流电焊机(30kVA)	台班	95.00	0.015	1.43	0.015	1.43	0.013	1.24	0.026	2.47
钢筋吊直机(φ14)	台班	41.00	0.005	0.21	0.005	0.21	0.007	0.29	0.007	0.29
其他运输费(φ40)	台班	41.00	0.005	0.21	0.005	0.21	0.007	0.29	0.007	0.29
垂直运输费	元			12.00		12.00		12.00		12.00
石料切割机	台班	15.00	0.17	2.55	0.17	2.55	0.17	2.55	0.17	2.55

工作内容：1.清理、修补、湿润基层表面、预埋铁件、制作安装钢筋网、电焊固定。
　　　　　2.选料湿水、钻孔成槽、镶贴面层及阴阳角、穿丝固定。
　　　　　3.调运灌砂浆、磨光打蜡、擦缝、养护。

计量单位：10m²

定额编号			2—32	
项目	单位	单价	挂贴花岗岩	
			灌缝砂浆50mm厚	
			零星项目	
			数量	合价
基价		元	4443.95	
其中	人工费	元	255.00	
	材料费	元	4156.09	
	机械费	元	32.86	
综合工日	工日	25.00	10.20	255.00
材料	花岗岩	m²	320.00	11.77	3766.40
	水泥砂浆（1：2）	m	192.55	0.592	113.99
	素水泥浆	m	379.76	0.01	3.80
	钢筋（φ6.5）	t	3000.00	0.015	45.00
	铁件	kg	4.14	3.059	12.66
	铁膨胀螺栓（M10×100）	套	1.05	92.00	96.60
	铜丝	kg	31.00	0.777	24.09
	电焊条	kg	7.84	0.266	2.09
	白水泥	kg	0.58	1.50	0.87
	白金钢钻头	支	30.99	1.15	35.64
	白金钢切割锯片	片	56.73	0.545	30.92
	硬蜡	kg	4.88	0.39	1.90
	草酸	kg	6.30	0.13	0.82
	煤油	kg	2.49	0.518	1.29
	棉纱头	kg	6.04	0.133	0.80
	水	m³	0.99	0.159	0.16
	其他材料费	元			19.06
机械	电锤（520W）	台班	9.00	1.15	10.35
	灰浆拌合机（200L）	台班	45.00	0.099	4.46
	交流电焊机（30kVA）	台班	95.00	0.026	2.47
	钢筋吊直机（φ14）	台班	41.00	0.007	0.29
	其他运输费（φ40）	台班	41.00	0.007	0.29
	垂直运输费	元			12.00
	石料切割机	台班	15.00	0.20	3.00

注：门窗套挂贴花岗岩按零星项目执行。

工作内容：1. 清理基层、调运砂浆、打底刷浆。

2. 镶贴块料面层、砂浆灌缝。

3. 磨光、擦缝、打蜡养护。

计量单位：10m²

定额编号			2-33		2-34		2-35		2-36	
项目	单位	单价	拼碎花岗岩				粘贴花岗岩			
							零星项目			
			砖墙面		混凝土墙面		水泥砂浆粘贴		干粉型粘接剂	
			数量	合价	数量	合价	数量	合价	数量	合价
基价		元	598.84		602.37		4005.54		4055.87	
其中 人工费		元	272.50		272.50		235.00		236.50	
材料费		元	313.37		317.17		3756.32		3805.15	
机械费		元	12.97		12.70		14.22		14.22	
综合工日	工日	25.00	10.90	272.50	10.90	272.50	9.40	235.00	9.46	236.50
材料 其他材料费	元							17.15		17.15
水泥砂浆（1：3）	m³	160.67	0.111	17.83	0.111	17.83	0.148	23.78	0.148	23.78
水泥砂浆（1：2）	m³	192.55	0.111	21.27	0.111	21.37	0.074	14.25		
水泥砂浆（1：1）	m³	227.72	0.005	1.14	0.005	1.14				
素水泥浆	m³	379.76	0.01	3.80	0.02	7.60				
107胶水	kg	2.79	0.248	0.69	0.248	0.69				
碎花岗岩板	m²	25.00	9.60	240.00	9.60	240.00				
金刚石	块	8.96	2.10	18.82	2.10	18.82				
花岗岩板	m²	320.00					11.32	3622.4	11.32	3622.4
YJ-Ⅲ粘接剂	kg	12.14					4.662	56.60		
干粉型粘接剂	kg	1.58							75.758	119.70
白水泥	kg	0.58					1.70	0.99	1.70	0.99
白金钢切割锯片	片	56.73					0.299	19.96	0.299	16.96
草酸	kg	6.30	0.30	1.89	0.30	1.89	0.111	0.70	0.111	0.70
硬蜡	kg	4.88	0.50	2.44	0.50	2.44	0.294	1.43	0.294	1.43
松节油	kg	3.00	1.50	4.50	1.50	4.50	0.067	0.20	0.067	0.20
锡纸	kg	7.14	0.03	0.21	0.03	0.21				
煤油	kg	2.49					0.444	1.11	0.444	1.11
棉纱头	kg	6.04	0.10	0.60	0.10	0.60	0.111	0.67	0.111	0.67
水	m³	0.99	0.08	0.08	0.08	0.08	0.078	0.08	0.059	0.06
机械 灰浆拌合机（200L）	台班	45.00	0.046	2.07	0.04	1.80	0.037	1.67	0.037	1.67
垂直运输费	元			10.00		10.00		10.00		10.00
石料切割机	台班	15.00	0.06	0.90	0.06	0.90	0.17	2.55	0.17	2.55

注：门窗套挂贴花岗岩按零星项目执行。

工作内容：1. 清理基层、清洗花岗岩、钻孔成槽、安装螺栓、挂花岗岩。

2. 勾缝刷胶、清洁面层、打蜡。

计量单位：10m²

定额编号			2-37		2-38		2-39		2-40	
			干挂花岗岩							
项目	单位	单价	内墙面		外墙面				柱面	
					密缝		勾缝			
			数量	合价	数量	合价	数量	合价	数量	合价
基价		元	4062.93		4306.44		4478.30		4299.42	
其中 人工费		元	256.75		247.75		305.75		290.50	
材料费		元	3770.55		4028.31		4142.41		3967.20	
机械费		元	35.63		30.38		30.14		41.72	
综合工日	工日	25.00	10.27	256.75	9.91	247.75	12.23	305.75	11.62	290.50
材料 花岗岩	m²	320.00	10.20	3264.0	10.20	3264.0	10.02	3206.4	10.20	3264.0
铁膨胀螺栓 (M14×130)	套	2.94	113.30	333.10	66.20	194.33	64.20	188.75	154.00	452.76
铝合金条（4mm）	m	5.50	15.862	87.24					23.80	130.90
合金钢钻头	支	30.99	1.406	43.57	0.826	25.60	0.793	24.58	2.084	64.58
合金钢切割锯片	片	56.73	0.421	23.88	0.421	23.88	0.408	23.15	0.545	30.92
F130密封胶	支	30.80					5.26	162.01		
不锈钢连接件	片	4.09			66.10	270.35	64.20	262.58		
φ4不锈钢插棍	根	0.25			66.10	16.53	64.20	16.05		
不锈钢六角螺栓 (M10×40)	套	2.78			66.10	183.76	64.20	178.48		
φ10泡沫条	m	1.10					28.68	31.55		
干挂云石胶（AB胶）	组	250.80			0.124	31.10	0.12	30.10		
草酸	kg	6.30	0.10	0.63	0.10	0.63	0.10	0.63	0.13	0.82
硬蜡	kg	4.88	0.265	1.29	0.265	1.29	0.265	1.29	0.343	1.67
煤油	kg	2.49	0.40	1.00	0.40	1.00	0.40	1.00	0.518	1.29
松节油	kg	3.00	0.06	0.18	0.06	0.18	0.06	0.18	0.078	0.23
棉纱头	kg	6.04	0.10	0.60	0.10	0.60	0.10	0.60	0.13	0.79
水	m³	0.99	0.142	0.14	0.142	0.14	0.142	0.14	0.183	0.18
其他材料费	元			14.92		14.92		14.92		19.06
机械 垂直运输费	元			10.00		10.00		10.00		10.00
石料切割机	台班	15.00	0.20	3.00	0.20	3.00	0.20	3.00	0.20	3.00
电锤（520W）	台班	9.00	1.403	12.63	0.82	7.38	0.793	7.14	2.08	18.72
其他机械费	元			10.00		10.00		10.00		10.00

注：1. 勾缝宽以6mm以内为准，超过者花岗岩、密封胶用量换算。

2. 不锈钢连接件、连接螺栓、插棍应按设计用量调整。

3. 干挂金山石（120mm厚）按相应干挂花岗岩板的项目执行，人工乘以系数1.2，垂直运输乘以系数2.0，取消砂轮切割机和切割锯片，花岗岩单价应换算（278.10元/10m²），其他不变。

4. 若花岗岩板上钻孔成槽由供货商完成，则相应定额子目中应扣除10%人工费和其他机械费。

5. 内墙面瓷砖

工作内容：1. 清理、修补基层表面、打底抹灰、砂浆找平。
2. 选料、抹结合层、贴瓷砖、擦缝、清洁面层。

计量单位：10m²

定额编号			2-54		2-55		2-56		2-57	
项目	单位	单价	瓷砖152mm×152mm以下						瓷砖阴阳角（压顶线）	
			砂浆粘贴						每10m	
			墙面墙裙		柱面		零星项目			
			数量	合价	数量	合价	数量	合价	数量	合价
基价	元		435.48		446.07		522.83		30.33	
其中 人工费	元		147.00		143.75		203.75		13.75	
其中 材料费	元		278.68		292.52		309.28		15.99	
其中 机械费	元		9.80		9.80		9.80		0.59	
综合工日	工日	25.00	5.88	147.00	5.75	143.75	8.15	203.75	0.55	3.75
材料 白瓷砖 (152mm×152mm)	块	0.53	448.00	237.44	470.00	249.10	497.00	263.41		
材料 混合砂浆 (1:0:1:2:5)	m³	175.28	0.061	10.69	0.064	11.22	0.068	11.92		
材料 阴阳角瓷片 (152mm×40mm)	块	0.42							35.00	14.70
材料 水泥砂浆 (1:3)	m³	160.67	0.153	24.58	0.16	25.71	0.17	27.31	0.008	1.29
材料 素水泥浆	m³	379.76	0.01	3.80	0.011	4.18	0.011	4.18		
材料 白水泥	kg	0.58	1.50	0.87	1.60	0.93	1.70	0.99		
材料 107胶水	kg	2.79	0.221	0.62	0.232	0.65	0.245	0.68		
材料 棉纱头	kg	6.04	0.10	0.60	0.105	0.63	0.111	0.67		
材料 水	m³	0.99	0.081	0.08	0.099	0.10	0.121	0.12		
材料 素水泥浆		379.76	(0.051)	(19.37)	(0.054)	(21.51)	(0.057)	(21.65)	(0.002)	(0.76)
机械 灰浆拌合机 (200L)	台班	45.00	0.04	1.80	0.04	1.80	0.04	1.80	0.002	0.09
机械 垂直运输费	元			8.00		8.00		8.00		0.50

注：1. 如瓷砖规格与定额不同时瓷砖应调整。贴108mm×108mm瓷砖时，人工系数1.50，其他不变。
2. 如贴面砂浆用素水泥浆，基价中应扣除混合砂浆、增加括号内的价格。
3. 墙面、柱面贴瓷砖阴阳角时，每10m阴阳角应扣除152mm×152mm瓷砖18块或108mm×108mm瓷砖41块。

工作内容：同前。

计量单位：10m²

定额编号				2-58		2-59		2-60		2-61	
项目	单位	单价		瓷砖152mm×152mm以下						瓷砖阴阳角 （压顶线）	
				干粉型粘接剂粘贴						每10m	
				墙面墙裙		柱面		零星项目			
				数量	合价	数量	合价	数量	合价	数量	合价
基价		元		503.09		541.86		600.43		35.48	
其中	人工费	元		162.25		184.75		225.75		16.25	
	材料费	元		331.13		347.58		365.06		18.64	
	机械费	元		9.71		9.53		9.62		0.59	
综合工日		工日	25.00	6.49	162.25	7.39	184.75	9.03	225.75	0.65	16.25
材料	白瓷砖 (152mm×152mm)	块	0.53	448.00	237.44	470.00	249.10	497.00	263.41		
	阴阳角瓷片 (152mm×40mm)	块	0.42							35.00	14.70
	水泥砂浆（1：3）	m³	160.67	0.133	21.37	0.139	22.33	0.133	21.37	0.008	1.29
	素水泥浆	m³	379.76	0.01	3.80	0.011	4.18	0.011	4.18		
	白水泥	kg	0.58	1.50	0.87	1.60	0.93	1.70	0.99		
	107胶水	kg	2.79	0.221	0.62	0.232	0.65	0.245	0.68		
	干粉型粘结剂	kg	1.58	42.00	66.36	44.10	69.68	46.62	73.66	1.68	2.65
	棉纱头	kg	6.04	0.10	0.60	0.105	0.63	0.111	0.67		
	水	m³	0.99	0.067	0.07	0.083	0.08	0.104	0.10		
机械	灰浆拌合机（200L）	台班	45.00	0.038	1.71	0.034	1.53	0.036	1.62	0.002	0.09
	垂直运输费	元			8.00		8.00		8.00		0.50

注：同前附注1.3。

第三章　天棚工程（节选）

一、天棚龙骨

1.方木龙骨

工作内容：制作、安装木楞、刷防腐油等全部操作过程。

计量单位：10m²

定额编号			3-1		3-2		3-3		3-4	
项目	单位	单价	搁在墙上或混凝土梁上（跨度在）				吊在混凝土楼板下			
			3.0m内		3.0m外		面层规格 300mm×300mm		面层规格 400mm×400mm	
			数量	合价	数量	合价	数量	合价	数量	合价
基价	元		273.94		316.87		333.91		265.41	
其中　人工费	元		30.75		31.75		52.50		50.00	
其中　材料费	元		233.68		275.67		269.68		203.68	
其中　机械费	元		9.51		9.45		11.73		11.73	
综合工日	工日	25.00	1.23	30.75	1.27	31.75	2.10	52.50	2.00	50.00
材料　普通成材大龙骨	m³	1200.00	0.086	103.20	0.102	122.40	0.036	43.201	0.0260	31.20
普通成材中龙骨	m³	1200.00	0.063	75.60	0.075	90.00	0.161	193.20 25.20	0.124 0.013	148.80
普通成材吊筋	m³	1200.00	0.039	46.80	0.046	55.20	0.0210	0.12	0.09	15.60
防腐油	kg	1.38	0.09	0.12	0.08	0.11	0.09			0.12
铁钉	kg	7.00	0.46	3.22	0.046	3.22	0.46	3.224	0.46	3.22
其他材料费	元			4.74		4.74		4.74		4.74
机械　垂直运输费	元	28.00	0.011	2.00	0.009	2.00	0.06	2.00	0.06	2.00
圆锯机	台班			0.31		0.25		1.68		1.68
其他机械费	元			7.20		7.20		8.05		8.05

注：1.木吊筋高度的取定：3-1、2子目为450mm，断面按50mm×50mm，段3-3、4子目为300mm，断面按50mm×40mm设计高度，断面不同，按比例调整吊筋用量。

2.设计采用钢筋吊筋，应扣除定额中木吊筋及大龙骨含量，钢筋吊筋按"附表天棚吊筋"定额执行。

3.木吊筋按简单型考虑，复杂型按相应项目人工乘以1.20系数，增加普通成材0.02m³/10m²。

2. 轻钢龙骨

工作内容：1. 吊顶加工、安装。

2. 定位、弹线、安装吊筋。

3. 选料、下料、定位杆控制高度、平整、安装龙骨及横撑附件等。

4. 临时加固、调整、校正。

5. 预留位置、整体调整。

计量单位：10m²

定额编号				3—5		3—6		3—7		3—8	
项目	单位	单价		装配置U形（不上人型）轻钢龙骨							
				面层规格300mm×300mm				面层规格400mm×400mm			
				简单		复杂		简单		复杂	
				数量	合价	数量	合价	数量	合价	数量	合价
基价		元		470.91		485.72		384.10		446.06	
其中	人工费	元		56.25		62.75		52.50		60.00	
	材料费	元		406.66		414.97		323.60		378.06	
	机械费	元		8.00		8.00		8.00		8.00	
综合工日		工日	25.00	2.25	56.25	2.51	62.75	2.10	52.50	2.40	60.00
材料	普通成材	m³	1200.00			0.007	8.40			0.007	8.40
	大龙骨	m	4.27	13.68	58.41	18.64	79.59	13.86	59.18	18.67	79.72
	中龙骨	m	2.94	18.74	55.10	17.49	51.42	30.06	88.38	32.42	95.31
	小龙骨	m	2.21	20.30	44.86	20.04	44.29			3.67	8.11
	中龙骨横撑	m	2.94	40.92	120.30	34.68	101.96	29.98	88.14	26.20	77.03
	边龙骨横撑	m	2.94							2.18	6.41
	主接件	只	0.62	6.00	3.72	10.00	6.20	5.00	3.10	10.00	6.20
	次接件	只	0.77	9.00	6.93	9.00	6.93	11.00	8.47	18.00	13.86
	小接件	只	0.31	9.00	2.79	9.00	2.79			1.43	0.44
	大龙骨垂直吊件	只	0.46	15.00	6.90	19.00	8.74	17.00	7.82	20.00	9.20
	中龙骨垂直吊件	只	0.41	23.00	9.43	32.00	13.12	37.00	15.17	48.00	19.68
	小龙骨垂直吊件	只	0.36	25.00	9.00	34.00	12.24			13.00	4.68
	中龙骨平面连接件	只	0.36	121.00	43.56	96.00	34.56	135.00	48.60	123.00	44.28
	小龙骨平面连接件	只	0.31	132.00	40.92	129.00	39.99				
	其他材料费	元			4.74		4.74		4.74		4.74
机械	垂直运输费	元			4.00		4.00		4.00		4.00
	其他机械费	元			4.00		4.00		4.00		4.00

工作内容：同前。

计量单位：10m²

定额编号			3—9		3—10		3—11		3—12	
项目	单位	单价	装配置U形（不上人型）轻钢龙骨							
			面层规格400mm×600mm				面层规格600mm×600mm			
			简单		复杂		简单		复杂	
			数量	合价	数量	合价	数量	合价	数量	合价
基价	元		339.16		364.81		291.92		319.81	
其中 人工费	元		55.00		61.25		51.50		55.75	
材料费	元		277.16		296.56		234.42		258.06	
机械费	元		7.00		7.00		6.00		6.00	
综合工日	工日	25.00	2.20	55.00	2.45	61.25	2.06	51.50	2.23	55.75
材料 普通成材	m³	1200.00			0.007	8.40			0.007	8.40
大龙骨	m	4.27	13.86	59.18	18.64	79.59	13.18	56.28	17.80	76.01
中龙骨	m	2.94	25.05	73.65	21.36	62.80	20.67	60.77	14.52	42.69
小龙骨	m	2.21			3.40	7.51			3.40	7.51
中龙骨横撑	m	2.94	25.61	75.29	20.58	60.51	21.95	64.53	16.39	48.19
边龙骨横撑	m	2.94			2.02	5.94			3.03	8.91
主接件	只	0.62	5.00	3.10	10.00	6.20	5.00	3.10	10.00	6.20
次接件	只	0.77	9.00	6.93	12.00	9.24	7.00	5.39	17.20	13.24
小接件	只	0.31			1.30	0.40			1.30	0.40
大龙骨垂直吊件	只	0.42	16.00	6.72	20.00	8.40	14.80	6.22	18.90	7.94
中龙骨垂直吊件	只	0.41	30.80	12.63	33.00	13.53	22.60	9.27	28.10	11.52
小龙骨垂直吊件	只	0.36			12.50	4.50			12.50	4.50
中龙骨平面连接件	只	0.36	97.00	34.92	58.10	20.92	67.00	24.12	38.70	13.93
小龙骨平面连接件	只	0.31			12.50	3.88			12.50	3.88
其他材料费	元			4.74		4.74		4.74		4.74
机械 垂直运输费	元			4.00		4.00		4.00		4.00
其他机械费	元			3.00		3.00		2.00		2.00

注：面层规格500mm×500mm执行3—9、3—10子目，600mm×600mm执行3—11、3—12子目。

工作内容：同前。

计量单位：10m²

定额编号			3-13		3-14		3-15		3-16	
项目	单位	单价	装配置U形（上人型）轻钢龙骨							
			面层规格300mm×300mm				面层规格400mm×400mm			
			简单		复杂		简单		复杂	
			数量	合价	数量	合价	数量	合价	数量	合价
基价	元		552.25		591.67		499.73		554.58	
其中 人工费	元		59.25		65.75		56.25		62.50	
材料费	元		485.00		517.92		435.48		484.08	
机械费	元		8.00		8.00		8.00		8.00	
综合工日	工日	25.00	2.37	59.25	2.63	65.75	2.25	56.25	2.50	62.50
材料 普通成材	m³	1200.00	0.001	1.20	0.007	8.40	0.001	1.20	0.007	8.40
大龙骨	m	8.76	14.37	125.88	19.33	169.33	14.42	126.32	19.37	169.68
中龙骨	m	2.94	19.00	55.86	17.75	52.19	36.85	108.34	33.54	98.61
小龙骨	m	2.21	20.30	44.86	20.04	44.29			3.67	8.11
中龙骨横撑	m	2.94	40.92	120.30	34.68	101.96	28.37	83.41	26.20	77.03
边龙骨横撑	m	2.94							2.18	6.41
主接件	只	0.93	6.00	5.58	10.00	9.30	7.00	6.51	10.00	9.30
次接件	只	0.77	9.00	6.93	9.00	6.93	18.00	13.86	18.00	13.86
小接件	只	0.31	9.00	2.79	9.00	2.79			1.43	0.44
大龙骨垂直吊件	只	0.93	15.00	13.95	19.00	17.67	18.00	16.74	20.00	18.60
中龙骨垂直吊件	只	0.41	23.00	9.43	33.00	13.53	44.40	18.20	48.63	19.94
小龙骨垂直吊件	只	0.36	25.00	9.00	34.00	12.24			13.00	4.68
中龙骨平面连接件	只	0.36	121.00	43.56	96.00	34.56	156.00	56.16	123.00	44.28
小龙骨平面连接件	只	0.31	132.00	40.92	129.00	39.99				
其他材料费	元			4.74		4.74		4.74		4.74
机械 垂直运输费	元			4.00		4.00		4.00		4.00
其他机械费	元			4.00		4.00		4.00		4.00

工作内容：同前。

计量单位：10m²

定额编号			3-17		3-18		3-19		3-20	
项目	单位	单价	装配置U形（上人型）轻钢龙骨							
			面层规格400mm×600mm				面层规格600mm×600mm			
			简单		复杂		简单		复杂	
			数量	合价	数量	合价	数量	合价	数量	合价
基价	元		391.25		473.65		315.99		423.43	
其中 人工费	元		57.75		65.00		52.25		59.00	
材料费	元		326.50		401.65		257.74		358.43	
机械费	元		7.00		7.00		6.00		6.00	
综合工日	工日	25.00	2.31	57.75	2.60	65.00	2.09	52.25	2.36	59.00
材料 普通成材	m³	1200.00	0.001	1.20	0.007	8.40	0.001	1.20	0.007	8.40
大龙骨	m	8.76	14.38	125.97	19.37	169.68	13.20	115.63	18.50	162.06
中龙骨	m	2.94	23.40	68.80	21.62	63.56	15.63	45.95	14.78	43.45
小龙骨	m	2.21			3.40	7.51			3.40	7.51
中龙骨横撑	m	2.94	20.78	61.09	20.58	60.51	14.81	43.54	16.40	48.22
边龙骨横撑	m	2.94			2.02	5.94			3.03	8.91
主接件	只	0.93	7.00	6.51	10.00	9.30	6.50	6.05	10.00	9.30
次接件	只	0.77	12.00	9.24	12.00	9.24	6.50	5.01	17.20	13.24
小接件	只	0.31			1.30	0.40			1.30	0.40
大龙骨垂直吊件	只	0.93	18.00	16.74	20.00	18.60	15.70	14.60	18.90	17.58
中龙骨垂直吊件	只	0.41	25.00	10.25	33.00	13.53	17.20	7.05	28.50	11.69
小龙骨垂直吊件	只	0.36			13.00	4.68			12.50	4.50
中龙骨平面连接件	只	0.36	61.00	21.96	58.00	20.88	38.80	13.97	38.70	13.93
小龙骨平面连接件	只	0.36			13.00	4.68			12.50	4.50
其他材料费	元			4.74		4.74		4.74		4.74
机械 垂直运输费	元			4.00		4.00		4.00		4.00
其他机械费	元			3.00		3.00		2.00		2.00

注：面层规格500mm×500mm执行3-17、3-18子目，600mm×600mm执行3-19、3-20子目。

二、天棚面层及饰面

1. 三夹板面层

工作内容：安装天棚面层，清理表面等全部操作过程。

计量单位：10m²

定额编号			3—41		3—42		3—43	
项目	单位	单价	三夹板面层安装在木龙骨上					
			平面		分缝		凹凸	
			数量	合价	数量	合价	数量	合价
基价	元		192.05		194.30		206.54	
其中 人工费	元		30.25		32.50		36.25	
材料费	元		159.80		159.80		168.29	
机械费	元		2.00		2.00		2.00	
综合工日	工日	25.00	1.21	30.25	1.30	32.50	1.45	36.25
材料 普通成材	m³	1200.00					0.001	1.20
三夹板	m²	14.59	10.50	153.20	10.50	153.20	11.00	160.49
聚醋酸乙烯乳液	kg	8.40	0.31	2.60	0.31	2.60	0.31	2.60
其他材料费	元			4.00		4.00		4.00
机械 垂直运输费	元			2.00		2.00		2.00

注：凹凸是指龙筋不在同一平面上的项目。

2. 五夹板面层

工作内容：同前。

计量单位：10m²

定额编号			3-44		3-45		3-46	
项目	单位	单价	五夹板面层安装在木龙骨上					
			平面		分缝		凹凸	
			数量	合价	数量	合价	数量	合价
基价		元	287.81		290.06		307.12	
其中 人工费		元	30.25		32.50		36.25	
其中 材料费		元	255.56		255.56		268.87	
其中 机械费		元	2.00		2.00		2.00	
综合工日	工日	25.00	1.21	30.25	1.30	32.50	1.45	36.25
材料 普通成材	m³	1200.00					0.001	1.20
材料 三夹板	m²	23.71	10.50	248.96	10.50	248.96	11.00	260.81
材料 聚醋酸乙烯乳液	kg	8.40	0.31	2.60	0.31	2.60	0.34	2.86
材料 其他材料费	元			4.00		4.00		4.00
机械 垂直运输费	元			2.00		2.00		2.00

注：同前。

4. 纸面石膏板面层

工作内容：

定额编号			3-49		3-50		3-51	
项目	单位	单价	纸面石膏板天棚面层					
			安装在U形轻钢龙骨上				搁放在T形铝合金龙骨上	
			平面		凹凸			
			数量	合价	数量	合价	数量	合价
基价	元		216.56		243.35		178.12	
其中 人工费	元		32.50		49.00		15.25	
材料费	元		180.06		190.35		158.87	
机械费	元		4.00		4.00		4.00	
综合工日	工日	25.00	1.30	32.50	1.96	49.00	0.61	15.25
材料 纸面石膏板	m²	15.13	11.00	166.43	11.50	174.00	10.50	158.87
自攻螺钉	百只	3.95	3.45	13.63	4.14	16.35		
机械 垂直运输费	元			4.00		4.00		4.00

第四章 门窗工程（节选）

一、购入构件成品安装

1. 铝合金门窗

工作内容：现场搬运、安装框扇、校正、周边塞口、清扫等。

计量单位：10m²

定额编号			4-1		4-2	
			铝合金门			
项目	单位	单价	地弹簧门		平开门及推拉门	
			数量	合价	数量	合价
基价	元		2665.04		2593.64	
其中	人工费	元	139.25		118.50	
	材料费	元	2507.16		2447.87	
	机械费	元	18.63		27.27	
综合工日	工日	25.00	5.57	139.25	4.74	118.50
材料	铝合金地弹簧门	m²	240.00	9.70	2328.00		
	铝合金平开门	m²	220.00			9.70	2134.00
	建筑密封油膏	kg	1.15	2.76	3.17	5.25	6.04
	软填料	kg	3.99	3.18	12.69	2.45	9.78
	镀锌铁角	个	1.60	39.00	62.40	73.00	116.80
	铁膨胀螺栓（M10×100）	套	1.05	78.00	81.90	145.00	152.25
	自攻螺钉	百只	3.95	0.86	3.40		
	其他材料费	元			15.60		29.00
机械	垂直运输费	元	9.00	0.959	10.00	1.919	10.00
	电锤（520W）	台班			8.63		17.27

工作内容：同前。

计量单位：10m²

定额编号				4-3		4-4		4-5	
项目	单位	单价		铝合金窗					
				推拉窗		固定窗		平开窗	
				数量	合价	数量	合价	数量	合价
基价		元		2146.18		1918.12		2309.96	
其中	人工费	元		121.25		67.25		121.50	
	材料费	元		1997.66		1823.60		2154.33	
	机械费	元		27.27		27.27		34.13	
综合工日	工日	25.00		4.85	121.25	2.69	67.25	4.86	121.50
材料	铝合金推拉窗	m²	180.00	9.60	1728.00				
	铝合金固定窗	m²	160.00			9.60	1536.00		
	铝合金平开窗	m²	190.00					9.60	1824.00
	建筑密封油膏	kg	1.15	3.67	4.22	5.34	6.14	6.89	7.92
	软填料	kg	3.99	3.97	15.84	6.67	26.61	3.22	12.85
	镀锌铁角	个	1.60	78.00	124.80	78.00	124.80	109.00	174.40
	铁膨胀螺栓（M8×80）	套	0.60	156.00	93.60	156.00	93.60	218.00	130.80
	自攻螺钉	百只	3.95			1.33	5.25		
	其他材料费	元			31.20		31.20		4.36
机械	垂直运输费	元	9.00	1.919	10.00	1.919	10.00	2.681	10.00
	电锤（520W）	台班			17.27		17.27		24.13

4. 成品木装饰门

工作内容：安装门窗，整理等操作过程。

计量单位：10m²

定额编号			4—20		4—21		4—22	
项目	单位	单价	石拼门夹板面		镶板造型门		木制全百叶门	
			数量	合价	数量	合价	数量	合价
基价	元		2867.58		4883.64		3928.68	
其中 人工费	元		82.50		82.50		82.50	
材料费	元		2778.08		4794.14		3839.18	
机械费	元		7.00		7.00		7.00	
综合工日	工日	25.00	3.30	82.50	3.30	82.50	3.30	82.50
材料 石拼门夹板面	m²	273.16	10.10	2758.92				
镶板造型门	m²	472.77			10.10	4774.98		
木制全百叶门	m²	378.22					10.10	3820.02
其他材料费	元			19.16		19.16		19.16
机械 垂直运输费	元			4.00		4.00		4.00
其他机械费	元			3.00		3.00		3.00

三、木门窗制作、安装

1. 木门窗框

工作内容：运料、下料、涂防腐油、安装木框、嵌缝、清理等全部操作过程。

计量单位：10m²

定额编号			4-85		4-86		4-87		4-88	
项目	单位	单价	框料断面（mm）							
			50×100		75×100		75×125		75×150	
			数量	合价	数量	合价	数量	合价	数量	合价
基价	元		550.73		667.13		768.13		878.53	
其中 人工费	元		215.25		215.25		240.25		240.25	
材料费	元		315.48		431.88		507.88		618.28	
机械费	元		20.00		20.00		20.00		20.00	
综合工日	工日	25.00	8.61	215.25	8.61	215.25	9.61	240.25	9.61	240.25
材料 普通成材（框料）	m³	1200.00	0.21	252.00	0.307	368.40	0.369	442.80	0.461	553.20
普通成材（木砖、木拉条）	m³	1200.00	0.044	52.80	0.044	52.80	0.044	52.80	0.044	52.80
防腐油	kg	1.38	1.31	1.81	1.31	1.81	1.49	2.06	1.49	2.06
水泥砂浆（1:2）	m³	192.55	0.033	6.35	0.033	6.35	0.04	7.70	0.04	7.70
其他材料费	元			2.52		2.52		2.52		2.52
机械 垂直运输费	元			8.00		8.00		8.00		8.00
圆锯机（500mm）	台班	28.00	0.032	0.90	0.032	0.90	0.032	0.90	0.032	0.90
多面裁口机（400mm）	台班	39.00	0.053	2.07	0.053	2.07	0.053	2.07		
刨床三面（400m）	台班	60.00	0.093	5.58						
裁口机多面（400mm）	台班	39.00							0.053	2.07
压刨床三面（400mm）	台班	60.00			0.093	5.58	0.093	5.58	0.093	5.58
平刨机（450mm）	台班	19.00	0.093	1.77	0.093	1.77	0.093	1.77	0.093	1.77
开榫机（160mm）	台班	56.00	0.03	1.68	0.03	1.68	0.03	1.68	0.03	1.68

注：木门窗框的安装是按框与墙内预埋木砖连接考虑的，设计用膨胀螺栓连接时，木砖扣除0.032m³，其膨胀螺栓按设计用量另外增加（每10个膨胀螺栓，增加电锤0.123台班）。

2. 硬木窗扇

工作内容:运料、下料、现场制作、安装窗扇、固定窗框、刷防腐油、配制玻璃等全部操作过程。

计量单位:10m²

定额编号				4—89		4—90		4—91	
项目	单位	单价		平开窗		固定窗		百叶窗	
				扇边框断面 (cm²)					
				29.25		29.25		46.75	
				数量	合价	数量	合价	数量	合价
基价		元		1006.71		828.53		1591.75	
其中	人工费	元		288.25		130.25		338.75	
	材料费	元		691.70		671.80		1223.82	
	机械费	元		26.76		26.48		29.18	
综合工日	工日	25.00		11.53	288.25	5.21	130.25	13.55	338.75
材料	硬木成材	m³	2600.00	0.23	598.00	0.223	579.80	0.437	1136.20
	平板玻璃 (δ=3mm)	m²	11.51	7.50	86.33	7.50	86.33		
	油灰	kg	0.54	8.09	4.37	2.50	1.35	8.09	4.37
	防腐油	kg	1.38			0.96	1.32	1.33	1.84
	普通成材	m³	1200.00					0.058	69.60
	水泥砂浆 (1:2)	m³	192.00					0.025	4.81
	其他材料费	元			3.00		3.00		7.00
机械	垂直运输费	元			8.00		8.00		8.00
	圆锯机 (500mm)	台班	28.00	0.05	1.40	0.04	1.12	0.042	1.18
	裁口机多面 (400mm)	台班	39.00	0.043	1.68	0.043	1.68	0.052	2.03
	压刨床三面 (400mm)	台班	60.00	0.144	8.64	0.144	8.64	0.173	10.38
	打眼机 (50mm)	台班	11.00	0.095	1.05	0.095	1.05	0.095	1.05
	开榫机 (160mm)	台班	56.00	0.058	3.25	0.058	3.25	0.058	3.25
	平刨机 (50mm)	台班	19.00	0.144	2.74	0.144	2.74	0.173	3.29

3.细木工板实芯门扇

工作内容：运料、下料、现场制作、安装木扇门等全部操作过程。

计量单位：10m²

定额编号				4-92		4-93		4-94		4-95	
项目	单位	单价		细木工板上贴						木材面贴切片板	
				双面普通切片板		双面普通、花式切片板		普通对花拼贴切片板		每10m²实贴面积	
				数量	合价	数量	合价	数量	合价	数量	合价
基价		元		2417.73		3638.59		2654.18		514.15	
其中	人工费	元		350.00		420.00		490.00		50.00	
	材料费	元		2044.48		3190.86		2136.10		464.15	
	机械费	元		23.25		27.73		28.08			
综合工日		工日	25.00	14.00	350.00	16.80	420.00	19.60	490.00	2.00	50.00
材料	普通切片夹板 (δ=3mm)	m³	32.83	22.00	722.26	22.00	722.26	24.20	794.49	11.00	361.13
	花式切片夹板 (δ=3mm)	m²	91.20			12.57	1146.38				
	细木工板 (δ=18mm)	m²	46.69	19.71	920.26	19.71	920.26	19.71	920.26		
	聚醋酸乙烯乳液	kg	8.40	6.80	57.12	6.80	57.12	6.80	57.12		
	万能胶	kg	15.15	12.84	194.53	12.84	194.53	14.12	213.92	6.80	103.02
	铁钉	kg	7.00	2.56	17.92	2.56	17.92	2.56	17.92		
	硬木封边条	m	4.37	29.15	127.39	29.15	127.39	29.15	127.39		
	其他材料费	元					5.00		5.00		
机械	开榫机 (160mm)	台班	56.00			0.08	4.48	0.08	4.48		
	垂直运输费	元			8.00		8.00		8.00		
	圆锯机 (500mm)	台班	28.00	0.10	2.80	0.10	2.80	0.10	2.80		
	裁口机多面 (400mm)	台班	39.00	0.043	1.68	0.043	1.68	0.052	2.03		
	压刨床三面 (400mm)	台班	60.00	0.107	6.42	0.107	6.42	0.107	6.42		
	平刨机 (450mm)	台班	19.00	0.229	4.35	0.229	4.35	0.229	4.35		

注：1.门扇制作的四周按硬木封边条考虑，若设计不用硬木封边，扣除硬木封边条，每10m²扣除人工0.5工日、圆锯机0.08台班、压刨机0.20台班。

2.实芯门中设计镶嵌铜条或花线，按设计用量加5%损耗，单价按时计算。设计不是整片开洞拼贴者，每10m²扣除普通切片夹板含量11.00m²。

3.4-93子目是按普通切片板上整片开洞再镶贴花式切片板编制的，设计不是整片开洞拼贴者，每10m²面积扣除普通切片夹板11m²，0.8工日。

第五章　油漆、涂料工程（节选）

14. 乳胶漆

工作内容：清扫、配浆、找补腻子、磨砂纸、刷乳胶漆等全部操作过程。

计量单位：10m²

定额编号			5—246		5—247		5—248		5—249	
项目	单位	单价	乳胶漆							
			抹灰面				夹板面			
			两遍		三遍		两遍		三遍	
			数量	合价	数量	合价	数量	合价	数量	合价
基价		元	37.26		53.93		38.00		54.22	
其中 人工费		元	8.75		10.50		8.75		10.50	
材料费		元	28.51		43.43		29.25		43.72	
机械费		元								
综合工日	工日	25.00	0.35	8.75	0.42	10.50	0.35	8.75	0.42	10.50
材料 乳胶漆	kg	9.67	2.80	27.08	4.33	41.87	2.80	27.08	4.33	41.87
羧甲基纤维素	kg	14.91	0.03	0.45	0.03	0.45	0.03	0.45		
白水泥	kg	0.58	0.23	0.13	0.23	0.13				
聚醋酸乙烯乳液	kg	8.40					0.10	0.84	0.10	0.84
大白粉	kg	0.50	0.42	0.21	0.42	0.21	1.00	0.50	1.00	0.50
滑石粉	kg	0.63	0.42	0.26	0.42	0.26				
其他材料费	元					0.38				0.51

工作内容：同前。

计量单位：10m²

定额编号				5—250		5—251		5—252		5—253	
项目	单位	单价		乳胶漆两遍						水性水泥漆两遍	
				混凝土花格窗栏杆花饰		阳台雨篷隔板等小面积		清水墙、腰线、檐口线、门窗套窗台板		抹灰面	
								100m			
				数量	合价	数量	合价	数量	合价	数量	合价
基价		元		127.68		55.58		25.31		58.90	
其中	人工费	元		54.00		13.50		9.50		9.50	
	材料费	元		73.68		42.08		15.81		49.40	
	机械费	元									
综合工日		工日	25.00	2.16	54.00	0.54	13.50	0.38	9.50	0.38	9.50
材料	乳胶漆	kg	9.67	7.60	73.49	4.34	41.97	1.63	15.76		
	水性水泥漆	kg	12.40							3.87	47.99
	石膏粉	kg	0.74							1.36	1.01
	其他材料费	元			0.19		0.11		0.06		0.40

20. 内墙涂料

工作内容：清扫、刮腻子、刷浆、喷涂等全部操作过程。

计量单位：10m²

定额编号			5—280		5—281		5—282		5—283	
项目	单位	单价	内墙							
			803涂料				106涂料			
			两遍		三遍		两遍		三遍	
			数量	合价	数量	合价	数量	合价	数量	合价
基价		元	20.49		28.20		19.33		26.01	
其中 人工费		元	11.00		14.00		11.00		14.00	
材料费		元	9.49		14.20		8.33		12.01	
机械费		元								
综合工日	工日	25.00	0.44	11.00	0.56	14.00	0.44	11.00	0.56	14.00
材料 803涂料	kg	2.26	3.56	8.05	5.64	12.75				
106涂料	kg	1.79					3.85	6.89	5.90	10.56
石膏粉	kg	0.74	0.21	0.16	0.21	0.16	0.21	0.16	0.21	0.16
大白粉	kg	0.50	0.16	0.08	0.16	0.08	0.16	0.08	0.16	0.08
清油	kg	12.30	0.07	0.086	0.07	0.086	0.07	0.86	0.07	0.86
其他材料费	元			0.34		0.35		0.34		0.35

工作内容：同前。

计量单位：10m²

定额编号			5—284		5—285	
项目	单位	单价	内墙			
			仿瓷釉漆		防霉涂料	
			数量	合价	数量	合价
基价		元	319.53		70.66	
其中 人工费		元	123.75		25.75	
材料费		元	195.78		44.91	
机械费		元				
综合工日	工日	25.00	4.95	123.75	1.03	25.75
材料 仿瓷涂料	kg	26.79	6.70	179.49		
大白粉	kg	0.50	0.50	0.25		
107胶水	kg	2.79	1.00	2.79		
滑石粉	kg	0.63	3.00	1.89		
二甲苯	kg	4.32	2.55	11.02		
高级防霉涂料	kg	9.98			4.50	44.91
其他材料费	元			0.34		

21. 外墙涂料

工作内容：清理基层、补小孔洞、调料、刮腻子、遮盖不喷部位、喷涂、压平、清铲、清洗喷污的部位等全部操作过程。

计量单位：10m²

定额编号			5—286		5—287		5—288		5—289	
项目	单位	单价	彩色喷涂				砂胶喷涂			
			砖墙		混凝土墙		墙、柱面		天棚面	
			数量	合价	数量	合价	数量	合价	数量	合价
基价	元		719.98		971.97		66.61		70.36	
其中 人工费	元		30.25		33.25		33.75		37.50	
其中 材料费	元		685.40		932.86		25.54		25.54	
其中 机械费	元		4.33		5.86		7.32		7.32	
综合工日	工日	25.00	1.21	30.25	1.33	33.25	1.35	33.75	1.50	37.50
材料 丙烯酸彩砂涂料	kg	18.00	38.00	684.00	51.00	918.00				
材料 水泥（42.5级）	kg	0.25	3.00	0.75	19.70	4.93				
材料 107胶水	kg	2.79			3.28	9.15				
材料 水	m³	0.99	0.02	0.02	0.02	0.02				
材料 砂胶涂料	kg	2.15					11.00	23.65	11.00	23.65
材料 其他材料费	元			0.63		0.76		1.89		1.89
机械 电动空气压缩机（0.3m³/min）	台班	61.00	0.071	4.33	0.096	5.86	0.12	7.32	0.12	7.32

工作内容：清理基层、补孔洞、配料、刮腻子、磨砂纸、喷涂、刷涂料等全部操作过程。

计量单位：10m²

定额编号			5-290		5-291		5-292	
项目	单位	单价	外墙					
			乳液型涂料				仿石型涂料	
			光面		毛面			
			数量	合价	数量	合价	数量	合价
基价	元		117.68		156.42		791.88	
其中	人工费	元	28.75		34.50		68.75	
	材料费	元	88.93		121.92		723.13	
	机械费	元						
综合工日	工日	25.00	1.15	28.75	1.38	34.50	2.75	68.75
材料	乳液型涂料	kg	20.00	4.20	84.00	5.80	116.00		
	仿石型涂料	kg	7.56					95.00	718.20
	白水泥	kg	0.58	3.36	1.95	4.20	2.44	3.36	1.95
	107胶水	kg	2.79	0.72	2.01	0.90	2.51	0.72	2.01
	其他材料费	元			0.97		0.97		0.97

22. 裱糊墙纸饰面

工作内容:清扫、批补、刷底油、找补腻子、磨砂纸、配置贴面材料、裱糊刷胶、裁墙纸（布）、贴装饰面等全部操作过程。

计量单位: 10m²

定额编号			5-293		5-294		5-295		5-296	
项目	单位	单价	贴墙纸							
			墙面				柱面			
			不对花		对花		不对花		对花	
			数量	合价	数量	合价	数量	合价	数量	合价
基价	元		191.50		202.22		205.02		216.37	
其中 人工费	元		35.50		38.75		40.00		43.75	
其中 材料费	元		156.00		163.47		165.02		172.62	
其中 机械费	元									
综合工日	工日	25.00	1.42	35.50	1.55	38.75	1.60	40.00	1.75	43.75
材料 装饰墙纸	m²	12.88	11.00	141.68	11.58	149.15	11.70	150.70	12.29	158.30
材料 聚醋酸乙烯乳液	kg	8.40	1.25	10.50	1.25	10.50	1.25	10.50	1.25	10.50
材料 大白粉	kg	0.50	1.20	0.60	1.20	0.60	1.20	0.60	1.20	0.60
材料 羧甲基纤维素	kg	14.91	0.15	2.24	0.15	2.24	0.15	2.24	0.15	2.24
材料 其他材料费	元			0.98		0.98		0.98		0.98

工作内容：同前。

定额编号			5—297		5—298	
项目	单位	单价	贴墙纸			
			天棚面			
			不对花		对花	
			数量	合价	数量	合价
基价		元	204.00		216.47	
其中	人工费	元	48.00		53.00	
	材料费	元	156.00		163.47	
	机械费	元				
综合工日	工日	25.00	1.92	48.00	2.12	53.00
材料	装饰墙纸	m²	12.88	11.00	141.68	11.58	149.15
	聚醋酸乙烯乳液	kg	8.40	1.25	10.50	1.25	10.50
	大白粉	kg	0.50	1.20	0.60	1.20	0.60
	羧甲基纤维素	kg	14.91	0.15	2.24	0.15	2.24
	其他材料费	元			0.98		0.98

工作内容：同前。

计量单位：10m²

定额编号			5-302		5-303		5-304		5-305	
项目	单位	单价	贴织锦缎							
			柱面				天棚面			
			连裱宣纸		海绵底		连裱宣纸		海绵底	
			数量	合价	数量	合价	数量	合价	数量	合价
基价	元		558.79		665.59		540.94		640.69	
其中 人工费	元		51.75		82.50		62.25		90.50	
材料费	元		507.04		583.09		478.69		550.19	
机械费	元									
综合工日	工日	25.00	2.07	51.75	3.30	82.50	2.49	62.25	3.62	90.50
材料 织锦缎（连裱宣纸）	m²	39.92	12.29	490.62	12.29	490.62	11.58	462.27	11.58	462.27
海绵（δ=20mm）	m²	6.50			11.70	76.05			11.00	71.50
聚醋酸乙烯乳液	kg	8.40	1.50	12.60	1.50	12.60	1.50	12.60	1.50	12.60
大白粉	kg	0.50	1.20	0.60	1.20	0.60	1.20	0.60	1.20	0.60
羧甲基纤维素	kg	14.91	0.15	2.24	0.15	2.24	0.15	2.24	0.15	2.24
其他材料费	元			0.98		0.98		0.98		0.98

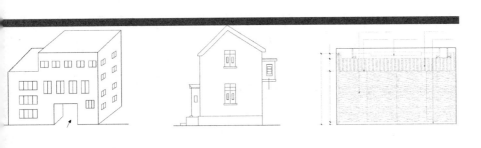

附录二 《房屋建筑与装饰工程工程量计算规范》
GB 50854—2013（节选）

附录 L 楼地面装饰工程

L.1 整体面层及找平层

整体面层及找平层工程量清单项目的设置、项目特征描述的内容、计量单位及工程量计算规则应按表 L.1 的规定执行。

整体面层及找平层（编码：011101）   表 L.1

项目编码	项目名称	项目特征	计量单位	工程量计算规则	工程内容
011101001	水泥砂浆楼地面	1.找平层厚度、砂浆配合比 2.素水泥浆遍数 3.面层厚度、砂浆配合比 4.面层做法要求	m²	按设计图示尺寸以面积计算。扣除凸出地面构筑物、设备基础、室内铁道、地沟等所占面积，不扣除间壁墙及≤0.3m²柱、垛、附墙烟囱及孔洞所占面积。门洞、空圈、暖气包槽、壁龛的开口部分不增加面积	1.基层清理 2.抹找平层 3.抹面层 4.材料运输
011101002	现浇水磨石楼地面	1.找平层厚度、砂浆配合比 2.面层厚度、水泥石子浆配合比 3.嵌条材料种类、规格 4.石子种类、规格、颜色 5.颜色种类、颜色 6.图案要求 7.磨光、酸洗、打蜡要求			1.基层清理 2.抹找平层 3.面层铺设 4.嵌缝条安装 5.磨光、酸洗打蜡 6.材料运输
011101003	细石混凝土楼地面	1.找平层厚度、砂浆配合比 2.面层厚度、混凝土强度等级			1.基层清理 2.抹找平层 3.面层铺设 4.材料运输
011101004	菱苦土楼地面	1.找平层厚度、砂浆配合比 2.面层厚度 3.打蜡要求			1.基层清理 2.抹找平层 3.面层铺设 4.打蜡 5.材料运输
011101005	自流坪楼地面	1.找平层砂浆配合比、厚度 2.界面剂材料种类 3.中层漆材料种类、厚度 4.面漆材料种类、厚度 5.面层材料种类			1.基层处理 2.抹找平层 3.涂界面剂 4.涂刷中层漆 5.打磨、吸尘 6.镘自流平面漆（浆） 7.拌合自流平浆料 8.铺面层
011101006	平面砂浆找平层	找平层厚度、砂浆配合比		按设计图示尺寸以面积计算	1.基层处理 2.抹找平层 3.材料运输

注：1.水泥浆砂面层处理是拉毛还是提浆压光应在面层做法要求中描述。
　　2.平面砂浆找平层只适用于仅做找平层的平面抹灰。
　　3.间壁墙指墙厚≤120mm 的墙。
　　4.楼地面混凝土垫层另按附录 E.1 垫层项目编码列项，除混凝土外的其他材料垫层按本规范表 D.4 垫层项目编码列项。

L.2 块料面层

块料面层工程量清单项目设置、项目特征描述的内容、计量单位及工程量计算规则应按表L.2的规定执行。

块料面层（编码：011102）   表L.2

项目编码	项目名称	项目特征	计量单位	工程量计算规则	工程内容
011102001	石材楼地面	1. 找平层厚度、砂浆配合比 2. 结合层厚度、砂浆配合比 3. 面层材料品种、规格、颜色 4. 嵌缝材料种类 5. 防护层材料种类 6. 酸洗、打蜡要求	m²	按设计图示尺寸以面积计算。门洞、空圈、暖气包槽、壁龛的开口部分并入相应的工程内	1. 基层清理 2. 抹找平层 3. 面层铺设、磨边 4. 嵌缝 5. 刷防护材料 6. 酸洗、打蜡 7. 材料运输
011102002	碎石材楼地面				
011102003	块料楼地面				

注：1. 在描述碎石材项目的面层材料特征时可不用描述规格、颜色。
　　2. 石材、块料与粘结材料的结合面刷防渗材料的种类在防护层材料种类中描述。
　　3. 本表工作内容中的磨边指施工现场磨边，后面章节工作内容中涉及的磨边含义同。

L.3 橡塑面层

橡塑面层工程量清单项目设置、项目特征描述的内容、计量单位及工程量计算规则应按表L.3的规定执行。

橡塑面层（编码：011103）   表L.3

项目编码	项目名称	项目特征	计量单位	工程量计算规则	工程内容
011103001	橡胶板楼地面	1. 粘结层厚度、材料种类 2. 面层材料品种、规格、颜色 3. 压线条种类	m²	按设计图示尺寸以面积计算。门洞、空圈、暖气包槽、壁龛的开口部分并入相应的工程量内	1. 基层清理 2. 面层铺贴 3. 压缝条装钉 4. 材料运输
011103002	橡胶板卷材楼地面				
011103003	塑料板楼地面				
011103004	塑料卷材楼地面				

注：本表项目如涉及找平层，另按本附录表L.1找平层项目编码列表。

L.4 其他材料面层

其他材料面层工程量清单项目设置、项目特征描述的内容、计量单位及工程量计算规则应按表L.4的规定执行。

项目编码	项目名称	项目特征	计量单位	工程量计算规则	工程内容
011104001	地毯楼地面	1.面层材料品种、规格、颜色 2.防护材料种类 3.粘结材料种类 4.压线条种类	m²	按设计图示尺寸以面积计算。门洞、空圈、暖气包槽、壁龛的开口部分并入相应的工程量内	1.基层清理 2.铺贴面层 3.刷防护材料 4.装钉压条 5.材料运输
011104002	竹、木（复合）地板	1.龙骨材料种类、规格、铺设间距 2.基层材料种类、规格 3.面层材料品种、规格、颜色 4.防护材料种类			1.基层清理 2.龙骨铺设 3.基层铺设 4.面层铺贴 5.刷防护材料 6.材料运输
011104003	金属复合地板				
011104004	防静电活动地板	1.支架高度、材料种类 2.面层材料品种、规格、颜色 3.防护材料种类			1.基层清理 2.固定支架安装 3.活动面层安装 4.刷防护材料 5.材料运输

L.5 踢脚线

踢脚线工程量清单项目设置、项目特征描述的内容、计量单位及工程量计算规则应按表L.5的规定执行。

项目编码	项目名称	项目特征	计量单位	工程量计算规则	工程内容
011105001	水泥砂浆踢脚线	1.踢脚线高度 2.底层厚度、砂浆配合比 3.面层厚度、砂浆配合比	1.m² 2.m	1.以平方米计量，按设计图示长度乘高度以面积计算 2.以米计量，按延长米计算	1.基层清理 2.底层和面层抹灰 3.材料运输
011105002	石材踢脚线	1.踢脚线高度 2.粘贴层厚度、材料种类 3.面层材料品种、规格、颜色 4.防护材料种类			1.基层清理 2.底层抹灰 3.面层铺贴、磨边 4.擦缝 5.磨光、酸洗、打蜡 6.刷防护材料 7.材料运输
011105003	块料踢脚线				
011105004	塑料板踢脚线	1.踢脚线高度 2.粘结层厚度、材料种类 3.面层材料种类、规格、颜色			1.基层清理 2.基层铺贴 3.面层铺贴 4.材料运输
011105005	木质踢脚线	1.踢脚线高度 2.基层材料种类、规格 3.面层材料品种、规格、颜色			
011105006	金属踢脚线				
011105007	防静电踢脚线				

注：石材、块料与粘结材料的结合面刷防渗材料的种类在防护材料种类中描述。

L.6 楼梯面层

楼梯面层工程量清单项目设置、项目特征描述的内容、计量单位及工程量计算规则应按表L.6的规定执行。

楼梯面层（编码：011106） 表L.6

项目编码	项目名称	项目特征	计量单位	工程量计算规则	工程内容
011106001	石材楼梯面层	1.找平层厚度、砂浆配合比 2.粘结层厚度、材料种类 3.面层材料品种、规格、颜色 4.防滑条材料种类、规格 5.勾缝材料种类 6.防护层材料种类 7.酸洗、打蜡要求			1.基层清理 2.抹找平层 3.面层铺贴、磨边 4.贴嵌防滑条 5.勾缝 6.刷防护材料 7.酸洗、打蜡 8.材料运输
011106002	块料楼梯面层				
011106003	拼碎块料面层				
011106004	水泥砂浆楼梯面层	1.找平层厚度、砂浆配合比 2.面层厚度、砂浆配合比 3.防滑条材料种类、规格	m²	按设计图示尺寸以楼梯（包括踏步、休息平台及≤500mm的楼梯井）水平投影面积计算。楼梯与楼地面相连时，算至梯口梁内侧边沿；无梯口梁者，算至最上一层踏步边沿加300mm	1.基层清理 2.抹找平层 3.抹面层 4.抹防滑条 5.材料运输
011106005	现浇水磨石楼梯面层	1.找平层厚度、砂浆配合比 2.面层厚度、水泥石子浆配合比 3.防滑条材料种类、规格 4.石子种类、规格、颜色 5.颜料种类、颜色 6.磨光、酸洗、打蜡要求			1.基层清理 2.抹找平层 3.抹面层 4.贴嵌防滑条 5.磨光、酸洗、打蜡 6.材料运输
011106006	地毯楼梯面层	1.基层种类 2.面层材料品种、规格、颜色 3.防护材料种类 4.粘结材料种类 5.固定配件材料种类、规格			1.基层清理 2.铺贴面层 3.固定配件安装 4.刷防护材料 5.材料运输
011106007	木板楼梯面层	1.基层材料种类、规格 2.面层材料品种、规格、颜色 3.粘结材料种类 4.防护材料种类			1.基层清理 2.基层铺贴 3.面层铺贴 4.刷防护材料 5.材料运输
011106008	橡胶板楼梯面层	1.粘结层厚度、材料种类 2.面层材料品种、规格、颜色 3.压线条种类			1.基层清理 2.面层铺贴 3.压缝条装钉 4.材料运输
011106009	塑料板楼梯面层				

注：1.在描述碎石材项目的面层材料特征时可不用描述规格、颜色。
　　2.石材、块料与粘结材料的结合面刷防渗材料的种类在防护材料种类中描述。

L.7 台阶装饰

台阶装饰工程量清单项目设置、项目特征描述的内容、计量单位及工程量计算规则应按表L.7的规定执行。

项目编码	项目名称	项目特征	计量单位	工程量计算规则	工程内容
011107001	石材台阶面	1.找平层厚度、砂浆配合比 2.粘结层材料种类 3.面层材料品种、规格、颜色 4.勾缝材料种类 5.防滑条材料种类、规格 6.防护材料种类	m²	按设计图示尺寸以台阶（包括最上层踏步边沿加300mm）水平投影面积计算	1.基层清理 2.抹找平层 3.面层铺贴 4.贴嵌防滑条 5.勾缝 6.刷防护材料 7.材料运输
011107002	块料台阶面				
011107003	拼碎块料台阶面				
011107004	水泥砂浆台阶面	1.找平层厚度、砂浆配合比 2.面层厚度、砂浆配合比 3.防滑条材料种类			1.基层清理 2.抹找平层 3.抹面层 4.抹防滑条 5.材料运输
011107005	现浇水磨石台阶面	1.找平层厚度、砂浆配合比 2.面层厚度、水泥石子浆配合比 3.防滑条材料种类、规格 4.石子种类、规格、颜色 5.颜料种类、颜色 6.磨光、酸洗、打蜡要求			1.清理基层 2.抹找平层 3.抹面层 4.贴嵌防滑条 5.打磨、酸洗、打蜡 6.材料运输
011107006	剁假石台阶面	1.找平层厚度、砂浆配合比 2.面层厚度、水泥石子浆配合比 3.剁假石要求			1.清理基层 2.抹找平层 3.抹面层 4.剁假石 5.材料运输

注：1.在描述碎石材项目的面层材料特征时可不用描述规格、颜色。
　　2.石材、块料与粘结材料的结合面刷防渗材料的种类在防护材料种类中描述。

L.8 零星装饰项目

零星装饰项目工程量清单项目设置、项目特征描述的内容、计量单位及工程量计算规则应按表L.8的规定执行。

项目编码	项目名称	项目特征	计量单位	工程量计算规则	工程内容
011108001	石材零星项目	1.工程部位 2.找平层厚度、砂浆配合比 3.贴结合层厚度、材料种类 4.面层材料品种、规格、颜色 5.勾缝材料种类 6.防护材料种类 7.酸洗、打蜡要求	m²	按设计图示尺寸以面积计算	1.清理基层 2.抹找平层 3.面层铺贴、磨边 4.勾缝 5.刷防护材料 6.酸洗、打蜡 7.材料运输
011108002	碎拼石材零星项目				
011108003	块料零星项目				1.清理基层 2.抹找平层 3.抹面层 4.材料运输

项目编码	项目名称	项目特征	计量单位	工程量计算规则	工程内容
011108004	水泥砂浆 零星项目	1.工程部位 2.找平层厚度、砂浆配合比 3.面层厚度、砂浆厚度	m²	按设计图示尺寸 以面积计算	1.清理基层 2.抹找平层 3.抹面层 4.材料运输

注：1.楼梯、台阶牵边和侧面镶贴块料面层，不大于0.5m²的少量分散的楼地面镶贴块料面层，应按本表执行。
2.石材、块料与粘结材料的结合面刷防渗材料的种类在防护材料种类中描述。

附录M 墙、柱面装饰与隔断、幕墙工程

M.1 墙面抹灰

墙面抹灰工程量清单项目设置、项目特征描述的内容、计量单位及工程量计算规则应按表M.1的规定执行。

墙面抹灰（编程：011201） 表M.1

项目编码	项目名称	项目特征	计量单位	工程量计算规则	工程内容
011201001	墙面一般 抹灰	1.墙体类型 2.底层厚度、砂浆配合比 3.面层厚度、砂浆配合比 4.装饰面材料种类 5.分格缝宽度、材料种类	m²	按设计图示尺寸以面积计算。扣除墙裙、门窗洞口及单个>0.3m²以外的孔洞面积，不扣除踢脚线、挂镜线和墙与构件交接处的面积，门窗洞口和孔洞的侧壁及顶面不增加面积。附墙柱、梁、垛、烟囱侧壁并入相应的墙面面积内。 1.外墙抹灰面积按外墙垂直投影面积计算 2.外墙裙抹灰面积按其长度乘以高度计算 3.内墙抹灰面积按主墙间的净长乘以高度计算 （1）无墙裙的，高度按室内楼地面至天棚底面计算 （2）有墙裙的，高度按墙裙顶至天棚底面计算 （3）有吊顶天棚抹灰，高度算至天棚底 4.内墙裙抹灰面按内墙净长乘以高度计算	1.基层清理 2.砂浆制作、运输 3.底层抹灰 4.抹面层 5.抹装饰面 6.勾分格缝
011201002	墙面装饰 抹灰				
011201003	墙面勾缝	1.勾缝类型 2.勾缝材料种类			1.基层清理 2.砂浆制作、运输 3.勾缝
011201004	立面砂浆 找平层	1.基层类型 2.找平层砂浆厚度、配合比			1.基层清理 2.砂浆制作、运输 3.抹灰找平

注：1.立面砂浆找平项目适用于仅做找平层的立面抹灰。
2.墙面抹石灰砂浆、水泥砂浆、混合砂浆、聚合物水泥砂浆、麻刀石灰浆、石膏灰浆等按本表中墙面一般抹灰列项；墙面水刷石、斩假石、干粘石、假面砖等按本表中墙面装饰抹灰列项。
3.飘窗凸出外墙面增加的抹灰并入外墙工程量内。
4.有吊顶天棚的内墙面抹灰，抹至吊顶以上部分在综合单价中考虑。

M.2 柱（梁）面抹灰

柱（梁）面抹灰工程量清单项目设置、项目特征描述的内容、计量单位及工程量计算规则应按表M.2的规定执行。

柱（梁）面抹灰（编码：011202）

表M.2

项目编码	项目名称	项目特征	计量单位	工程量计算规则	工程内容
011202001	柱、梁面一般抹灰	1.柱（梁）体类型 2.底层厚度、砂浆配合比 3.面层厚度、砂浆配合比 4.装饰面材料种类 5.分格缝宽度、材料种类	m²	1.柱面抹灰：按设计图示柱断面周长乘高度以面积计算 2.梁面抹灰：按设计图示梁断面周长乘长度以面积计算	1.基层清理 2.砂浆制作、运输 3.底层抹灰 4.抹面层 5.勾分格缝
011202002	柱、梁面装饰抹灰				
011202003	柱、梁面砂浆找平	1.柱（梁）体类型 2.找平的砂浆厚度、配合比		按设计图示柱断面周长乘高度以面积计算	1.基层清理 2.砂浆制作、运输 3.抹灰找平
011202004	柱面勾缝	1.勾缝类型 2.勾缝材料种类			1.基层清理 2.砂浆制作、运输 3.勾缝

注：1.砂浆找平项目适用于仅做找平层的柱（梁）面抹灰。

  2.柱（梁）面抹石灰砂浆、水泥砂浆、混合砂浆、聚合物水泥砂浆、麻刀石灰浆、石膏灰浆等按本表中柱（梁）面一般抹灰编码列项；柱（梁）面水刷石、斩假石、干粘石、假面砖等按本表中柱（梁）面装饰抹灰项目编码列表。

M.3 零星抹灰

零星抹灰工程量清单项目设置、项目特征描述的内容、计量单位及工程量计算规则应按表M.3的规定执行。

零星抹灰（编码：011203）

表M.3

项目编号	项目名称	项目特征	计量单位	工程量计算规则	工程内容
011203001	零星项目一般抹灰	1.墙体类型、部位 2.底层厚度、砂浆配合比 3.面层厚度、砂浆配合比 4.装饰面材料种类 5.分格缝宽度、材料种类	m²	按设计图示尺寸以面积计算	1.基层清理 2.砂浆制作、运输 3.底层抹灰 4.抹面层 5.抹装饰面 6.勾分格缝
011203002	零星项目装饰抹灰				
011203003	零星项目砂浆找平	1.基层类型、部位 2.找平的砂浆厚度、配合比			1.基层清理 2.砂浆制作、运输 3.抹灰找平

注：1.零星项目抹石灰砂浆、水泥砂浆、混合砂浆、聚合物水泥砂浆、麻刀石灰浆、石膏灰浆等按本表中零星项目一般抹灰编码列项，水刷石、斩假石、干粘石、假面砖等按本表中零星项目装饰抹灰编码列表。

  2.墙、柱（梁）面≤0.5m²的少量分散的抹灰按本表中零星抹灰项目编码列表。

M.4 墙面块料面层

墙面块料面层工程量清单项目设置、项目特征描述的内容、计量单位及工程量计算规则应按表M.4的规定执行。

墙面块料面层（编码：011204）　　　　　　表M.4

项目编码	项目名称	项目特征	计量单位	工程量计算规则	工程内容
011204001	石材墙面	1.墙体类型 2.安装方式 3.面层材料品种、规格、颜色 4.缝宽、嵌缝材料种类 5.防护材料种类 6.磨光、酸洗、打蜡要求	m²	按镶贴表面积计算	1.基层清理 2.砂浆制作、运输 3.粘结层铺贴 4.面层安装 5.嵌缝 6.刷防护材料 7.磨光、酸洗、打蜡
011204002	碎拼石材墙面				
011204003	块料墙面				
011204004	干挂石材钢骨架	1.骨架种类、规格 2.防锈漆品种遍数	t	按设计图示以质量计算	1.骨架制作、运输、安装 2.刷漆

注：1.在描述碎块项目的面层材料特征时可不用描述规格、颜色。
　　2.石材、块料与粘结材料的结合面刷防渗材料的种类在防护层材料种类中描述。
　　3.安装方式可描述为砂浆或粘结剂粘贴、挂贴、干挂等，不论哪种安装方式，都要详细描述与组价相关的内容。

M.5 柱（梁）面镶贴块料

柱（梁）面镶贴块料工程量清单项目设置、项目特征描述的内容、计量单位及工程量计算规则应按表M.5的规定执行。

柱（梁）面镶贴块料（编码：011205）　　　　　　表M.5

项目编码	项目名称	项目特征	计量单位	工程量计算规则	工程内容
011205001	石材柱面	1.柱截面类型、尺寸 2.安装方式 3.面层材料品种、规格、颜色 4.缝宽、嵌缝材料种类 5.防护材料种类 6.磨光、酸洗、打蜡要求	m²	按镶贴表面积计算	1.基层清理 2.砂浆制作、运输 3.粘合层铺贴 4.面层安装 5.嵌缝 6.刷防护材料 7.磨光、酸洗、打蜡
011205002	块料柱面				
011205003	拼碎块柱面				
011205004	石材梁面	1.安装方式 2.面层材料品种、规格、颜色 3.缝宽、嵌缝材料种类 4.防护材料种类 5.磨光、酸洗、打蜡要求			
011205005	块料梁面				

注：1.在描述碎块项目的面层材料特征时可不用描述规格、颜色。
　　2.石材、块料与粘结材料的结合面刷防渗材料的种类在防护层材料种类中描述。
　　3.柱梁面干挂石材的钢骨架按表M.4相应项目编码列项。

M.6 镶贴零星块料

镶贴零星块料工程量清单项目设置、项目特征描述的内容、计量单位及工程量计算规则应按表M.6的规定执行。

镶贴零星块料（编码：011206）   表M.6

项目编码	项目名称	项目特征	计量单位	工程量计算规则	工程内容
011206001	石材零星项目	1.基层类型、部位 2.安装方式 3.面层材料品种、规格、颜色 4.缝宽、嵌缝材料种类 5.防护材料种类 6.磨光、酸洗、打蜡要求	m²	按镶贴表面积计算	1.基层清理 2.砂浆制作、运输 3.面层安装 4.嵌缝 5.刷防护材料 6.磨光、酸洗、打蜡
011206002	块料零星项目				
011206003	拼碎石材零星项目				

注：1.在描述碎块项目的面层材料特征时可不用描述规格、颜色。
　　2.石材、块料与粘结材料的结合面刷防渗材料的种类在防护材料种类中描述。
　　3.零星项目干挂石材的钢骨架按本附录表M.4相应项目编码列项。
　　4.墙柱面≤0.5m²的少量分散的镶贴块料面层按本表中零星项目执行。

M.7 墙饰面

墙饰面工程量清单项目设置、项目特征描述的内容、计量单位及工程量计算规则应按表M.7的规定执行。

墙饰面（编码：011207）   表M.7

项目编码	项目名称	项目特征	计量单位	工程量计算规则	工程内容
011207001	墙面装饰板	1.龙骨材料种类、规格、中距 2.隔离层材料种类、规格 3.基层材料种类、规格 4.面层材料品种、规格、颜色 5.压条材料种类、规格	m²	按设计图示墙净长乘净高以面积计算。扣除门窗洞口及单个>0.3m²的孔洞所占面积	1.基层清理 2.龙骨制作、运输、安装 3.钉隔离层 4.基层铺钉 5.面层铺贴
011207002	墙面装饰浮雕	1.基层类型 2.浮雕材料种类 3.浮雕样式		按设计图示尺寸以面积计算	1.基层清理 2.材料制作、运输 3.安装成型

M.8 柱（梁）饰面

柱(梁)饰面工程量清单项目设置、项目特征描述的内容、计量单位及工程量计算规则应按表M.8的规定执行。

项目编码	项目名称	项目特征	计量单位	工程量计算规则	工程内容
011208001	柱（梁）面装饰	1.龙骨材料种类、规格、中距 2.隔离层材料种类 3.基层材料种类、规格 4.面层材料品种、规格、颜色 5.压条材料种类、规格	m^2	按设计图示饰面外围尺寸以面积计算。柱帽、柱墩并入相应柱饰面工程量内	1.清理基层 2.龙骨制作、运输、安装 3.钉隔离层 4.基层铺钉 5.面层铺贴
011208002	成品装饰柱	1.柱截面、高度尺寸 2.柱材质	1.根 2.m	1.以根计量，按设计数量计算 2.以米计量，按设计长度计算	柱运输、固定、安装

M.9　幕墙工程

幕墙工程工程量清单项目设置、项目特征描述的内容、计量单位及工程量计算规则应按表M.9的规定执行。

幕墙工程（编码：011209）　　　　　　　　　　　　　　　　　　　　　　表M.9

项目编码	项目名称	项目特征	计量单位	工程量计算规则	工程内容
011209001	带骨架幕墙	1.骨架材料种类、规格、中距 2.面层材料品种、规格、颜色 3.面层固定方式 4.隔离带、框边封闭材料品种、规格 5.嵌缝、塞口材料种类	m^2	按设计图示框外围尺寸以面积计算。与幕墙同种材质的窗所占面积不扣除	1.骨架制作、运输、安装 2.面层安装 3.隔离带、框边封闭 4.嵌缝、塞口 5.清洗
011209002	全玻（无框玻璃）幕墙	1.玻璃品种、规格、颜色 2.粘结塞口材料种类 3.固定方式		按设计图示尺寸以面积计算。带肋全玻幕墙按展开面积计算	1.幕墙安装 2.嵌缝、塞口 3.清洗

注：幕墙钢骨架按本附录表M.4干挂石材钢骨架编码列表。

M.10　隔断

隔断工程量清单项目设置、项目特征描述的内容、计量单位及工程量计算规则应按表M.10的规定执行。

隔断（编码：011210）　　　　　　　　　　　　　　　　　　　　　　表M.10

项目编码	项目名称	项目特征	计量单位	工程量计算规则	工程内容
011210001	木隔断	1.骨架、边框材料种类、规格 2.隔板材料品种、规格、颜色 3.嵌缝、塞口材料种 4.压条材料种类	m^2	按设计图示框外围尺寸以面积计算。不扣除门窗所占面积，扣除单个≤0.3m^2的孔洞所占面积；浴厕侧门的材质与隔断相同时，门的面积并入隔断面积内	1.骨架及边框制作、运输、安装 2.隔板制作、运输、安装 3.嵌缝、塞口 4.装钉压条
011210002	金属隔断	1.骨架、边框材料种类、规格 2.隔板材料品种、规格、颜色 3.嵌缝、塞口材料品种			1.骨架及边框制作、运输、安装 2.隔板制作、运输、安装 3.嵌缝、塞口

项目编码	项目名称	项目特征	计量单位	工程量计算规则	工程内容
011210003	玻璃隔断	1.边框材料种类、规格 2.玻璃品种、规格、颜色 3.嵌缝、塞口材料品种	m²	按设计图示框外围尺寸以面积计算。不扣除单个≤0.3m²的孔洞所占面积	1.边框制作、运输、安装 2.玻璃制作、运输、安装 3.嵌缝、塞口
011210004	塑料隔断	1.边框材料种类、规格 2.隔板材料品种、规格、颜色 3.嵌缝、塞口材料品种			1.骨架及边框制作、运输、安装 2.隔板制作、运输、安装 3.嵌缝、塞口
011210005	成品隔断	1.隔断材料品种、规格、颜色 2.配件品种、规格	1.m² 2.间	1.以平方米计量，按设计图示框外围尺寸以面积计算 2.以间计量，按设计间的数量计算	1.隔板制作、运输、安装 2.嵌缝、塞口
011210006	其他隔断	1.骨架、边框材料种类、规格 2.隔板材料品种、规格、颜色 3.嵌缝、塞口材料品种	m²	按设计图示框外围尺寸以面积计算。不扣除单个≤0.3m²的空洞所占面积	1.骨架及边框安装 2.隔板安装 3.嵌缝、塞口

附录 N 天棚工程

N.1 天棚抹灰

天棚抹灰工程量清单项目的设置、项目特征描述的内容、计量单位及工程量计算规则应按表 N.1 的规定执行。

天棚抹灰（编码：011301） 表N.1

项目编码	项目名称	项目特征	计量单位	工程量计算规则	工程内容
011301001	天棚抹灰	1.基层类型 2.抹灰厚度、材料种类 3.砂浆配合比	m²	按设计图示尺寸以水平投影面积计算。不扣除间壁墙、垛、柱、附墙烟囱、检查口和管道所占面积，带梁天棚的梁两侧抹灰面积并入天棚面积内，板式楼梯底面抹灰按斜面积计算，锯齿形楼梯底板抹灰按展开面积计算	1.基层清理 2.底层抹灰 3.抹面层

N.2 天棚吊顶

天棚吊顶工程量清单项目的设置、项目特征描述的内容、计量单位及工程量计算规则应按表 N.2 的规定执行。

项目编码	项目名称	项目特征	计量单位	工程量计算规则	工程内容
011302001	吊顶天棚	1.吊顶形式、吊杆规格、高度 2.龙骨材料种类、规格、中距 3.基层材料种类、规格 4.面层材料品种、规格 5.压条材料种类、规格 6.嵌缝材料种类 7.防护材料种类	m²	按设计图示尺寸以水平投影面积计算。天棚面中的灯槽及跌级、锯齿形、吊挂式、藻井式天棚面积不展开计算。不扣除间壁墙、检查口、附墙烟囱、柱垛和管道所占面积，扣除单个>0.3m²的孔洞、独立柱及与天棚相连的窗帘盒所占的面积	1.基层清理、吊杆安装 2.龙骨安装 3.基层板铺贴 4.面层铺贴 5.嵌缝 6.刷防护材料
011302002	格栅吊顶	1.龙骨材料种类、规格、中距 2.基层材料种类、规格 3.面层材料品种、规格 4.防护材料种类		按设计图示尺寸以水平投影面积计算	1.基层清理 2.安装龙骨 3.基层板铺贴 4.面层铺贴 5.刷防护材料
011302003	吊筒吊顶	1.吊筒形状、规格 2.吊筒材料种类 3.防护材料种类			1.基层清理 2.吊筒制作安装 3.刷防护材料
011302004	藤条造型悬挂吊顶	1.骨架材料种类、规格 2.面层材料品种、规格			1.基层清理 2.龙骨安装 3.铺贴面层
011302005	织物软雕吊顶				
011302006	装饰网架吊顶	网架材料品种、规格			1.基层清理 2.网架制作安装

N.3 采光天棚

采光天棚工程量清单项目的设置、项目特征描述的内容、计量单位及工程量计算规则应按表N.3的规定执行。

项目编码	项目名称	项目特征	计量单位	工程量计算规则	工程内容
011303001	采光天棚	1.骨架类型 2.固定类型、固定材料品种、规格 3.面层材料品种、规格 4.嵌缝、塞口材料种类	m²	按框外围展开面积计算	1.清理基层 2.面层制安 3.嵌缝、塞口 4.清洗

注：采光天棚骨架不包括在本节中，应单独按本规范附录F相关项目编码列项。

N.4 天棚其他装饰

天棚其他装饰工程量清单项目的设置、项目特征描述的内容、计量单位及工程量计算规则应按表 N.4 的规定执行。

天棚其他装饰（编码：011304）　　　　　　　　　　　　　表N.4

项目编码	项目名称	项目特征	计量单位	工程量计算规则	工程内容
011304001	灯带（槽）	1.灯带形式、尺寸 2.格栅片材料品种、规格 3.安装固定方式	m²	按设计图示尺寸以框外围面积计算	安装、固定
011304002	送风口、回风口	1.风口材料品种、规格 2.安装固定方式 3.防护材料种类	个	按设计图示数量计算	1.安装、固定 2.刷防护材料

附录 P　油漆、涂料、裱糊工程

P.1　门油漆

门油漆工程量清单项目的设置、项目特征描述的内容、计量单位及工程量计算规则应按表 P.1 的规定执行。

门油漆（编码：011401）　　　　　　　　　　　　　　表P.1

项目编码	项目名称	项目特征	计量单位	工程量计算规则	工程内容
011401001	木门油漆	1.门类型 2.门代号及洞口尺寸 3.腻子种类 4.刮腻子遍数 5.防护材料种类 6.油漆品种、刷漆遍数	1.樘 2.m²	1.以樘计量，按设计图示数量计算 2.以平方米计量，按设计图示洞口尺寸以面积计算	1.基层清理 2.刮腻子 3.刷防护材料、油漆
011401002	金属门油漆				1.除锈、基层清理 2.刮腻子 3.刷防护材料、油漆

注：1.木门油漆应区分木大门、单层木门、双层（一玻一纱）木门、双层（单裁口）木门、全玻自由门、半玻自由门、装饰门及有框门或无框门等项目，分别编码列项。
　　2.金属门油漆应区分平开门、推拉门、钢制防火门等项目，分别编码列项。
　　3.以平方米计量，项目特征可不必描述洞口尺寸。

P.2　窗油漆

窗油漆工程量清单项目的设置、项目特征描述的内容、计量单位及工程量计算规则应按表 P.2 的规定执行。

项目编码	项目名称	项目特征	计量单位	工程量计算规则	工程内容
011402001	木窗油漆	1.窗类型 2.窗代号及洞口尺寸 3.腻子种类 4.刮腻子遍数 5.防护材料种类 6.油漆品种、刷漆遍数	1.樘 2.m²	1.以樘计量，按设计图示数量计算 2.以平方米计量，按设计图示洞口尺寸以面积计算	1.基层清理 2.刮腻子 3.刷防护漆材料、油漆
011402002	金属窗油漆				1.除锈、基层清理 2.刮腻子 3.刷防护材料、油漆

注：1.木窗油漆应区分单层木门、双层（一纱一玻）木窗、双层框扇（单裁口）木窗、双层框三层（二玻一纱）木窗、单层组合窗、双层组合窗、木百叶窗、木推拉窗等项目，分别编码列项。

2.金属窗油漆应区分平开窗、推拉窗、固定窗、组合窗、金属隔栅窗等项目，分别编码列项。

3.以平方米计量，项目特征可不必描述洞口尺寸。

P.3　木扶手及其他板条、线条油漆

木扶手及其他板条、线条油漆工程量清单项目的设置、项目特征描述的内容、计量单位及工程量计算规则应按表P.3的规定执行。

项目编码	项目名称	项目特征	计量单位	工程量计算规则	工程内容
011403001	木扶手油漆	1.断面尺寸 2.腻子种类 3.刮腻子遍数 4.防护材料种类 5.油漆品种、刷漆遍数	m	按设计图示尺寸以长度计算	1.基层清理 2.刮腻子 3.刷防护材料、油漆
011403002	窗帘盒油漆				
011403003	封檐板、顺水板油漆				
011403004	挂衣板、黑板框油漆				
011403005	挂镜线、窗帘棍、单独木线油漆				

注：木扶手应区分带托板与不带托板，分别编码列项，若是木栏杆带扶手，木扶手不应单独列项，应包含在木栏杆油漆中。

P.4　木材面油漆

木材面油漆工程量清单项目的设置、项目特征描述的内容、计量单位及工程量计算规则应按表P.4的规定执行。

项目编码	项目名称	项目特征	计量单位	工程量计算规则	工程内容
011404001	木护墙、木墙裙油漆	1.腻子种类 2.刮腻子要求 3.防护材料种类 4.油漆品种、刷漆遍数	m²	按设计图示尺寸以面积计算	1.基层清理 2.刮腻子 3.挂防护材料、油漆
011404002	窗台板、筒子板、盖板、门窗套、踢脚线油漆				
011404003	清水板条天棚、檐口油漆				
011404004	木方格吊顶天棚油漆				
011404005	吸音板墙面、天棚面油漆				
011404006	暖气罩油漆				
011404007	其他木材面				
011404008	木间壁、木隔断油漆			按设计图示尺寸以单面外围面积计算	
011404009	玻璃间壁露明墙筋油漆				
011404010	木栅栏、木栏杆（带扶手）油漆				
011404011	衣柜、壁柜油漆			按设计图示尺寸以油漆部分展开面积计算	
011404012	梁柱饰面油漆				
011404013	零星木装修油漆				
011404014	木地板油漆			按设计图示尺寸以面积计算。空洞、空圈、暖气包槽、壁龛的开口部分并入相应的工程量内	
011404015	木地板烫硬蜡面	1.硬蜡品种 2.面层处理要求			1.基层清理 2.烫蜡

P.5　金属面油漆

金属面油漆工程量清单项目的设置、项目特征描述的内容、计量单位及工程量计算规则应按表P.5的规定执行。

项目编码	项目名称	项目特征	计量单位	工程量计算规则	工程内容
011405001	金属面油漆	1.构件名称 2.腻子名称 3.刮腻子要求 4.防护材料种类 5.油漆品种、刷漆遍数	1.t 2.m²	1.以吨计量，按设计图示尺寸以质量计算 2.以平方米计量，按设计展开面积计算	1.基层清理 2.刮腻子 3.刷防护材料、油漆

P.6 抹灰面油漆

抹灰面油漆工程量清单项目的设置、项目特征描述的内容、计量单位及工程量计算规则应按表P.6的规定执行。

抹灰面油漆（编码：011406）　　　　　　　　　　　　　　　　　　　　表P.6

项目编码	项目名称	项目特征	计量单位	工程量计算规则	工程内容
011406001	抹灰面油漆	1.基层类型 2.腻子种类 3.刮腻子遍数 4.防护材料种类 5.油漆品种、刷漆遍数 6.部位	m²	按设计图示尺寸以面积计算	1.基层清理 2.刮腻子 3.刷防护材料、油漆
011406002	抹灰线条油漆	1.线条宽度、道数 2.腻子种类 3.刮腻子遍数 4.防护材料种类 5.油漆品种、刷漆遍数	m	按设计图示尺寸以长度计算	1.基层清理 2.刮腻子 3.刷防护材料、油漆
011406003	满刮腻子	1.基层类型 2.腻子种类 3.刮腻子遍数	m²	按设计图示尺寸以面积计算	1.基层清理 2.刮腻子

P.7 刷喷涂料

喷刷涂料工程清单项目的设置、项目特征描述的内容、计量单位及工程量计算规则应按表P.7的规定执行。

喷刷涂料（编码：011407）　　　　　　　　　　　　　　　　　　　　表P.7

项目编码	项目名称	项目特征	计量单位	工程量计算规则	工程内容
011407001	墙面喷刷涂料	1.基层类型 2.喷刷涂料部位 3.腻子种类 4.刮腻子要求 5.涂料品种、喷刷遍数	m²	按设计图示尺寸以面积计算	1.基层清理 2.刮腻子 3.刷、喷涂料
011407002	天棚喷刷涂料				
011407003	空花格、栏杆刷涂料	1.腻子种类 2.刮腻子遍数 3.涂料品种、喷刷遍数		按设计图示尺寸以单面外围面积计算	
011407004	线条刷涂料	1.基层清理 2.线条宽度 3.刮腻子遍数 4.刷防护材料、油漆	m	按设计图示尺寸以长度计算	
011407005	金属构件刷防火涂料	1.喷刷防火涂料构件名称 2.防火等级要求 3.涂料品种、喷刷遍数	1.t 2.m²	1.以吨计量，按设计图示尺寸以质量计算 2.以平方米计量，按设计展开面积计算	1.基层清理 2.刷防护材料、油漆
011407006	木材构件喷刷防火涂料		m²	以平方米计量，按设计图示尺寸以面积计算	1.基层清理 2.刷防火材料

注：喷刷墙面涂料部位要注明内墙或外墙。

P.8 裱糊

裱糊工程量清单项目的设置、项目特征描述的内容、计量单位及工程量计算规则应按表 P.8 的规定执行。

裱糊（编码：011408） 表P.8

项目编码	项目名称	项目特征	计量单位	工程量计算规则	工程内容
011408001	墙纸裱糊	1.基层类型 2.裱糊构件部位 3.腻子种类 4.刮腻子遍数 5.粘结材料种类 6.防护材料种类 7.面层材料品种、规格、颜色	m²	按设计图示尺寸以面积计算	1.基层清理 2.刮腻子 3.面层铺粘 4.刷防护材料
011408002	织锦缎裱糊				

附录 Q 其他装饰工程

Q.1 柜类、货架

柜类、货架工程量清单项目的设置、项目特征描述的内容、计量单位及工程量计算规则应按表 Q.1 的规定执行。

柜类、货架（编码：011501） 表Q.1

项目编码	项目名称	项目特征	计量单位	工程量计算规则	工程内容
011501001	柜台				
011501002	酒柜				
011501003	衣柜				
011501004	存包柜				
011501005	鞋柜				
011501006	书柜				
011501007	厨房壁柜				
011501008	木壁柜	1.台柜规格 2.材料种类、规格 3.五金种类、规格 4.防护材料种类 5.油漆品种、刷漆遍数	1.个 2.m 3.m³	1.以个计量，按设计图示数量计量 2.以米计量，按设计图示尺寸以延长米计算 3.以立方米计量，按设计图示尺寸以体积计算	1.台柜制作、运输、安装（安放） 2.刷防护材料、油漆 3.五金件安装
011501009	厨房低柜				
011501010	厨房吊柜				
011501011	矮柜				
011501012	吧台背柜				
011501013	酒吧吊柜				
011501014	酒吧台				
011501015	展台				
011501016	收银台				
011501017	试衣间				
011501018	货架				
011501019	书架				
011501020	服务台				

Q.2 压条、装饰线

压条、装饰线工程量清单项目的设置、项目特征描述的内容、计量单位及工程量计算规则应按表Q.2的规定执行。

压条、装饰线（编码：011502）　　　　　　　　　　　　　　　　表Q.2

项目编码	项目名称	项目特征	计量单位	工程量计算规则	工程内容
011502001	金属装饰线	1.基层类型 2.线条材料品种、规格、颜色 3.防护材料种类	m	按设计图示尺寸以长度计算	1.线条制作、安装 2.刷防护材料
011502002	木质装饰线				
011502003	石材装饰线				
011502004	石膏装饰线				
011502005	镜面玻璃线	1.基层类型 2.线条材料品种、规格、颜色 3.防护材料种类			
011502006	铝塑装饰线				
011502007	塑料装饰线				
011502008	GRC装饰线条	1.基层类型 2.线条规格 3.线条安装部位 4.填充材料种类			线条制作安装

Q.3 扶手、栏杆、栏板装饰

扶手、栏杆、栏板装饰工程量清单项目的设置、项目特征描述的内容、计量单位及工程量计算规则应按表Q.3的规定执行。

扶手、栏杆、栏板（编码：011503）　　　　　　　　　　　　　　表Q.3

项目编码	项目名称	项目特征	计量单位	工程量计算规则	工程内容
011503001	金属扶手、栏杆、栏板	1.扶手材料种类、规格 2.栏杆材料种类、规格 3.栏板材料种类、规格、颜色 4.固定配件种类 5.防护材料种类	m	按设计图示以扶手中心线长度（包括弯头长度）计算	1.制作 2.运输 3.安装 4.刷防护材料
011503002	硬木扶手、栏杆、栏板				
011503003	塑料扶手、栏杆、栏板				
011503004	GRC栏杆、扶手	1.栏杆的规格 2.安装间距 3.扶手类型、规格 4.填充材料种类			

项目编码	项目名称	项目特征	计量单位	工程量计算规则	工程内容
011503005	金属靠墙扶手	1. 扶手材料种类、规格 2. 固定配件种类 3. 防护材料种类	m	按设计图示以扶手中心线长度（包括弯头长度）计算	1. 制作 2. 运输 3. 安装 4. 刷防护材料
011503006	硬木靠墙扶手				
011503007	塑料靠墙扶手				
011503008	玻璃栏板	1. 栏杆玻璃的种类、规格、颜色 2. 固定方式 3. 固定配件种类			

Q.4 暖气罩

暖气罩工程量清单项目的设置、项目特征描述的内容、计量单位及工程量计算规则应按表Q.4的规定执行。

暖气罩（编码：011504）   表Q.4

项目编码	项目名称	项目特征	计量单位	工程量计算规则	工程内容
011504001	饰面板暖气罩	1. 暖气罩材质 2. 防护材料种类	m²	按设计图示尺寸以垂直投影面积（不展开）计算	1. 暖气罩制作、运输、安装 2. 刷防护材料、油漆
011504002	塑料板暖气罩				
011504003	金属暖气罩				

Q.5 浴厕配件

浴厕配件工程量清单项目的设置、项目特征描述的内容、计量单位及工程量计算规则应按表Q.5的规定执行。

浴厕配件（编码：011505）   表Q.5

项目编码	项目名称	项目特征	计量单位	工程量计算规则	工程内容
011505001	洗漱台	1. 材料品种、规格、颜色 2. 支架、配件品种、规格	1. m² 2. 个	1. 按设计图示尺寸以台面外接矩形面积计算。不扣除孔洞、挖弯、削角所占面积，挡板、吊沿板面积并入台面面积内 2. 按设计图示数量计算	1. 台面及支架制作、运输、安装 2. 杆、环、盒、配件安装 3. 刷油漆
011505002	晒衣架		个	按设计图示数量计算	
011505003	帘子杆				
011505004	浴缸拉手				
011505005	卫生间扶手				

项目编码	项目名称	项目特征	计量单位	工程量计算规则	工程内容
011505006	毛巾杆（架）	1.材料品种、规格、颜色 2.支架、配件品种、规格	套	按设计图示数量计算	1.台面及支架制作、运输、安装 2.杆、环、盒、配件安装 3.刷油漆
011505007	毛巾环		副		
011505008	卫生纸盒		个		
011505009	肥皂盒				
011505010	镜面玻璃	1.镜面玻璃品种、规格 2.框材质、断面尺寸 3.基层材料种类 4.防护材料种类	m²	按设计图示尺寸以边框外围面积计算	1.基层安装 2.玻璃及框制作、运输、安装
011505011	镜箱	1.箱材质、规格 2.玻璃品种、规格 3.基层材料种类 4.防护材料种类 5.油漆品种、刷漆遍数	个	按设计图示数量计算	1.基层安装 2.箱体制作、运输、安装 3.玻璃安装 4.刷防护材料、油漆

Q.6 雨篷、旗杆

雨篷、旗杆工程量清单项目的设置、项目特征描述的内容、计量单位及工程量计算规则应按表 Q.6 的规定执行。

雨篷、旗杆（编码：011506）　　　　　　　表Q.6

项目编号	项目名称	项目特征	计量单位	工程量计算规则	工程内容
011506001	雨篷吊挂饰面	1.基层类型 2.龙骨材料种类、规格、中距 3.面层材料品种、规格 4.吊顶（天棚）材料品种、规格 5.嵌缝材料种类 6.防护材料种类	m²	按设计图示尺寸以水平投影面积计算	1.底层抹灰 2.龙骨基层安装 3.面层安装 4.刷防护材料、油漆
011506002	金属旗杆	1.旗杆材料、种类、规格 2.旗杆高度 3.基础材料种类 4.基座材料种类 5.基座面层材料、种类、规格	根	按设计图示数量计算	1.土石挖、填、运 2.基础混凝土浇筑 3.旗杆制作、安装 4.旗杆台座制作、饰面
011506003	玻璃雨篷	1.玻璃雨篷固定方式 2.龙骨材料种类、规格、中距 3.玻璃材料品种、规格 4.嵌缝材料种类 5.防护材料种类	m²	按设计图示尺寸以水平投影面积计算	1.龙骨基层安装 2.面层安装 3.刷防护材料、油漆

Q.7 招牌、灯箱

招牌、灯箱工程量清单项目的设置、项目特征描述的内容、计量单位及工程量计算规则应按表 Q.7 的规定执行。

项目编码	项目名称	项目特征	计量单位	工程量计算规则	工程内容
011507001	平面、箱式招牌	1.箱体规格 2.基层材料种类 3.面层材料种类 4.防护材料种类	m²	按设计图示尺寸以正立面边框外围面积计算。复杂形的凸凹造型部分不增加面积	1.基层安装 2.箱体及支架制作、运输、安装 3.面层制作、安装 4.刷防护材料、油漆
011507002	竖式标箱		个	按设计图示数量计算	
011507003	灯箱	1.箱体规格 2.基层材料种类 3.面层材料种类 4.保护材料种类 5.户数			
011507004	信报箱				

Q.8　美术字

美术字工程量清单项目的设置、项目特征描述的内容、计量单位及工程量计算规则应按表Q.8的规定执行。

美术字（编码：011508）　　　　　　　　　　　　　　　表Q.8

项目编码	项目名称	项目特征	计量单位	工程量计算规则	工程内容
011508001	泡沫塑料字	1.基层类型 2.镌字材料品种、颜色 3.字体品格 4.固定方式 5.油漆品种、刷漆遍数	个	按设计图示数量计算	1.字制作、运输、安装 2.刷油漆
011508002	有机玻璃字				
011508003	木质字				
011508004	金属字				
011508005	吸塑字				

附录R　拆除工程

R.1　砖砌体拆除

砖砌体拆除工程量清单项目的设置、项目特征描述的内容、计量单位及工程量计算规则应按表R.1的规定执行。

砖砌体拆除（编码：011601）　　　　　　　　　　　　　　　表R.1

项目编码	项目名称	项目特征	计量单位	工程量计算规则	工程内容
011601001	砖砌体拆除	1.砌体名称 2.砌体材质 3.拆除高度 4.拆除砌体的截面尺寸 5.砌体表面的附着物种类	1.m³ 2.m	1.以立方米计量，按拆除的体积计算 2.以米计量，按拆除的延长米计算	1.拆除 2.控制扬尘 3.清理 4.建渣场内、外运输

注：1.砌体名称指墙、柱、水池等。
　　2.砌体表面的附着物种类指抹灰层、块料层、龙骨及装饰面层等。
　　3.以米计量，如砖地沟、砖明沟等必须描述拆除部位的截面尺寸；以立方米计量，截面尺寸则不必描述。

R.2 混凝土及钢筋混凝土构件拆除

混凝土及钢筋混凝土构件拆除工程量清单项目的设置、项目特征描述的内容、计量单位及工程量计算规则应按表R.2的规定执行。

混凝土及钢筋混凝土构件拆除（编码：011602） 表R.2

项目编码	项目名称	项目特征	计量单位	工程量计算规则	工程内容
011602001	混凝土构件拆除	1.构件名称 2.拆除构件的厚度或规格尺寸 3.构件表面的附着物种类	1.m³ 2.m² 3.m	1.以立方米计量，按拆除构件的混凝土的体积计算 2.以平方米计量，按拆除部位的面积计算 3.以米计量，按拆除部件的延长米计算	1.拆除 2.控制扬尘 3.清理 4.建渣场内、外运输
011602002	钢筋混凝土构件拆除				

注：1.以立方米作为计量单位时，可不描述构件的规格尺寸；以平方米作为计量单位时，则应描述构件的厚度；以米作为计量单位时，则必须描述构件的规格尺寸。

2.构件表面的附着物种类指抹灰层、块料层、龙骨及装饰面层等。

R.3 木构件拆除

木构件拆除工程量清单项目的设置、项目特征描述的内容、计量单位及工程量计算规则应按表R.3的规定执行。

木构件拆除（编码：011603） 表R.3

项目编码	项目名称	项目特征	计量单位	工程量计算规则	工程内容
011603001	木构件拆除	1.构件名称 2.拆除构件的厚度或规格尺寸 3.构件表面的附着物种类	1.m³ 2.m² 3.m	1.以立方米计量，按拆除构件的体积计算 2.以平方米计量，按拆除面积计算 3.以米计量，按拆除延长米计算	1.拆除 2.控制扬尘 3.清理 4.建渣场内、外运输

注：1.拆除木构件应按木梁、木柱、木楼梯、木屋架、承重木楼板等分别在构件名称中描述。

2.以立方米作为计量单位时，可不描述构件的规格尺寸；以平方米作为计量单位时，则应描述构件的厚度；以米作为计量单位时，则必须描述构件的规格尺寸。

3.构件表面的附着物种类指抹灰层、块料层、龙骨及装饰面层等。

R.4 抹灰层拆除

抹灰层拆除工程量清单项目的设置、项目特征的描述内容、计量单位及工程量计算规则应按表R.4的规定执行。

项目编码	项目名称	项目特征	计量单位	工程量计算规则	工程内容
011604001	平面抹灰层拆除	1.拆除部位 2.抹灰层种类	m²	按拆除部位的面积计算	1.拆除 2.控制扬尘 3.清理 4.建渣场内、外运输
011604002	立面抹灰层拆除				
011604003	天棚抹灰面拆除				

注：1.单独拆除抹灰层应按本表中的项目编码列项。

2.抹灰层种类可描述为一般抹灰或装饰抹灰。

R.5 块料面层拆除

块料面层拆除工程量清单项目的设置、项目特征描述的内容、计量单位及工程量计算规则应按表R.5的规定执行。

项目编码	项目名称	项目特征	计量单位	工程量计算规则	工程内容
011605001	平面块料拆除	1.拆除的基层类型 2.饰面材料种类	m²	按拆除面积计算	1.拆除 2.控制扬尘 3.清理 4.建渣场内、外运输
011605002	立面块料拆除				

注：1.如仅拆除块料层，拆除的基层类型不用描述。

2.拆除的基层类型的描述指砂浆层、防水层、干挂或挂贴所采用的钢骨架层等。

R.6 龙骨及饰面拆除

龙骨及饰面拆除工程量清单项目的设置、项目特征描述的内容、计量单位及工程量计算规则应按表R.6的规定执行。

项目编码	项目名称	项目特征	计量单位	工程量计算规则	工程内容
011606001	楼地面龙骨及饰面拆除	1.拆除的基层类型 2.龙骨及饰面材料种类	m²	按拆除面积计算	1.拆除 2.控制扬尘 3.清理 4.建渣场内、外运输
011606002	墙柱面龙骨及饰面拆除				
011606003	天棚面龙骨及饰面拆除				

注：1.基层类型的描述指砂浆层、防水层等。

2.如仅拆除龙骨及饰面，拆除的基层类型不用描述。

3.如只拆除饰面，不用描述龙骨材料种类。

R.7 屋面拆除

屋面拆除工程量清单项目的设置、项目特征描述的内容、计量单位及工程量计算规则应按表R.7的规定执行。

屋面拆除（编码：011607）　　　　　　　　　　　　　　　　表 R.7

项目编码	项目名称	项目特征	计量单位	工程量计算规则	工程内容
011607001	刚性层拆除	刚性层厚度	m²	按铲除部位的面积计算	1.拆除 2.控制扬尘 3.清理 4.建渣场内、外运输
011607002	防水层拆除	防水层种类			

R.8 铲除油漆涂料裱糊面

铲除油漆涂料裱糊面工程量清单项目的设置、项目特征描述的内容、计量单位及工程量计算规则应按表R.8的规定执行。

铲除油漆涂料裱糊面（编码：011608）　　　　　　　　　　　表R.8

项目编码	项目名称	项目特征	计量单位	工程量计算规则	工程内容
011608001	铲除油漆面	1.铲除部位的名称 2.铲除部位的截面尺寸	1.m² 2.m	1.以平方米计量，按铲除部位的面积计算 2.以米计量，按铲除部位的延长米计算	1.拆除 2.控制扬尘 3.清理 4.建渣场内、外运输
011608002	铲除涂料面				
011608003	铲除裱糊面				

注：1.单独铲除油漆涂料裱糊面的工程按本表中的项目编码列项。
　　2.铲除部位名称的描述指墙面、柱面、天棚、门窗等。
　　3.按米计量时，必须描述铲除部位的截面尺寸；按平方米计量时，则不用描述铲除部位的截面尺寸。

R.9 栏杆栏板、轻质隔断隔墙拆除

栏杆栏板、轻质隔断隔墙拆除工程量清单项目的设置、项目特征描述的内容、计量单位及工程量计算规则应按表R.9的规定执行。

栏杆栏板、轻质隔断隔墙拆除（编码：011609）　　　　　　　表R.9

项目编码	项目名称	项目特征	计量单位	工程量计算规则	工程内容
011609001	栏杆、栏板拆除	1.栏杆（板）的高度 2.栏杆、栏板种类	1.m² 2.m	1.以平方米计量，按拆除部位的面积计算 2.以米计量，按拆除的延长米计算	1.拆除 2.控制扬尘 3.清理 4.建渣场内、外运输
011609002	隔断隔墙拆除	1.拆除隔墙的骨架种类 2.拆除隔墙的饰面种类	m²	按拆除部位的面积计算	

注：以平方米计量，不用描述栏杆（板）的高度。

R.10 门窗拆除

门窗拆除工程量清单项目的设置、项目特征描述的内容、计量单位及工程量计算规则应按表R.10 的规定执行。

门窗拆除（编码：011610）   表R.10

项目编码	项目名称	项目特征	计量单位	工程量计算规则	工程内容
011610001	木门窗拆除	1.室内高度 2.门窗洞口尺寸	1.m² 2.樘	1.以平方米计量，按拆除面积计算 2.以樘计量，按拆除樘数计算	1.拆除 2.控制扬尘 3.清理 4.建渣场内、外运输
011610002	金属门窗拆除				

注：门窗拆除以平方米计量，不用描述门窗的洞口尺寸。室内高度指室内楼地面至门窗的上边框。

R.11 金属构件拆除

金属构件拆除工程量清单项目的设置、项目特征描述的内容、计量单位及工程量计算规则应按表 R.11 的规定执行。

金属构件拆除（编码：011611）   表 R.11

项目编码	项目名称	项目特征	计量单位	工程量计算规则	工程内容
011611001	钢梁拆除	1.构件名称 2.拆除构件的规格尺寸	1.t 2.m	1.以吨计量，按拆除构件的质量计算 2.以米计量，按拆除延长米计算	1.拆除 2.控制扬尘 3.清理 4.建渣场内、外运输
011611002	钢柱拆除				
011611003	钢网架拆除		t	按拆除构件的质量计算	
011611004	钢支撑、钢墙架拆除		1.t 2.m	1.以吨计量，按拆除构件的质量计算 2.以米计量，按拆除延长米计算	
011611005	其他金属构件拆除				

R.12 管道及卫生洁具拆除

管道及卫生洁具拆除工程量清单项目的设置、项目特征描述的内容、计量单位及工程量计算规则应按表 R.12 的规定执行。

管道及卫生洁具拆除（编码：011612）   表 R.12

项目编码	项目名称	项目特征	计量单位	工程量计算规则	工程内容
011612001	管道拆除	1.管道种类、材质 2.管道上的附着物种类	m	按拆除管道的延长米计算	1.拆除 2.控制扬尘 3.清理 4.建渣场内、外运输
011612002	卫生洁具拆除	卫生洁具种类	1.套 2.个	按拆除的数量计算	

R.13 灯具、玻璃拆除

灯具、玻璃拆除工程量清单项目的设置、项目特征描述的内容、计量单位及工程量计算规则应按表 R.13 的规定执行。

灯具、玻璃拆除（编码：011613） 表 R.13

项目编码	项目名称	项目特征	计量单位	工程量计算规则	工程内容
011613001	灯具拆除	1.拆除灯具高度 2.灯具种类	套	按拆除的数量计算	1.拆除 2.控制扬尘 3.清理 4.建渣场内、外运输
011613002	玻璃拆除	1.玻璃厚度 2.拆除部位	m²	按拆除的面积计算	

注：拆除部位的描述指门窗玻璃、隔断玻璃、墙玻璃、家具玻璃等。

R.14 其他构件拆除

其他构件拆除工程量清单项目的设置、项目特征描述的内容、计量单位及工程量计算规则应按表 R.14 的规定执行。

其他构件拆除（编码：011614） 表R.14

项目编码	项目名称	项目特征	计量单位	工程量计算规则	工程内容
011614001	暖气罩拆除	暖气罩材质	1.个 2.m	1.以个为单位计量，按拆除个数计算 2.以米为单位计量，按拆除延长米计算	1.拆除 2.控制扬尘 3.清理 4.建渣场内、外运输
011614002	柜体拆除	1.柜体材料 2.柜体尺寸：长、宽、高			
011614003	窗台板拆除	窗台板平面尺寸	1.块 2.m	1.以块计量，按拆除数量计算 2.以米计量，按拆除的延长米计算	
011614004	筒子板拆除	筒子板的平面尺寸			
011614005	窗帘盒拆除	窗帘盒的平面尺寸	m	按拆除的延长米计算	
011614006	窗帘轨拆除	窗帘轨的材质			

注：双轨窗帘轨拆除按双轨长度分别计算工程量。

R.15 开孔（打洞）

开孔（打洞）工程量清单项目的设置、项目特征描述的内容、计量单位及工程量计算规则应按表 R.15 的规定执行。

项目编码	项目名称	项目特征	计量单位	工程量计算规则	工程内容
011615001	开孔 （打洞）	1.部位 2.打洞部位材质 3.洞尺寸	个	按数量计算	1.拆除 2.控制扬尘 3.清理 4.建渣场内、外运输

注：1.部位可描述为墙面或楼板。
　　2.打洞部位材质可描述为页岩砖或空心砖或钢筋混凝土等。

附录S　措施项目
（注：S.2混凝土模板及支架（撑）因篇幅省略）

S.1　脚手架工程

脚手架工程工程量清单项目的设置、项目特征描述的内容、计量单位及工程量计算规则应按表S.1的规定执行。

脚手架工程（编码：011701）　　　　　　　　　　表 S.1

项目编码	项目名称	项目特征	计量单位	工程量计算规则	工程内容
011701001	综合脚手架	1.建筑结构形式 2.檐口高度	m²	按建筑面积计算	1.场内、场外材料搬运 2.搭、拆脚手架、斜道、上料平台 3.安全网的铺设 4.选择附墙点与主体连接 5.测试电动装置、安全锁等 6.拆除脚手架后材料的堆放
011701002	外脚手架	1.搭设方式 2.搭设高度 3.脚手架材质		按所服务对象的垂直投影面积计算	1.场内、场外材料搬运 2.搭、拆脚手架、斜道、上料平台 3.安全网的铺设 4.拆除脚手架后材料的堆放
011701003	里脚手架				
011701004	悬空脚手架	1.搭设方式 2.搭设高度 3.脚手架材质		按搭设的水平投影面积计算	
011701005	挑脚手架		m	按搭设长度乘以搭设层数以延长米计算	
011701006	满堂脚手架	1.搭设方式 2.搭设高度 3.脚手架材质		按搭设的水平投影面积计算	
011701007	整体提升架	1.搭设方式及启动装置 2.搭设高度	m²	按所服务对象的垂直投影面积计算	1.场内、场外材料搬运 2.选择附墙点与主体连接 3.搭、拆脚手架、斜道、上料平台 4.安全网的铺设 5.测试电动装置、安全锁等 6.拆除脚手架后材料的堆放

项目编码	项目名称	项目特征	计量单位	工程量计算规则	工程内容
011701008	外装饰吊篮	1.升降方式及启动装置 2.搭设高度及吊篮型号	m²	按所服务对象的垂直投影面积计算	1.场内、场外材料搬运 2.吊篮的安装 3.测试电动装置、安全锁、平衡控制器等 4.吊篮的拆卸

注: 1. 使用综合脚手架时,不再使用外脚手架、里脚手架等单项脚手架;综合脚手架适用于能够按"建筑面积计算规则"计算建筑面积的建筑工程脚手架,不适用于房屋加层、构筑物及附属工程脚手架。

2. 同一建筑物有不同檐高时,按建筑物竖向切面分别按不同檐高编列清单项目。

3. 整体提升架已包括2m高的防护架体设施。

4. 脚手架材质可以不描述,但应注明由投标人根据工程实际情况按照国家现行标准《建筑施工扣件式钢管脚手架安全技术规范》JGJ 130、《建筑施工附着升降脚手架管理暂行规定》(建建〔2000〕230号)等规范自行确定。

S.3 垂直运输

垂直运输工程量清单项目的设置、项目特征描述的内容、计量单位及工程量计算规则应按表S.3的规定执行。

垂直运输(编码:011703) 表S.3

项目编码	项目名称	项目特征	计量单位	工程量计算规则	工程内容
011703001	垂直运输	1.建筑物建筑类型及结构形式 2.地下室建筑面积 3.建筑物檐口高度、层数	1. m² 2. 天	1.按建筑面积计算 2.按施工工期日历天数计算	1.垂直运输机械的固定装置、基础制作、安装 2.行走式垂直运输机械轨道的铺设、拆除、摊销

注: 1. 建筑物的檐口高度是指设计室外地坪至檐口滴水的高度(平屋顶系指屋面板底高度),突出主体建筑物屋顶的电梯机房、楼梯出口间、水箱间、眺望塔、排烟机房等不计入檐口高度。

2. 垂直运输指施工工程在合理工期内所需垂直运输机械。

3. 同一建筑物有不同檐高时,按建筑物的不同檐高做纵向分割,分别计算建筑面积,以不同檐高分别编码列项。

S.4 超高施工增加

超高施工增加工程量清单项目的设置、项目特征描述的内容、计量单位及工程量计算规则应按表S.4的规定执行。

超高施工增加（编码：011704） 表S.4

项目编码	项目名称	项目特征	计量单位	工程量计算规则	工程内容
011704001	超高施工增加	1.建筑物建筑类型及结构形式 2.建筑物檐口高度、层数 3.单层建筑物檐口高度超过20m，多层建筑物超过6层部分的建筑面积	m²	按建筑物超高部分的建筑面积计算	1.建筑物超高引起的人工工效降低以及由于人工工效降低引起的机械降效 2.高层施工用水加压水泵的安装、拆除及工作台班 3.通信联络设备的使用及摊销

注：1.单层建筑物檐口高度超过20m，多层建筑物超过6层时，可按超高部位的建筑面积计算超高施工增加。计算层数时，地下室不计入层数。

2.同一建筑物有不同檐高时，可按不同高度的建筑面积分别计算建筑面积，以不同檐高分别编码列表。

S.5 大型机械设备进出场及安拆

大型机械设备进出场及安拆工程量清单项目的设置、项目特征描述的内容、计量单位及工程量计算规则应按表S.5的规定执行。

大型机械设备进出场及安拆（编码：011705） 表 S.5

项目编码	项目名称	项目特征	计量单位	工程量计算规则	工程内容
011705001	大型机械设备进出场及安拆	1.机械设备名称 2.机械设备规格、型号	台次	按使用机械设备的数量计算	1.安拆费包括施工机械、设备在现场进行安装拆卸所需人工、材料、机械和试运转费用以及机械辅助设施的折旧、搭设、拆除等费用 2.进出场费包括施工机械、设备整体或分体自停放地点运至施工现场或由一施工地点运至另一施工地点所发生的运输、装卸、辅助材料等费用

S.6 施工排水、降水

施工排水、降水工程量清单项目的设置、项目特征描述的内容、计量单位及工程量计算规则应按表S.6的规定执行。

施工排水、降水（编码：011706） 表S.6

项目编码	项目名称	项目特征	计量单位	工程量计算规则	工程内容
011706001	成井	1.成井方式 2.地层情况 3.成井直径 4.井（滤）管类型、直径	m	按设计图示尺寸以钻孔深度计算	1.准备钻孔机械、埋设护筒、钻机就位；泥浆制作、固壁、成孔、出渣、清孔等 2.对接上、下井管（滤管）、焊接、安放、下滤料、洗井、连接试抽等
011706002	排水、降水	1.机械规格、型号 2.降排水管规格	昼夜	按排、降水日历天数计算	1.管道安装、拆除、场内搬运等 2.抽水、值班、降水设备维修等

注：相应专项设计不具备时，可按暂估量计算。

S.7 安全文明施工及其他措施项目

安全文明施工及其他措施项目工程量清单项目的设置、项目特征描述的内容、计量单位及工程量计算规则应按表S.7的规定执行。

安全文明施工及其他措施项目（编码：011707） 表S.7

项目编码	项目名称	工作内容及包含范围
011707001	安全文明施工	1.环境保护包含范围：现场施工机械设备降低噪声、防扰民措施费用；水泥和其他易飞扬细颗粒建筑材料密闭存放或采取覆盖措施等费用；工程防扬尘洒水费用；土石方、建渣外运车辆冲洗、防洒漏等费用；现场污染源的控制、生活垃圾清理外运、场地排水排污措施的费用；其他环境保护措施费用 2.文明施工包含范围："五牌一图"的费用；现场围挡的墙面美化（包括内外粉刷、刷白、标语等）、压顶装饰费用；现场厕所便槽刷白、贴面砖，水泥砂浆地面或地砖费用，建筑物内临时便溺设施费用；其他施工现场临时设施的装饰装修、美化措施费用；现场生活卫生设施费用；符合卫生要求的饮水设备、淋浴、消毒等设施费用；生活用洁净燃料费用；防煤气中毒、防蚊虫叮咬等措施费用；施工现场操作场地的硬化费用；现场绿化费用、治安综合治理费用；现场配备医药保健器材、物品费用和急救人员培训费用；用于现场工人的防暑降温费、电风扇、空调等设备及用电费用；其他文明施工措施费用 3.安全施工包含范围：安全资料、特殊作业专项方案的编制，安全施工标志的购置及安全宣传的费用；"三宝"（安全帽、安全带、安全网）、"四口"（楼梯口、电梯井口、通道口、预留洞口）、"五临边"（阳台围边、楼板围边、屋面围边、槽坑围边、卸料平台两侧），水平防护架、垂直防护架、外架封闭等防护的费用；施工安全用电的费用，包括配电箱三级配电、两级保护装置要求、外电防护措施；起重机、塔式起重机等起重设备（含井架、门架）及外用电梯的安全防护措施（含警示标志）费用及卸料平台的临边防护、层间安全门、防护棚等设施费用；建筑工地起重机械的检验检测费用；施工机具防护棚及其围栏的安全保护设施费用；施工安全防护通道的费用；工人的安全防护用品、用具购置费用；消防设施与消防器材的配置费用；电气保护、安全照明设施费；其他安全防护措施费用 4.临时设施包含范围：施工现场采用彩色、定型钢板、砖、混凝土砌块等围挡的安砌、维修、拆除费或摊销费；施工现场临时建筑物、构筑物的搭设、维修、拆除或摊销的费用，如临时宿舍、办公室、食堂、厨房、厕所、诊疗所、临时文化福利用房、临时仓库、加工场、搅拌台、临时简易水塔、水池等；施工现场临时设施的搭设、维修、拆除或摊销的费用，如临时供水管道、临时供电管线、小型临时设施等；施工现场规定范围内临时简易道路铺设，临时排水沟、排水设施安砌、维修、拆除的费用；其他临时设施的搭设、维修、拆除或摊销的费用
011707002	夜间施工	1.夜间固定照明灯具和临时可移动照明灯具的设置、拆除 2.夜间施工时，施工现场交通标志、安全标牌、警示灯等的设置、移动、拆除 3.包括夜间照明设备摊销及照明用电、施工人员夜班补助、夜间施工劳动效率降低等费用
011707003	非夜间施工照明	为保证工程施工正常运行，在地下室等特殊施工部位施工时所采用的照明设备的安拆、维护及照明用电等
011707004	二次搬运	包括由于施工场地条件限制而发生的材料、成品、半成品等一次运输不能到达堆放地点，必须进行二次或多次搬运的费用

项目编码	项目名称	工作内容及包含范围
011707005	冬雨季施工	1.冬雨（风）季施工时增加的临时设施（防寒保温、防雨、防风设施）的搭设、拆除 2.冬雨（风）季施工时，对砌体、混凝土等采用的特殊加温、保温和养护措施 3.冬雨（风）季施工时，施工现场的防滑处理、对影响施工的雨雪的清除 4.包括冬雨（风）季施工时增加的临时设施的摊销、施工人员的劳动保护用品、冬雨（风）季施工劳动效率降低等费用
011707006	地上、地下设施、建筑物的临时保护设施	在工程施工过程中，对已建成的地上、地下设施和建筑物进行的遮盖、封闭、隔离等必要保护措施所发生的费用
011707007	已完成工程及设备保护	对已完工程及设备采取的覆盖、包裹、封闭、隔离等必要保护措施

注：本表所列项目应根据工程实际情况计算措施项目费用，需分摊的应合理计算摊销费用。

建筑装饰工程计量与计价

附录三 《江苏省建筑与装饰工程计价定额》
（2014 年）（节选）

第十三章 楼地面工程定额（节选）

13.2 找平层

工作内容：清理基层、调运砂浆、抹平、压实。

计量单位：10m²

定额编号			13-15		13-16		13-17	
			水泥砂浆（厚20mm）					
项目	单位	单价	混凝土或硬基层上		在填充材料上		厚度每增（减）5mm	
			数量	合计	数量	合计	数量	合计
综合单价	元		130.68		163.84		28.51	
其中	人工费	元	54.94		68.88		10.66	
	材料费	元	48.69		60.91		12.22	
	机械费	元	4.91		6.25		1.23	
	管理费	元	14.96		18.78		2.97	
	利润	元	7.18		9.02		1.43	
二类工		工日	82.00	0.67	54.94	0.84	68.88	0.13	10.66
材料	80010125 水泥砂浆 (1:3)	m³	239.65	0.202	48.41	0.253	60.63	0.051	12.22
	31150101 水	m³	4.70	0.06	0.28	0.06	0.28		
机械	99050503 灰浆搅拌机（拌筒容量200L）	台班	122.64	0.04	4.91	0.051	6.25	0.01	1.23

13.3 整体面层

工作内容：清理基层、调运砂浆、抹平、压光、养护。

计量单位：表中所示

定额编号			13-22		13-23		13-24		13-25	
			水泥砂浆							
			楼地面				楼梯		台阶	
项目	单位	单价	厚20mm		厚度每增（减）5mm					
			10m²				10m²水平投影面积			
			数量	合计	数量	合计	数量	合计	数量	合计
综合单价	元		165.31		30.35		827.94		408.18	
其中	人工费	元	73.80		10.66		519.06		218.94	
	材料费	元	57.47		14.06		104.22		97.31	
	机械费	元	4.91		1.23		9.20		7.97	

定额编号		单位	单价	13—22		13—23		13—24		13—25	
项目				水泥砂浆							
				楼地面				楼梯		台阶	
				厚20mm		厚度每增（减）5mm					
				10m²				10m² 水平投影面积			
				数量	合计	数量	合计	数量	合计	数量	合计
其中	管理费	元		19.68		2.97		132.07		56.73	
	利润	元		9.45		1.43		63.39		27.23	
	二类工	工日	82.00	0.90	73.80	0.13	10.66	6.33	519.06	2.67	218.94
材料	80010123 水泥砂浆（1:2）	m³	275.64	0.202	55.68	0.051	14.06	0.339	93.44	0.324	89.31
	80010125 水泥砂浆（1:3）	m³	239.65					0.034	8.15		
	31150101 水	m³	4.70	0.38	1.79			0.56	2.63	0.56	2.63
	02330104 草袋	m²	1.50							3.58	5.37
机械	99050503 灰浆搅拌机，拌筒容量200L	台班	122.64	0.04	4.91	0.01	1.23	0.075	9.20	0.065	7.97

注：1. 拱形楼板上表面粉面按地面相应子目，人工乘以系数2.0。

2. 螺旋形、圆弧形楼梯按楼梯定额执行，人工乘以系数1.20，其他不变。

3. 阶梯教室、看台台阶按楼地面定额执行，人工乘以系数1.60，其他不变。

13.3.3 自流平地面及抗静电地面

工作内容：基层清理、分层涂刷、加填料、打磨两遍。

计量单位：10m²

定额编号		单位	单价	13—41		13—42		13—43	
项目				自流平地面				抗静电地面	
				水泥砂浆（6mm厚）		环氧树脂			
				数量	合计	数量	合计	数量	合计
综合单价		元		181.88		439.37		427.45	
其中	人工费	元		101.68		101.68		54.12	
	材料费	元		41.00		290.59		339.51	
	机械费	元		1.15		6.92		10.07	
	管理费	元		25.71		27.15		16.05	
	利润	元		12.34		13.03		7.70	
	二类工	工日	82.00	1.24	101.68	1.24	101.68	0.66	54.12
材料	11110905 封闭层环氧底漆	kg	28.00			0.824	23.07	1.40	39.20
	11110908 环氧树脂面漆	kg	28.00			4.705	131.74		
	11110903 环氧清漆	kg	25.00					11.50	287.50
	11110907 环氧树脂色漆	kg	45.00			2.94	132.30		
	04090700 石英粉	kg	0.35			4.225	1.48	4.80	1.68
	04090701 石英粉（300目）	kg	0.30					12.20	3.66

定额编号				13—41		13—42		13—43	
项目		单位	单价	自流平地面				抗静电地面	
				水泥砂浆(6mm厚)		环氧树脂			
				数量	合计	数量	合计	数量	合计
材料	11450503 稀释剂	kg	14.00					0.25	3.50
	01430500 铜丝	kg	63.00					0.063	3.97
	80090322 自流平复合砂浆	kg	8.00	5.00	40.00				
	其他材料费	元			1.00		2.00		
机械	99433307 电动空气压缩机(排气量1m³/min)	台班	154.92					0.065	10.07
	99231105 平面水磨石机(功率3kW)	台班	23.87			0.29	6.92		
	其他机械费	元			1.15				

13.4 块料面层

工作内容：清理基层、锯板磨边、贴石材、擦缝、清理净面、调制水泥浆、粘结剂、刷素水泥浆。

计量单位：10m²

定额编号				13—44		13—45		13—46	
项目		单位	单价	石材块料面板					
				干硬性水泥砂浆					
				楼地面		楼梯		台阶	
				数量	合计	数量	合计	数量	合计
综合单价		元		3107.15		3507.35		3229.73	
其中	人工费	元		323.00		551.65		403.75	
	材料费	元		2651.01		2731.93		2656.93	
	机械费	元		9.95		14.35		14.35	
	管理费	元		83.24		141.50		104.53	
	利润	元		39.95		67.92		50.17	
一类工		工日	85.00	3.80	323.00	6.49	551.65	4.75	403.75
材料	07112130 石材块料面板	m²	250.00	10.20	2550.00	10.50	2625.00	10.20	2550.00
	04010611 水泥(32.5级)	kg	0.31	45.97	14.25	45.97	14.25	45.97	14.25
	80010161 干硬性水泥砂浆	m³	223.76	0.303	67.80	0.303	67.80	0.303	67.80
	80110303 素水泥浆	m³	472.71	0.01	4.73	0.01	4.73	0.01	4.73
	04010701 白水泥	kg	0.70	1.00	0.70	1.00	0.70	1.00	0.70
	03652403 合金钢切割锯片	片	80.00	0.042	3.36	0.116	9.28	0.116	9.28
	05250502 锯(木)屑	m³	55.00	0.06	3.30	0.06	3.30	0.06	3.30
	31110301 棉纱头	kg	6.50	0.10	0.65	0.10	0.65	0.10	0.65
	31150101 水	m³	4.70	0.26	1.22	0.26	1.22	0.26	1.22
	其他材料费	元			5.00		5.00		5.00

续表

定额编号				13-44		13-45		13-46	
项目		单位	单价	石材块料面板					
				干硬性水泥砂浆					
				楼地面		楼梯		台阶	
				数量	合计	数量	合计	数量	合计
机械	99050503 灰浆搅拌机（拌筒容量200L）	台班	122.64	0.061A	7.48	0.061	7.48	0.061	7.48
	99230127 石料切割机	台班	14.69	0.168	2.47	0.468	6.87	0.468	6.87

注：设计弧形贴面时，其弧形部分的石材损耗可按实调整，并按弧形图示长度每10m另外增加：切割人工0.6工日，合金钢切割锯片0.14片，石料切割机0.60台班。

工作内容：同前。

计量单位：10m²

定额编号				13-47		13-48		13-49	
项目		单位	单价	石材块料面板					
				水泥砂浆					
				楼地面		楼梯		台阶	
				数量	合计	数量	合计	数量	合计
综合单价		元		3096.69		3497.12		3219.50	
其中	人工费	元		323.00		551.65		403.75	
	材料费	元		2642.35		2723.51		2648.51	
	机械费	元		8.63		13.03		13.03	
	管理费	元		82.91		141.17		104.20	
	利润	元		39.80		67.76		50.01	
	一类工	工日	85.00	3.80	323.00	6.49	551.65	4.75	403.75
材料	07112130 石材块料面板	m²	250.00	10.20	2550.00	10.50	2625.00	10.20	2550.00
	80010121 水泥砂浆（1:1）	m³	308.42	0.081	24.98	0.081	24.98	0.081	24.98
	80010125 水泥砂浆（1:3）	m³	239.65	0.202	48.41	0.202	48.41	0.202	48.41
	80110303 素水泥浆	m³	472.71	0.01	4.73	0.01	4.73	0.01	4.73
	04010701 白水泥	kg	0.70	1.00	0.70	1.00	0.70	1.00	0.70
	31110301 棉纱头	kg	6.50	0.10	0.65	0.10	0.65	0.10	0.65
	05250502 锯(木)屑	m³	55.00	0.06	3.30	0.06	3.30	0.06	3.30
	03652403 合金钢切割锯片	片	80.00	0.042	3.36	0.119	9.52	0.119	9.52
	31150101 水	m³	4.70	0.26	1.22	0.26	1.22	0.26	1.22
	其他材料费	元			5.00		5.00		5.00
机械	99050503 灰浆搅拌机（拌筒容量200L）	台班	122.64	0.05	6.13	0.05	6.13	0.05	6.13
	99230127 石料切割机	台班	14.69	0.17	2.50	0.47	6.90	0.47	6.90

注：当地面遇到弧形贴面时，其弧形部分的石材损耗可按实调整，并按弧形图示尺寸每10米另外增加：切割人工0.60工日，合金钢切割锯片0.14片，石料切割机0.60台班。

工作内容：清理基层、锯板磨边、贴石材、擦缝、清理净面、调制水泥砂浆、刷素水泥浆。

计量单位:表中所示

定额编号			13-50		13-51		13-52		13-53	
项目	单位	单价	石材块料面板							
			踢脚线				零星项目		楼地面	
			水泥砂浆		干粉型粘结剂					
			10m				10m²			
			数量	合计	数量	合计	数量	合计	数量	合计
综合单价		元	477.53		524.98		3921.85		3380.69	
其中	人工费	元	57.80		57.80		439.45		334.90	
	材料费	元	396.74		444.49		3311.27		2913.34	
	机械费	元	1.17		0.95		6.23		6.23	
	管理费	元	14.74		14.69		111.42		85.28	
	利润	元	7.08		7.05		53.48		40.94	
一类工		工日	85.00	0.68	57.80	0.68	57.80	5.17	439.45	3.94	334.90
材料	07112130 石材块料面板	m²	250.00	1.53	382.50	1.53	382.50	11.77	2942.50	10.20	2550.00
	80010121 水泥砂浆(1:1)	m³	308.42	0.012	3.70						
	80010125 水泥砂浆(1:3)	m³	239.65	0.03	7.19	0.03	7.19	0.224	53.68	0.202	48.41
	12410163 干粉型粘结剂	kg	5.00			10.50	52.50	60.00	300.00	60.00	300.00
	80110313 901胶素水泥浆	m³	525.21	0.002	1.05						
	04010701 白水泥	kg	0.70	0.40	0.28	0.40	0.28	1.10	0.77	2.00	1.40
	31110301 棉纱头	kg	6.50	0.015	0.10	0.015	0.10	0.20	1.30	0.10	0.65
	05250502 锯(木)屑	m³	55.00	0.009	0.50	0.009	0.50	0.06	3.30	0.06	3.30
	03652403 合金钢切割锯片	片	80.00	0.006	0.48	0.006	0.48	0.042	3.36	0.042	3.36
	31150101 水	m³	4.70	0.04	0.19	0.04	0.19	0.29	1.36	0.26	1.22
	其他材料费	元			0.75		0.75		5.00		5.00
机械	99050503 灰浆搅拌机(拌筒容量200L)	台班	122.64	0.007	0.86	0.005	0.61	0.034	4.17	0.034	4.17
	99230127 石料切割机	台班	14.69	0.021	0.31	0.023	0.34	0.14	2.06	0.14	2.06

注：同前。

13.4.4 地砖、橡胶塑料板

工作内容：清理基层、锯板磨细、贴地砖、擦缝、清理净面、调制水泥砂浆、刷素水泥砂浆、调制粘结剂。

计量单位：10m²

定额编号				13—81		13—82	
项目	单位	单价		楼地面单块 0.4m²以内地砖		楼地面单块 0.4m²以外地砖	
				干硬性水泥砂浆			
				数量	合计	数量	合计
综合单价		元		1007.70		999.21	
其中	人工费	元		281.35		275.40	
	材料费	元		609.81		609.65	
	机械费	元		9.08		8.95	
	管理费	元		72.61		71.09	
	利润	元		34.85		34.12	
一类工		工日	85.00	3.31	281.35	3.24	275.40
材料	06650101 同质地砖	m²	50.00	10.20	510.00	10.20	510.00
	04010611 水泥（32.5级）	kg	0.31	45.97	14.25	45.97	14.25
	80010161 干硬性水泥砂浆	m³	223.76	0.303	67.80	0.303	67.80
	80110303 素水泥浆	m³	472.71	0.01	4.73	0.01	4.73
	04010701 白水泥	kg	0.70	1.00	0.70	1.00	0.70
	03652403 合金钢切割锯片	片	80.00	0.027	2.16	0.025	2.00
	05250502 锯(木)屑	m³	55.00	0.06	3.30	0.06	3.30
	31110301 棉纱头	kg	6.50	0.10	0.65	0.10	0.65
	31150101 水	m³	4.70	0.26	1.22	0.26	1.22
	其他材料费	元			5.00		5.00
机械	99050503 灰浆搅拌机 (拌筒容量200L)	台班	122.64	0.061	7.48	0.061	7.48
	99230127 石料切割机	台班	14.69	0.109	1.60	0.10	1.47

注：设计弧形贴面时，其弧形部分的石材损耗可按实调整，并按弧形图示长度每10m另外增加：切割人工0.6工日，合金钢切割锯片0.14片，石料切割机0.60台班。

工作内容：同前。

定额编号				13-83		13-84		13-85		13-86	
项目	单位		单价	楼地面单块0.4m²以内地砖				楼地面单块0.4m²以外地砖			
				水泥砂浆		干粉型粘结剂		水泥砂浆		干粉型粘结剂	
				数量	合计	数量	合计	数量	合计	数量	合计
综合单价			元	979.32		1189.18		970.83		1177.20	
其中	人工费		元	281.35		301.75		275.40		293.25	
	材料费		元	588.83		770.74		588.67		770.58	
	机械费		元	3.68		3.68		3.55		3.55	
	管理费		元	71.26		76.36		69.74		74.20	
	利润		元	34.20		36.65		33.47		35.62	
	一类工		工日	85.00	3.31	281.35	3.55	301.75	3.24	275.40	3.45	293.25
材料	06650101	同质地砖	m²	50.00	10.20	510.00	10.20	510.00	10.20	510.00	10.20	510.00
	80010123	水泥砂浆(1:2)	m³	275.64	0.051	14.06			0.051	14.06		
	80010125	水泥砂浆(1:3)	m³	239.65	0.202	48.41	0.202	48.41	0.202	48.41	0.202	48.41
	80110303	素水泥浆	m³	472.71	0.01	4.73			0.01	4.73		
	04010701	白水泥	kg	0.70	1.00	0.70	2.00	1.40	1.00	0.70	2.00	1.40
	12410163	干粉型粘结剂	kg	5.00			40.00	200.00			40.00	200.00
	03652403	合金钢切割锯片	片	80.00	0.027	2.16	0.027	2.16	0.025	2.00	0.025	2.00
	05250502	锯(木)屑	m³	55.00	0.06	3.30	0.06	3.30	0.06	3.30	0.06	3.30
	31110301	棉纱头	kg	6.50	0.10	0.65	0.10	0.65	0.10	0.65	0.10	0.65
	31150101	水	m³	4.70	0.26	1.22	0.26	1.22	0.26	1.22	0.26	1.22
		其他材料费	元			3.60		3.60		3.60		3.60
机械	99050503	灰浆搅拌机(拌筒容量200L)	台班	122.64	0.017	2.08	0.017	2.08	0.017	2.08	0.017	2.08
	99230127	石料切割机	台班	14.69	0.109	1.60	0.109	1.60	0.10	1.47	0.10	1.47

注：当地面遇到弧形墙面时，其弧形部分的地砖损耗可按实调整，并按弧形图示尺寸每10m增加切贴人工0.3工日。

工作内容：清理基层、锯板磨细、贴同质砖、擦缝、清理净面、调制水泥砂浆、刷素水泥浆、调制粘结剂。

计量单位：10m²

定额编号				13—87		13—88		13—89	
项目		单位	单价	楼地面地砖					
				多色简单图案镶贴					
				干硬性水泥砂浆		水泥砂浆		干粉型粘结剂	
				数量	合计	数量	合计	数量	合计
综合单价		元		1272.00		1257.15		1486.80	
其中	人工费	元		479.40		479.40		514.25	
	材料费	元		607.34		592.49		774.40	
其中	机械费	元		5.75		5.75		5.75	
	管理费	元		121.29		121.29		130.00	
	利润	元		58.22		58.22		62.40	
一类工		工日	85.00	5.64	479.40	5.64	479.40	6.05	514.25
材料	06650101 同质地砖	m²	50.00	10.20	510.00	10.20	510.00	10.20	510.00
	80010161 干硬性水泥砂浆	m³	223.76	0.303	67.80				
	80010123 水泥砂浆（1：2）	m³	275.64			0.051	14.06		
	80010125 水泥砂浆（1：3）	m³	239.65			0.202	48.41	0.202	48.41
	80110303 素水泥浆	m³	472.71			0.01	4.73		
	04010701 白水泥	kg	0.70	2.00	1.40	2.00	1.40	3.00	2.10
	04010611 水泥（32.5级）	kg	0.31	45.97	14.25				
	12410163 干粉型粘结剂	kg	5.00					40.00	200.00
	03652403 合金钢切割锯片	片	80.00	0.064	5.12	0.064	5.12	0.064	5.12
	05250502 锯（木）屑	m³	55.00	0.06	3.30	0.06	3.30	0.06	3.30
	31110301 棉纱头	kg	6.50	0.10	0.65	0.10	0.65	0.10	0.65
	31150101 水	m³	4.70	0.26	1.22	0.26	1.22	0.26	1.22
	其他材料费	元			3.60		3.60		3.60
机械	99050503 灰浆搅拌机（拌筒容量200L）	台班	122.64	0.017	2.08	0.017	2.08	0.017	2.08
	99230127 石料切割机	台班	14.69	0.25	3.67	0.25	3.67	0.25	3.67

注：多色复杂图案(弧线型)镶贴，人工乘以系数1.2，其弧形部分的地砖损耗可按实调整。

工作内容：清理基层、锯板磨边、贴同质地砖、擦缝、清理净面、调制水泥砂浆和粘结剂。

计量单位：10m²

定额编号				13—90		13—91		13—92		13—93	
项目		单位	单价	楼梯单块0.1m²以内		楼梯单块0.4m²以内		楼梯单块0.4m²以外		台阶	
				水泥砂浆							
				数量	合计	数量	合计	数量	合计	数量	合计
综合单价		元		1788.49		1651.16		1679.48		1272.24	
其中	人工费	元		828.75		729.30		750.55		468.35	
	材料费	元		632.87		632.31		631.51		610.37	
	机械费	元		14.77		14.39		14.39		14.77	
	管理费	元		210.88		185.92		191.24		120.78	
	利润	元		101.22		89.24		91.79		57.97	
一类工		工日	85.00	9.75	828.75	8.58	729.30	8.83	750.55	5.51	468.35
材料	06650101 同质地砖	m²	50.00	10.98	549.00	10.98	549.00	10.98	549.00	10.53	526.50
	80010123 水泥砂浆(1:2)	m³	275.64	0.051	14.06	0.051	14.06	0.051	14.06	0.051	14.06
	80010125 水泥砂浆(1:3)	m³	239.65	0.202	48.41	0.202	48.41	0.202	48.41	0.202	48.41
	80110303 素水泥浆	m³	472.71	0.01	4.73	0.01	4.73	0.01	4.73	0.01	4.73
	04010701 白水泥	kg	0.70	1.00	0.70	1.00	0.70	1.00	0.70	1.00	0.70
	03652403 合金钢切割锯片	片	80.00	0.09	7.20	0.083	6.64	0.073	5.84	0.09	7.20
	05250502 锯(木)屑	m³	55.00	0.06	3.30	0.06	3.30	0.06	3.30	0.06	3.30
	31110301 棉纱头	kg	6.50	0.10	0.65	0.10	0.65	0.10	0.65	0.10	0.65
	31150101 水	m³	4.70	0.26	1.22	0.26	1.22	0.26	1.22	0.26	1.22
	其他材料费	元			3.60		3.60		3.60		3.60
机械	99050503 灰浆搅拌机(拌筒容量200L)	台班	122.64	0.078	9.57	0.078	9.57	0.078	9.57	0.078	9.57
	99230127 石料切割机	台班	14.69	0.354	5.20	0.328	4.82	0.328	4.82	0.354	5.20

工作内容：同前。

定额编号				13—94		13—95		13—96	
项目		单位	单价	成品地砖踢脚线		同质地砖踢脚线			
				干粉型粘结剂		水泥砂浆		干粉型粘结剂	
				数量	合计	数量	合计	数量	合计
综合单价		元		159.08		205.37		243.95	
其中	人工费	元		25.50		83.30		92.65	
	材料费	元		122.96		89.69		115.62	
	机械费	元		0.87		1.14		1.02	
	管理费	元		6.59		21.11		23.42	
	利润	元		3.16		10.13		11.24	
一类工		工日	85.00	0.30	25.50	0.98	83.30	1.09	92.65
材料	06650101 同质地砖	m²	50.00			1.53	76.50	1.53	76.50
	10130906 成品地砖踢脚线 (h=100mm)	m	8.00	10.50	84.00				
	80010123 水泥砂浆（1:2）	m³	275.64			0.008	2.21		
	80010125 水泥砂浆（1:3）	m³	239.65	0.03	7.19	0.03	7.19	0.03	7.19
	80110313 901胶素水泥浆	m³	525.21			0.002	1.05		
	80110303 素水泥浆	m³	472.71			0.002	0.95		
	04010701 白水泥	kg	0.70	0.40	0.28	0.20	0.14	0.40	0.28
	12410163 干粉型粘结剂	kg	5.00	6.00	30.00			6.00	30.00
	03652403 合金钢切割锯片	片	80.00	0.002	0.16	0.004	0.32	0.004	0.32
	05250502 锯（木）屑	m³	55.00	0.009	0.50	0.009	0.50	0.009	0.50
	31110301 棉纱头	kg	6.50	0.015	0.10	0.015	0.10	0.015	0.10
	31150101 水	m³	4.70	0.04	0.19	0.04	0.19	0.04	0.19
	其他材料费	元			0.54		0.54		0.54
机械	99050503 灰浆搅拌机 (拌筒容量200L)	台班	122.64	0.006	0.74	0.007	0.86	0.006	0.74
	99230127 石料切割机	台班	14.69	0.009	0.13	0.019	0.28	0.019	0.28

13.5 木地板、栏杆、扶手

工作内容：埋铁件、龙骨、横撑制作、安装、铺油毡、刷防腐油等。

计量单位：10m²

定额编号				13—112		13—113		13—114	
项目		单位	单价	铺设木楞		铺设木楞水泥砂浆1：3坞龙骨		铺设木楞及毛地板水泥砂浆1：3坞龙骨	
				数量	合计	数量	合计	数量	合计
综合单价		元		323.98		507.27		1313.92	
其中	人工费	元		50.15		107.10		154.70	
	材料费	元		235.04		323.51		1058.51	
	机械费	元		14.77		27.03		31.73	
	管理费	元		16.23		33.53		46.61	
	利润	元		7.79		16.10		22.37	
一类工		工日	85.00	0.59	50.15	1.26	107.10	1.82	154.70
材料	05030600 普通木成材	m³	1600.00	0.135	216.00	0.135	216.00	0.135	216.00
	07411001 毛地板（δ25）	m²	70.00					10.50	735.00
	80010125 水泥砂浆（1：3）	m³	239.65			0.368	88.19	0.368	88.19
	12060334 防腐油	kg	6.00	2.84	17.04	2.84	17.04	2.84	17.04
	31150101 水	m³	4.70			0.06	0.28	0.06	0.28
	其他材料费	元			2.00		2.00		2.00
机械	99210103 木工圆锯机（直径500mm）	台班	27.63	0.01	0.28	0.01	0.28	0.078	2.16
	99050503 灰浆搅拌机（拌筒容量200L）	台班	122.64			0.10	12.26	0.10	12.26
	其他机械费	元			14.49		14.49		17.31

注：1. 楞木0.082m³，横撑0.033m³，木垫块0.02m³，设计与定额不符，按比例调整用量，不设木垫块应扣除。

2. 木楞与混凝土楼板用膨胀螺栓连接，按设计用量另增膨胀螺栓，电锤0.4台班。

3. 坞龙骨水泥砂浆厚度为50mm，设计与定额不符，砂浆用量按比例调整。

4. 若使用细木工板单价换算其他不变。

工作内容：清理基层、刷胶铺设地板、打磨刨光、净面。

计量单位：10m²

定额编号				13-115		13-116		13-117	
项目		单位	单价	硬木地板					
				平口		企口		免刨免漆地板	
				数量	合计	数量	合计	数量	合计
综合单价		元		1695.66		1753.88		3235.90	
其中	人工费	元		303.45		345.95		368.05	
	材料费	元		1276.52		1276.52		2728.26	
	机械费	元		2.49		2.49		2.49	
	管理费	元		76.49		87.11		92.64	
	利润	元		36.71		41.81		44.46	
	一类工	工日	85.00	3.57	303.45	4.07	345.95	4.33	368.05
材料	07410302 条形平口硬木地板	m²	120.00	10.50	1260.00				
	07410605 免刨硬木企口地板	m²	120.00			10.50	1260.00		
	(910mm×91mm×18mm)								
	07410600 免刨免漆实木地板	m²	250.00					10.50	2625.00
	03511405 地板钉（40mm）	kg	10.00	1.587	15.87	1.587	15.87	1.587	15.87
	31110301 棉纱头	kg	6.50	0.10	0.65	0.10	0.65	0.10	0.65
	12410108 粘结剂（YJ-Ⅲ）	kg	11.50					7.00	80.50
	12413546 地板水胶粉	kg	3.90					1.60	6.24
机械	99210103 木工圆锯机（直径500mm）	台班	27.63	0.09	2.49	0.09	2.49	0.09	2.49

注：木地板悬浮安装是在毛地板或水泥砂浆基层上拼装。

工作内容：1.木地板压口钉铜条：清理、定位、下料、钻眼、镶嵌、固定等。
　　　　　2.清理基层、刷胶铺设地板、打磨刨光、净面。
　　　　　3.复合木地板：清理基层、铺防潮垫、铺面层、净面等。

计量单位：表中所示

定额编号				13—118		13—119		13—120	
项目		单位	单价	木地板压口钉铜条		复合木地板			
						悬浮安装		拼装	
				10m		10m²			
				数量	合计	数量	合计	数量	合计
综合单价		元		432.57		1784.67		1407.08	
其中	人工费	元		40.80		300.90		56.95	
	材料费	元		373.10		1369.02		1325.65	
	机械费	元		2.61		2.49		2.49	
	管理费	元		10.85		75.85		14.86	
	利润	元		5.21		36.41		7.13	
	一类工	工日	85.00	0.48	40.80	3.54	300.90	0.67	56.95
材料	10030715　成品铜条（2mm×50mm）	m	35.00	10.50	367.50				
	07510105　复合地板（1818mm×303mm×8mm）	m²	100.00			10.50	1050.00	10.50	1050.00
	03030405　铜木螺钉（3.5mm×25mm）	十个	0.70	4.20	2.94				
	12410108　粘结剂（YJ–Ⅲ）	kg	11.50			3.50	40.25		
	13123509　复合地板泡沫垫	m²	25.00			11.00	275.00	11.00	275.00
	12413546　地板水胶粉	kg	3.90			0.80	3.12		
	31110301　棉纱头	kg	6.50			0.10	0.65	0.10	0.65
	其他材料费	元			2.66				
机械	99192305　电锤（功率520W）	台班	8.34	0.313	2.61				
	99210103　木工圆锯机（直径500mm）	台班	27.63			0.09	2.49	0.09	2.49

注：1.木地板悬浮安装是在毛地板或水泥砂浆基层上拼装。
　　2.复合木板拼装，板与板之间直接拼装，不使用粘结剂。

13.5.2　踢脚线

工作内容：1. 下料、制作、垫木安置、安装、清理。
　　　　　2. 刷防腐油、成品安装等。

计量单位：10m

定额编号				13—127		13—128		13—129		13—130	
项目		单位	单价	硬木踢脚线制作安装		成品铝塑板踢脚线		成品不锈钢镜面踢脚线		成品木踢脚线	
				数量	合计	数量	合计	数量	合计	数量	合计
综合单价		元		158.25		221.43		333.10		232.51	
其中	人工费	元		39.10		55.25		55.25		25.50	
	材料费	元		102.92		141.25		252.92		196.74	
	机械费	元		1.28		3.28		3.28		0.61	
	管理费	元		10.10		14.63		14.63		6.53	
	利润	元		4.85		7.02		7.02		3.13	
一类工		工日	85.00	0.46	39.10	0.65	55.25	0.65	55.25	0.30	25.50
材料	05030615　硬木成材	m³	2600.00	0.033	85.80						
	05030600　普通木成材	m³	1600.00	0.009	14.40	0.002	3.20	0.002	3.20	0.002	3.20
	05092101　细木工板（δ12）	m²	32.00			1.05	33.60	1.05	33.60		
	10130305　成品木踢脚线（h=100mm）	m	18.00							10.50	189.00
	10130911　成品铝塑板踢脚线	m²	95.00			1.05	99.75				
	10130706　不锈钢踢脚线（成品）（δ1）	m²	200.00					1.05	210.00		
	12413535　万能胶	kg	20.00			0.032	0.64	0.032	0.64		
	03510705　铁钉（70mm）	kg	4.20	0.121	0.51	0.12	0.50	0.12	0.50	0.12	0.50
	12060334　防腐油	kg	6.00	0.368	2.21	0.37	2.22	0.37	2.22	0.37	2.22
	31110301　棉纱头	kg	6.50							0.03	0.20
	其他材料费	元					1.34		2.76		1.62
机械	99210103　木工圆锯机（直径500mm）	台班	27.63	0.01	0.28	0.01	0.28	0.01	0.28	0.022	0.61
	99210311　木工压刨床（刨削宽度（单面600mm））	台班	38.56	0.017	0.66	0.017	0.66	0.017	0.66		
	99212321　木工裁口机（宽度（多面400mm））	台班	42.40	0.008	0.34	0.008	0.34	0.008	0.34		
	其他机械费	元					2.00		2.00		

注：1. 踢脚线按 150mm×20mm 毛料计算，设计断面不同，材积按比例换算。
　　2. 设计踢脚线安装在墙面木龙骨上时，应扣除木砖成材 0.009m³。
　　3. 成品踢脚线按 h=100mm 取定，实际高度不同时，踢脚线和万能胶用量可按比例调整。

13.5.4 地毯

工作内容：1. 地毯放样、剪裁、清理基层、钉压条、刷胶。
2. 地毯拼接、铺毯、修边、清扫地毯。

定额编号			13—135		13—136		13—137		13—138	
项目	单位	单价	楼地面							
			固定				不固定		方块地毯	
			单层		双层					
			数量	合计	数量	合计	数量	合计	数量	合计
综合单价	元		716.64		916.95		631.11		1038.37	
其中	人工费	元		147.05		221.00		118.15		115.60	
	材料费	元		512.44		611.44		466.50		880.00	
	机械费	元		2.00		2.00		2.00		—	
	管理费	元		37.26		55.75		30.04		28.90	
	利润	元		17.89		26.76		14.42		13.87	

			一类工	工日	85.00	1.73	147.05	2.60	221.00	1.39	118.15	1.36	115.60

材料	10430303	丙纶簇绒地毯	m²	40.00	11.00	440.00	11.00	440.00	11.00	440.00		
	10430305	方块圈绒地毯 (500mm×500mm)	m²	80.00							11.00	880.00
	05252103	木刺条	m	3.00	12.20	36.60	12.20	36.60				
	10430903	地毯烫带 (0.1m×20m/卷)	m	3.00	7.50	22.50	7.50	22.50	7.50	22.50		
	10430907	地毯衬垫 (25m²/卷)	m²	9.00			11.00	99.00				
	12413535	万能胶	kg	20.00	0.20	4.00	0.20	4.00	0.20	4.00		
	03510201	钢钉	kg	7.00	0.62	4.34	0.62	4.34				
	10030311	铝合金收口条	m	5.00	1.00	5.00	1.00	5.00				

机械	其他机械费	元			2.00		2.00		2.00		

注：1. 标准客房铺设地毯设计不拼接时，定额中地毯应按房间主墙间净面积调整含量，其他不变。
2. 地毯分色、镶边分别套用定额子目，人工乘以系数1.10。
3. 设计不用铝收口条者，应扣除铝收口条及钢钉，其他不变。

工作内容：1. 清理基层表面、地毯放样、剪裁、拼接、钉压条、刷胶、铺毯修边、清扫地毯。
2. 打眼、下楔、安装固定。

计量单位：表中所示

定额编号				13-139		13-140		13-141		13-142	
项目		单位	单价	楼梯铺地毯						楼梯地毯	
				满铺				不满铺		压棍安装	
				带胶垫		不带胶垫		实铺面积			
				10m²						10套	
				数量	合计	数量	合计	数量	合计	数量	合计
综合单价		元		900.88		725.44		756.36		422.01	
其中	人工费	元		243.95		165.75		165.75		96.05	
	材料费	元		563.93		495.62		525.39		290.42	
	机械费	元		2.00		2.00		2.84		—	
	管理费	元		61.49		41.94		42.15		24.01	
	利润	元		29.51		20.13		20.23		11.53	
	一类工	工日	85.00	2.87	243.95	1.95	165.75	1.95	165.75	1.13	96.05
材料	10430303 丙纶簇绒地毯	m²	40.00	11.00	440.00	11.00	440.00	11.00	440.00		
	03670103 不锈钢压棍	m	27.00							10.50	283.50
	10430907 地毯衬垫 (25m²/卷)	m²	9.00	7.59	68.31						
	05252103 木刺条	m	3.00	13.05	39.15	13.05	39.15	2.40	7.20		
	03030115 木螺钉 (M4×30)	十个	0.30							8.40	2.52
	10030311 铝合金收口条	m	5.00	1.00	5.00	1.00	5.00	1.20	6.00		
	31110301 棉纱头	kg	6.50							0.10	0.65
	03510201 钢钉	kg	7.00	0.18	1.26	0.18	1.26	0.256	1.79		
	12413535 万能胶	kg	20.00	0.20	4.00	0.20	4.00	3.10	62.00		
	10430903 地毯烫带 (0.1m×20m/卷)	m	3.00	2.07	6.21	2.07	6.21	2.80	8.40		
	其他材料费	元									3.75
机械	其他机械费	元			2.00		2.00		2.84		

注：1. 地毯分色、镶边分别套用定额子目，人工乘以系数1.10。
2. 设计不用铝收口条者，应扣除铝收口条及钢钉，其他不变。
3. 压棍、材料不同应换算。
4. 楼梯地毯压铜防滑板按镶嵌铜条有关项目执行。

13.5.5 栏杆、扶手

工作内容：放样、下料、铆接、玻璃安装、打磨、清理净面。

计量单位：10m

定额编号			13-143		13-144		13-145		13-146	
项目	单位	单价	铝合金扁管扶手							
			有机玻璃		钢化玻璃				铝合金	
			半玻栏板		全玻栏板				栏杆	
			数量	合计	数量	合计	数量	合计	数量	合计
综合单价		元	2357.52		2447.71		2730.94		2473.09	
其中 人工费		元	1101.60		871.25		871.25		564.40	
材料费		元	809.97		1215.74		1498.97		1661.50	
机械费		元	28.00		28.00		28.00		28.00	
管理费		元	282.40		224.81		224.81		148.10	
利润		元	135.55		107.91		107.91		71.09	
一类工	工日	85.00	12.96	1101.60	10.25	871.25	10.25	871.25	6.64	564.40
材料 14250331 铝合金扁管(100mm×44mm×1.8mm)	kg	28.50	14.681	418.41	14.681	418.41	14.681	418.41	14.681	418.41
14070504 铝合金方管(20mm×20mm)	m	69.60							17.24	1199.90
14070508 铝合金方管(25mm×25mm×1.2mm)	kg	17.00	2.574	43.76	2.574	43.76	2.917	49.59	0.444	7.55
01530135 U形铝合金(80mm×13mm×1.2mm)	kg	21.50	0.353	7.59	0.353	7.59	0.353	7.59		
01530141 L形铝合金(30mm×12mm×1.0mm)	kg	21.50	0.055	1.18	0.055	1.18	0.055	1.18		
03031206 自攻螺钉(M4×15)	十个	0.30							5.00	1.50
14070921 方管	kg	6.07	16.00	97.12	16.00	97.12	16.00	97.12		
03070114 膨胀螺栓(M8×80)	套	0.60							40.00	24.00
02170102 有机玻璃(6mm)	m²	36.30	6.37	231.23						
06050107 钢化玻璃(10mm)	m²	100.00			6.37	637.00	8.24	824.00		
03010322 铝拉铆钉(LD-1)	十个	0.30	18.80	5.64	18.80	5.64	18.80	5.64	19.80	5.94
03510201 钢钉	kg	7.00							0.60	4.20
11590914 硅酮密封胶	L	80.00	0.063	5.04	0.063	5.04	1.173	93.84		
05030600 普通木成材	m³	1600.00					0.001	1.60		
机械 99191706 管子切断机(直径150mm)	台班	40.00	0.70	28.00	0.70	28.00	0.70	28.00	0.70	28.00

注：铝合金型材、玻璃的含量按设计用量调整。

工作内容：放样、下料、焊接、玻璃安装、打磨抛光。

计量单位：10m

定额编号				13-147		13-148	
项目	单位	单价		不锈钢管扶手			
				半玻栏板		全玻栏板	
				数量	合计	数量	合计
综合单价		元		3761.97		3817.23	
其中	人工费	元		1097.35		867.00	
	材料费	元		2032.65		2403.49	
	机械费	元		164.93		164.93	
	管理费	元		315.57		257.98	
	利润	元		151.47		123.83	
一类工		工日	85.00	12.91	1097.35	10.20	867.00
材料	14040915 镜面不锈钢管(ϕ31.8×1.2)	m	29.80	10.29	306.64	10.29	306.64
	14040925 镜面不锈钢管(ϕ76.2×1.5)	m	82.50	10.60	874.50	10.60	874.50
	09493550 不锈钢玻璃夹	只	1.50	34.98	52.47	34.98	52.47
	06050107 钢化玻璃(10mm)	m²	100.00	6.37	637.00	9.24	924.00
	03051107 不锈钢六角螺栓(M6×35)	套	0.90	34.98	31.48	34.98	31.48
	11590914 硅酮密封胶	L	80.00	0.063	5.04	1.071	85.68
	31110301 棉纱头	kg	6.50	0.20	1.30	0.20	1.30
	03430205 不锈钢焊丝(1Cr18Ni9Ti)	kg	45.00	0.53	23.85	0.53	23.85
	12370310 氩气	m³	9.11	1.49	13.57	1.49	13.57
	01630201 钨棒（精制）	kg	650.00	0.03	19.50	0.03	19.50
	10230906 不锈钢盖（ϕ63）	只	5.00	11.54	57.70	11.54	57.70
	11410304 环氧树脂(618)	kg	32.00	0.30	9.60	0.30	9.60
	05030600 普通木成材	m³	1600.00			0.002	3.20
机械	99231127 抛光机	台班	15.75	1.09	17.17	1.09	17.17
	99250365 氩弧焊机（电流500A）	台班	109.87	1.09	119.76	1.09	119.76
	99191706 管子切断机（直径150mm）	台班	40.00	0.70	28.00	0.70	28.00

注：1. 铜管扶手按不锈钢管扶手相应子目执行，价格换算，其他不变。

2. 弧弯玻璃栏板按相应子目执行，玻璃价格换算，其他不变。

3. 不锈钢管、玻璃含量按设计用量调整。

工作内容：同前。

计量单位：10m

定额编号				13-149		13-150		13-151	
项目		单位	单价	不锈钢管栏杆				半玻栏板	
				不锈钢管扶手		木扶手制作安装			
				数量	合计	数量	合计	数量	合计
综合单价		元		5025.16		4550.61		3697.77	
其中	人工费	元		560.15		613.70		1097.35	
	材料费	元		4085.22		3543.88		1961.32	
	机械费	元		125.94		121.14		170.13	
	管理费	元		171.52		183.71		316.87	
	利润	元		82.33		88.18		152.10	
一类工		工日	85.00	6.59	560.15	7.22	613.70	12.91	1097.35
材料	14040915 镜面不锈钢管(φ31.8×1.2)	m	29.80	56.93	1696.51	56.93	1696.51	10.29	306.64
	14040922 镜面不锈钢管(φ63.5×1.5)	m	66.00	10.60	699.60	10.60	699.60		
	14040925 镜面不锈钢管(φ76.2×1.5)	m	82.50	10.60	874.50				
	03430205 不锈钢焊丝(1Cr18Ni9Ti)	kg	45.00	1.43	64.35	1.43	64.35	0.53	23.85
	12370310 氩气	m³	9.11	4.03	36.71	4.03	36.71	1.49	13.57
	01630201 钨棒（精制）	kg	650.00	0.58	377.00	0.58	377.00	0.03	19.50
	10230906 不锈钢盖(φ63)	只	5.00	57.71	288.55	57.71	288.55	11.54	57.70
	11410304 环氧树脂(618)	kg	32.00	1.50	48.00	1.50	48.00	0.30	9.60
	01130145 扁钢(—40×4~60×4)	kg	4.25			19.80	84.15	19.80	84.15
	05030615 硬木成材	m³	2600.00			0.095	247.00	0.095	247.00
	10230303 硬木扶手(成品)	m	58.00			(10.60)	(614.80)	(10.60)	(614.80)
	06050107 钢化玻璃(10mm)	m²	100.00					11.00	1100.00
	03030115 木螺钉(M4×30)	十个	0.30			6.70	2.01	6.70	2.01
	09493550 不锈钢玻璃夹	只	1.50					37.90	56.85
	03051107 不锈钢六角螺栓(M6×35)	套	0.90					37.90	34.11
	11590914 硅酮密封胶	L	80.00					0.063	5.04
	31110301 棉纱头	kg	6.50					0.20	1.30
机械	99231127 抛光机	台班	15.75	0.70	11.03	0.70	11.03	1.09	17.17
	99250365 氩弧焊机（电流500A）	台班	109.87	0.70	76.91	0.70	76.91	1.09	119.76
	99191706 管子切断机(直径150mm)	台班	40.00	0.95	38.00	0.83	33.20	0.83	33.20

注：1.铜管扶手按不锈钢扶手相应子目执行，价格换算，其他不变。
2.弧弯玻璃栏板按相应子目执行，玻璃价格换算，其他不变。
3.不锈钢管、玻璃含量按设计用量调整。
4.设计成品木扶手安装，每10m扣除制作人工2.85工日，定额中硬木成材扣除，按括号内的价格换算。
5.硬木扶手制作按《楼梯》苏J05—2006④～⑥24(净料150mm×50mm，扁铁按40mm×4mm)编制的，弯头材积已包括在内(损耗为12%)。设计断面不符，材积按比例换算。扁铁可调整(设计用量加6%损耗)。

第十四章 墙柱面工程定额（节选）

14.1 一般抹灰

工作内容：1. 清理、修补、湿润基层表面、调运砂浆、清扫落地灰。
2. 抹灰找平、洒水湿润、罩面压光。

计量单位：10m²

定额编号			14—1		14—2		14—3	
项目	单位	单价	内墙面					
			砖墙基层		混凝土墙基层		加气混凝土墙 轻质板墙	
			石膏砂浆（20mm厚）					
			数量	合计	数量	合计	数量	合计
综合单价	元		270.42		248.19		248.32	
其中	人工费	元	119.72		119.72		119.72	
	材料费	元	100.01		78.97		79.10	
	机械费	元	4.66		3.80		3.80	
	管理费	元	31.10		30.88		30.88	
	利润	元	14.93		14.82		14.82	
二类工	工日	82.00	1.46	119.72	1.46	119.72	1.46	119.72
材料	80011117 石膏砂浆干粉 31150101 水	t m³	410.00 4.70	0.242 0.169	99.22 0.79	0.191 0.141	78.31 0.66	0.191 0.168	78.31 0.79
机械	99050503 灰浆搅拌机 （拌筒容量200L）	台班	122.64	0.038	4.66	0.031	3.80	0.031	3.80

注：厚度不同，材料按比例调整，其他不变。

工作内容：同前。

计量单位：10m²

定额编号			14—4		14—5		14—6		14—7	
项目	单位	单价	柱、梁面							
			砖柱				混凝土柱、梁			
			矩形		多边形、圆形		矩形		多边形、圆形	
			石膏砂浆（20mm厚）							
			数量	合计	数量	合计	数量	合计	数量	合计
综合单价	元		346.29		419.31		325.32		398.35	
其中	人工费	元	168.92		222.22		168.92		222.22	
	材料费	元	86.81		86.81		70.72		70.72	
	机械费	元	20.48		20.48		16.92		16.92	
	管理费	元	47.35		60.68		46.46		59.79	
	利润	元	22.73		29.12		22.30		28.70	
二类工	工日	82.00	2.06	168.92	2.71	222.22	2.06	168.92	2.71	222.22

定额编号			单位	单价	14—4		14—5		14—6		14—7	
					柱、梁面							
					砖柱				混凝土柱、梁			
项目					矩形		多边形、圆形		矩形		多边形、圆形	
					石膏砂浆（20mm厚）							
					数量	合计	数量	合计	数量	合计	数量	合计
材料	80011117	石膏砂浆干粉	t	410.00	0.21	86.10	0.21	86.10	0.171	70.11	0.171	70.11
	31150101	水	m³	4.70	0.152	0.71	0.152	0.71	0.13	0.61	0.13	0.61
机械	99050503	灰浆搅拌机（拌筒容量200L）	台班	122.64	0.167	20.48	0.167	20.48	0.138	16.92	0.138	16.92

注：同前。

14.1.2 水泥砂浆

工作内容：1. 清理、修补、湿润基层表面、调运砂浆、清扫落地灰。

2. 刷浆、抹灰找平、洒水湿润、罩面压光。

计量单位：10m²

定额编号			单位	单价	14—8		14—9		14—10		14—11	
					抹水泥砂浆							
项目					砖墙外墙		砖墙内墙		混凝土墙外墙		混凝土墙内墙	
					数量	合计	数量	合计	数量	合计	数量	合计
综合单价			元		254.64		226.13		268.38		239.86	
其中	人工费		元		136.12		119.72		145.96		129.56	
	材料费		元		60.43		54.72		60.85		55.14	
	机械费		元		5.64		5.40		5.52		5.27	
	管理费		元		35.44		31.28		37.87		33.71	
	利润		元		17.01		15.01		18.18		16.18	
	二类工		工日	82.00	1.66	136.12	1.46	119.72	1.78	145.96	1.58	129.56
材料	80010124	水泥砂浆（1:2.5）	m³	265.07	0.086	22.80	0.082	21.74	0.086	22.80	0.082	21.74
	80010125	水泥砂浆（1:3）	m³	239.65	0.142	34.03	0.136	32.59	0.135	32.35	0.129	30.91
	80110313	901胶素水泥浆	m³	525.21					0.004	2.10	0.004	2.10
	05030600	普通木成材	m³	1600.00	0.002	3.20			0.002	3.20		
	31150101	水	m³	4.70	0.086	0.40	0.084	0.39	0.085	0.40	0.083	0.39
机械	99050503	灰浆搅拌机（拌筒容量200L）	台班	122.64	0.046	5.64	0.044	5.40	0.045	5.52	0.043	5.27

14.3 镶贴块料面层及幕墙

工作内容：1. 清理修补基层表面、打底抹灰、砂浆找平。
2. 送料、抹结合层、排板、切割、贴砖、擦缝、清洁面层。

计量单位：10m²

定额编号				14—80		14—81	
项目		单位	单价	单块面积0.06m²以内墙砖			
				砂浆粘贴			
				墙面		柱、梁、零星面	
				数量	合计	数量	合计
综合单价		元		2621.93		2807.09	
其中	人工费	元		373.15		472.60	
	材料费	元		2101.66		2150.47	
	机械费	元		6.61		6.69	
	管理费	元		94.94		119.82	
	利润	元		45.57		57.51	
	一类工	工日	85.00	4.39	373.15	5.56	472.60
材料	06612143 墙面砖（200mm×300mm）	m²	200.00	10.25	2050.00	10.50	2100.00
	80050126 混合砂浆（1:0.1:2.5）	m³	261.36	0.061	15.94	0.061	15.94
	80010125 水泥砂浆（1:3）	m³	239.65	0.136	32.59	0.13	31.15
	80110313 901胶素水泥浆	m³	525.21	0.002	1.05	0.002	1.05
	80110303 素水泥浆	m³	472.71	(0.051)	(24.11)	(0.054)	(25.53)
	04010701 白水泥	kg	0.70	1.50	1.05	1.65	1.16
	31110301 棉纱头	kg	6.50	0.10	0.65	0.10	0.65
	31150101 水	m³	4.70	0.081	0.38	0.11	0.52
机械	99050503 灰浆搅拌机（拌筒容量200L）	台班	122.64	0.04	4.91	0.039	4.78
	99230127 石料切割机	台班	14.69	0.116	1.70	0.13	1.91

注：1. 墙面砖规格与定额不同，其数量、单价均应换算。
2. 贴面砂浆用素水泥浆，基价中应扣除混合砂浆、增加括号内的价格。

工作内容：同前。

计量单位：10m²

定额编号			14—82		14—83		14—84		14—85	
项目	单位	单价	单块面积0.18m²以内墙砖				单块面积0.18m²以上墙砖			
			砂浆粘贴							
			墙面		柱、梁、零星面		墙面		柱、梁、零星面	
			数量	合计	数量	合计	数量	合计	数量	合计
综合单价		元	3185.90		3397.57		3423.48		3520.04	
其中 人工费		元	410.55		520.20		509.15		532.95	
材料费		元	2614.16		2675.47		2716.66		2780.47	
机械费		元	6.78		6.88		6.78		6.88	
管理费		元	104.33		131.77		128.98		134.96	
利润		元	50.08		63.25		61.91		64.78	
一类工	工日	85.00	4.83	410.55	6.12	520.20	5.99	509.15	6.27	532.95
材料 06612145 墙面砖 (300mm×450mm)	m²	250.00	10.25	2562.50	10.50	2625.00				
06612147 墙面砖 (300mm×600mm)	m²	260.00					10.25	2665.00	10.50	2730.00
80050126 混合砂浆 (1:0.1:2.5)	m³	261.36	0.061	15.94	0.061	15.94	0.061	15.94	0.061	15.94
80010125 水泥砂浆 (1:3)	m³	239.65	0.136	32.59	0.13	31.15	0.136	32.59	0.13	31.15
80110303 素水泥浆	m³	472.71	(0.051)	(24.11)	(0.054)	(25.53)	(0.051)	(24.11)	(0.054)	(25.53)
80110313 901胶素水泥浆	m³	525.21	0.002	1.05	0.002	1.05	0.002	1.05	0.002	1.05
04010701 白水泥	kg	0.70	1.50	1.05	1.65	1.16	1.50	1.05	1.65	1.16
31110301 棉纱头	kg	6.50	0.10	0.65	0.10	0.65	0.10	0.65	0.10	0.65
31150101 水	m³	4.70	0.081	0.38	0.11	0.52	0.081	0.38	0.11	0.52
机械 99050503 灰浆搅拌机 (拌筒容量200L)	台班	122.64	0.04	4.91	0.039	4.78	0.04	4.91	0.039	4.78
99230127 石料切割机	台班	14.69	0.1276	1.87	0.143	2.10	0.1276	1.87	0.143	2.10

注：同前。

工作内容：同前。

定额编号			14-86		14-87		14-88		14-89	
项目	单位	单价	单块面积0.06m²以内墙砖				单块面积0.18m²以内墙砖			
			干粉型粘结剂粘贴							
			墙面		柱、梁、零星面		墙面		柱、梁、零星面	
			数量	合计	数量	合计	数量	合计	数量	合计
综合单价		元	2883.48		3091.39		3426.11		3650.39	
其中 人工费		元	419.90		521.05		441.15		547.40	
材料费		元	2299.16		2368.21		2812.45		2891.03	
机械费		元	6.61		6.82		6.78		6.88	
管理费		元	106.63		131.97		111.98		138.57	
利润		元	51.18		63.34		53.75		66.51	
一类工	工日	85.00	4.94	419.90	6.13	521.05	5.19	441.15	6.44	547.40
材料 06612145 墙面砖 (300mm×450mm)	m²	250.00					10.25	2562.50	10.50	2625.00
80010125 水泥砂浆 (1：3)	m³	239.65	0.133	31.87	0.139	33.31	0.136	32.59	0.13	31.15
06612143 墙面砖 (200mm×300mm)	m²	200.00	10.25	2050.00	10.50	2100.00				
80110303 素水泥浆	m³	472.71	0.01	4.73	0.011	5.20	0.01	4.73	0.011	5.20
04010701 白水泥	kg	0.70	1.50	1.05	1.65	1.16	1.50	1.05	1.65	1.16
12410163 干粉型粘结剂	kg	5.00	42.00	210.00	45.36	226.80	42.00	210.00	45.36	226.80
12413518 901胶	kg	2.50	0.221	0.55	0.24	0.60	0.221	0.55	0.221	0.55
31110301 棉纱头	kg	6.50	0.10	0.65	0.108	0.70	0.10	0.65	0.10	0.65
31150101 水	m³	4.70	0.067	0.31	0.094	0.44	0.081	0.38	0.11	0.52
机械 99050503 灰浆搅拌机 (拌筒容量200L)	台班	122.64	0.04	4.91	0.04	4.91	0.04	4.91	0.039	4.78
99230127 石料切割机	台班	14.69	0.116	1.70	0.13	1.91	0.1276	1.87	0.143	2.10

注：墙面砖规格与定额不同，其数量、单价均应换算。

14.3.3 陶瓷锦砖

工作内容：1.清理修补基层、刷浆打底、砂浆找平。
　　　　　2.选料、抹结合层、排板、裁切、贴砖、擦缝、清洁面层。

计量单位：10m²

定额编号			14—101		14—102		14—103	
项目	单位	单价	陶瓷锦砖(砂浆粘贴)					
			墙面		柱、梁面		零星项目	
			数量	合计	数量	合计	数量	合计
综合单价	元		1060.76		1212.18		1506.30	
其中 人工费	元		516.80		623.90		843.20	
材料费	元		346.52		351.22		345.41	
机械费	元		4.54		4.54		4.17	
管理费	元		130.34		157.11		211.84	
利润	元		62.56		75.41		101.68	
一类工	工日	85.00	6.08	516.80	7.34	623.90	9.92	843.20
材料 06670100 陶瓷锦砖	m²	25.00	10.45	261.25	10.50	262.50	10.50	262.50
80050124 混合砂浆（1:1:2）	m³	260.42	0.039	10.16	0.041	10.68	0.041	10.68
80010125 水泥砂浆（1:3）	m³	239.65	0.142	34.03	0.142	34.03	0.13	31.15
80110313 901胶素水泥浆	m³	525.21	0.002	1.05	0.004	2.10	0.002	1.05
80110303 素水泥浆	m³	472.71	(0.039)	(18.44)	(0.041)	(19.38)	(0.041)	(19.38)
04010701 白水泥	kg	0.70	2.50	1.75	2.50	1.75	2.50	1.75
12413518 901胶	kg	2.50	14.90	37.25	15.65	39.13	14.90	37.25
31110301 棉纱头	kg	6.50	0.10	0.65	0.10	0.65	0.10	0.65
31150101 水	m³	4.70	0.08	0.38	0.08	0.38	0.08	0.38
机械 99050503 灰浆搅拌机（拌筒容量200L）	台班	122.64	0.037	4.54	0.037	4.54	0.034	4.17

注：如用水泥浆粘贴时，扣除定额中混合砂浆，增加括号内价格。

14.3.7 石材块料面板

工作内容：1. 清理基层、调运砂浆、打底刷浆。

     2. 镶贴块料面层、砂浆勾缝（灌缝）。

     3. 擦缝、清洁面层、养护。

计量单位：10m²

定额编号				14-118		14-119		14-120		14-121	
项目		单位	单价	水泥砂浆粘贴石材块料面板				干粉型粘贴石材块料面板			
				混凝土墙面		零星项目		墙面		零星项目	
				数量	合计	数量	合计	数量	合计	数量	合计
综合单价		元		3468.57		3507.39		3695.36		3820.22	
其中	人工费	元		552.50		577.15		522.75		578.85	
	材料费	元		2701.76		2706.82		2970.05		3017.55	
	机械费	元		7.21		7.21		6.67		7.04	
	管理费	元		139.93		146.09		132.36		146.47	
	利润	元		67.17		70.12		63.53		70.31	
一类工		工日	85.00	6.50	552.50	6.79	577.15	6.15	522.75	6.81	578.85
材料	07112130 石材块料面板	m²	250.00	10.20	2550.00	10.20	2550.00	10.20	2550.00	10.20	2550.00
	80010124 水泥砂浆（1:2.5）	m³	265.07	0.051	13.52	0.051	13.52				
	80010125 水泥砂浆（1:3）	m³	239.65	0.153	36.67	0.157	37.63	0.133	31.87	0.148	35.47
	80110313 901胶素水泥浆	m³	525.21	0.004	2.10	0.002	1.05				
	04010701 白水泥	kg	0.70	1.50	1.05	1.70	1.19	1.50	1.05	1.70	1.19
	12410163 干粉型粘结剂	kg	5.00					68.25	341.25	75.76	378.80
	03652403 合金钢切割锯片	片	80.00	0.27	21.60	0.27	21.60	0.269	21.52	0.299	23.92
	12410108 粘结剂（YJ-Ⅲ）	kg	11.50	4.20	48.30	4.66	53.59				
	12410161 BJ-302粘结剂	kg	8.93	1.58	14.11						
	31110301 棉纱头	kg	6.50	0.10	0.65	0.11	0.72	0.10	0.65	0.111	0.72
	31150101 水	m³	4.70	0.07	0.33	0.078	0.37	0.059	0.28	0.063	0.30
	其他材料费	元			13.43		27.15		23.43		27.15
机械	99050503 灰浆搅拌机（拌筒容量200L）	台班	122.64	0.042	5.15	0.042	5.15	0.034	4.17	0.037	4.54
	99230127 石料切割机	台班	14.69	0.14	2.06	0.14	2.06	0.17	2.50	0.17	2.50

工作内容：1. 清理、修补基层表面、刷浆、安装钢筋网、电焊固定。
　　　　　2. 选料湿水、钻孔成槽、镶贴面层及阴阳角、穿线固定。
　　　　　3. 板缝封堵、调运灌砂浆、面层清理、擦缝、养护。

计量单位：10m²

定额编号				14—122		14—123	
项目		单位	单价	挂贴石材块料面板灌缝砂浆（50mm厚）			
				砖墙		混凝土墙	
				数量	合计	数量	合计
综合单价		元		3639.12		3712.99	
其中	人工费	元		557.60		570.35	
	材料费	元		2850.90		2899.88	
	机械费	元		17.74		23.16	
	管理费	元		143.84		148.38	
	利润	元		69.04		71.22	
一类工		工日	85.00	6.56	557.60	6.71	570.35
材料	07112130 石材块料面板	m²	250.00	10.20	2550.00	10.20	2550.00
	80010124 水泥砂浆（1:2.5）	m³	265.07	0.55	145.79	0.55	145.79
	80110313 901胶素水泥浆	m³	525.21			0.004	2.10
	04010701 白水泥	kg	0.70	1.50	1.05	1.50	1.05
	01010100 钢筋（综合）	t	4020.00	0.011	44.22	0.011	44.22
	01430500 铜丝	kg	63.00	0.78	49.14	0.78	49.14
	03070123 膨胀螺栓（M10×110）	套	0.80			52.00	41.60
	03652403 合金钢切割锯片	片	80.00	0.42	33.60	0.42	33.60
	03633315 合金钢钻头（一字形）	根	8.00			0.66	5.28
	03410205 电焊条（J422）	kg	5.80	0.15	0.87	0.15	0.87
	31110301 棉纱头	kg	6.50	0.10	0.65	0.10	0.65
	31150101 水	m³	4.70	0.14	0.66	0.14	0.66
	其他材料费	元			24.92		24.92
机械	99050503 灰浆搅拌机（拌筒容量200L）	台班	122.64	0.11	13.49	0.11	13.49
	99230127 石料切割机	台班	14.69	0.17	2.50	0.17	2.50
	99250304 交流弧焊机（容量30kVA）	台班	90.97	0.015	1.36	0.015	1.36
	99170307 钢筋调直机（直径40mm）	台班	33.63	0.005	0.17	0.005	0.17
	99170507 钢筋切断机（直径40mm）	台班	43.93	0.005	0.22	0.005	0.22
	99192305 电锤（功率520W）	台班	8.34			0.65	5.42

注：1. 挂贴石材的钢筋应按设计用量加2%损耗后进行调整。
　　2. 铁件制作安装按设计用量另套相应子目。

14.4 木装修及其他

工作内容：定位、下料、打眼剔洞、埋木砖、安装龙骨、刷防腐油。

计量单位：10m²

定额编号				14—168		14—169		14—170		14—171	
项目		单位	单价	木龙骨基层							
				墙面		方形柱梁面		圆形柱梁面		方柱包圆形面	
				数量	合计	数量	合计	数量	合计	数量	合计
综合单价		元		439.87		498.55		552.14		888.21	
其中	人工费	元		181.90		226.95		283.90		358.70	
	材料费	元		180.95		177.63		154.97		392.95	
	机械费	元		7.09		7.30		6.00		2.80	
	管理费	元		47.25		58.56		72.48		90.38	
	利润	元		22.68		28.11		34.79		43.38	
一类工		工日	85.00	2.14	181.90	2.67	226.95	3.34	283.90	4.22	358.70
材料	05030600 普通木成材	m³	1600.00	0.111	177.60	0.109	174.40	0.045	72.00	0.197	315.20
	05092103 细木工板 (δ18)	m²	38.00					1.23	46.74	1.56	59.28
	03070114 膨胀螺栓 (M8×80)	套	0.60					55.00	33.00	21.00	12.60
	12060334 防腐油	kg	6.00	0.30	1.80	0.30	1.80	0.30	1.80	0.30	1.80
	03510705 铁钉 (70mm)	kg	4.20	0.37	1.55	0.34	1.43	0.34	1.43	0.97	4.07
机械	99192305 电锤 (功率520W)	台班	8.34	0.801	6.68	0.826	6.89	0.691	5.76	0.261	2.18
	其他机械费	元			0.41		0.41		0.24		0.62

注：1. 墙面、墙裙木龙骨断面是按24mm×30mm、间距300mm×300mm考虑的，设计断面、间距与定额不符时，应按比例调整。龙骨与墙面固定不用木砖改用木针时，定额中普通成材应扣除0.04m³/10m²。

2. 方形柱梁面、圆柱面、方柱包圆形木龙骨断面分别按24mm×30mm、40mm×45mm、40mm×50mm考虑的，设计规格与定额不符时，应按比例调整（未设计规格者按定额执行）。

3. 定额中墙面、梁柱面木龙骨的损耗率为5%。

工作内容：同前。

计量单位：10m²

定额编号		单位	单价	14-175	
				木龙骨基层	
项目				柱帽、柱脚方柱(包圆形面)	
				数量	合计
综合单价		元		852.93	
其中	人工费	元		443.70	
	材料费	元		241.09	
	机械费	元		2.90	
	管理费	元		111.65	
	利润	元		53.59	
一类工		工日	85.00	5.22	443.70
材料	05030600 普通木成材	m³	1600.00	0.10	160.00
	05092103 细木工板(δ18)	m²	38.00	1.72	65.36
	03070114 膨胀螺栓(M8×80)	套	0.60	20.90	12.54
	03510705 铁钉(70mm)	kg	4.20	0.76	3.19
机械	99210103 木工圆锯机(直径500mm)	台班	27.63	0.026	0.72
	99192305 电锤(功率520W)	台班	8.34	0.261	2.18

工作内容：定位、弹线、下料、安装龙骨、刷防腐油。

计量单位：10m²

定额编号		单位	单价	14-176		14-177		14-178		14-179	
				隔断木龙骨							
				断面40×50(mm)				断面50×70(mm)			
项目				横纵间距(mm)						纵横间距(mm)	
				300		400				600	
				数量	合计	数量	合计	数量	合计	数量	合计
综合单价		元		393.19		314.45		522.39		395.76	
其中	人工费	元		96.05		81.60		137.70		119.85	
	材料费	元		256.18		197.40		328.18		226.20	
	机械费	元		3.96		3.84		4.06		3.92	
	管理费	元		25.00		21.36		35.44		30.94	
	利润	元		12.00		10.25		17.01		14.85	
一类工		工日	85.00	1.13	96.05	0.96	81.60	1.62	137.70	1.41	119.85
材料	05030600 普通木成材	m³	1600.00	0.144	230.40	0.108	172.80	0.189	302.40	0.126	201.60
	03070114 膨胀螺栓(M8×80)	套	0.60	32.00	19.20	32.00	19.20	32.00	19.20	32.00	19.20
	03510705 铁钉(70mm)	kg	4.20	1.08	4.54	0.80	3.36	1.08	4.54	0.80	3.36
	12060334 防腐油	kg	6.00	0.34	2.04	0.34	2.04	0.34	2.04	0.34	2.04
机械	99192305 电锤(功率520W)	台班	8.34	0.401	3.34	0.401	3.34	0.401	3.34	0.401	3.34
	99210103 木工圆锯机(直径500mm)	台班	27.63					0.026	0.72	0.021	0.58
	其他机械费	元			0.62		0.50				

注：木龙骨设计断面、间距与定额不符时，材积应调整。断面按比例调整，调整材积=定额间距/设计间距×定额材积含量。

14.4.2 金属龙骨

工作内容：1. 轻钢龙骨：定位、弹线、下料、安装龙骨、刷防腐油。

           2. 铝合金龙骨：定位、弹线、下料、埋螺栓、安装龙骨。

计量单位：10m²

定额编号			14－180		14－181		14－182	
项目	单位	单价	隔墙轻钢龙骨		附墙卡式轻钢龙骨		铝合金龙骨	
			数量	合计	数量	合计	数量	合计
综合单价	元		651.34		744.96		1036.62	
其中 人工费	元		77.35		70.55		91.80	
材料费	元		535.10		638.64		896.62	
机械费	元		7.50		7.06		10.39	
管理费	元		21.21		19.40		25.55	
利润	元		10.18		9.31		12.26	
二类工	工日	85.00	0.91	77.35	0.83	70.55	1.08	91.80
08310141 U形轻钢龙骨（38mm×25mm）	m	11.00	14.14	155.54				
08310144 U形轻钢龙骨（75mm×40mm）	m	10.00	27.56	275.60				
08310142 U形轻钢龙骨（50mm×20mm）	m	11.00			37.76	415.36		
03070114 膨胀螺栓（M8×80）	套	0.60	25.00	15.00	25.00	15.00	51.00	30.60
08310145 U形轻钢龙骨（75mm×50mm）	m	11.00	7.07	77.77				
08310151 卡式轻钢龙骨（25mm×20mm）	m	9.00			17.88	160.92		
01530131 铝合金型材（76.3mm×44.5mm×1.5mm）	kg	21.50					40.28	866.02
08310155 边龙骨（30mm×20mm）	m	9.00			2.55	22.95		
03512000 射钉	百个	21.00	0.15	3.15	0.15	3.15		
01270101 型钢	kg	4.08			3.24	13.22		
02070261 橡皮垫圈	百个	30.00	0.25	7.50	0.25	7.50		
03010322 铝拉铆钉（LD－1）	十个	0.30	1.80	0.54	1.80	0.54		
99192305 电锤（功率520W）	台班	8.34	0.311	2.59	0.311	2.59	0.638	5.32
99230127 石料切割机	台班	14.69	0.3344	4.91	0.304	4.47	0.345	5.07

注：1. 竖龙骨间距按400mm，穿芯龙骨间距按600mm考虑，设计间距不同，可换算含量，损耗按6%计算。

    2. 卡式竖龙骨间距按300mm，横向卡式龙骨间距按600mm考虑，设计间距不同，可换算含量，损耗按6%计算。

    3. 定额中铝合金龙骨每10m²含40.28m（包括7%损耗在内）考虑，设计规格、间距与定额不符时，应按比例调整，其他不变。

14.4.3　墙、柱梁面夹板基层

工作内容：定位、打眼剔洞、埋木楔、安装多层夹板、刷防腐油。

计量单位：10m²

定额编号			14—184		14—185		14—186		14—187	
项目	单位	单价	墙面细木工板基层				柱、梁面细木工板基层			
			钉在木楔上		钉在龙骨上		钉在木楔上		钉在龙骨上	
			数量	合计	数量	合计	数量	合计	数量	合计
综合单价	元		742.80		539.94		801.59		554.78	
其中 人工费	元		164.05		101.15		204.00		110.50	
材料费	元		508.33		401.03		512.03		402.83	
机械费	元		7.09		0.24		7.36		0.41	
管理费	元		42.79		25.35		52.84		27.73	
利润	元		20.54		12.17		25.36		13.31	
一类工	工日	85.00	1.93	164.05	1.19	101.15	2.40	204.00	1.30	110.50
材料 32090101 周转木材	m³	1850.00	0.058	107.30			0.06	111.00		
05092103 细木工板（δ18）	m²	38.00	10.50	399.00	10.50	399.00	10.50	399.00	10.50	399.00
12060334 防腐油	kg	6.00							0.30	1.80
03510705 铁钉（70mm）	kg	4.20	0.34	1.43	0.34	1.43	0.34	1.43	0.34	1.43
其他材料费	元			0.60		0.60		0.60		0.60
机械 99192305 电锤（功率520W）	台班	8.34	0.801	6.68			0.826	6.89		
99210103 木工圆锯机（直径500mm）	台班	27.63					0.017	0.47		
其他机械费	元			0.41		0.24				0.41

注：1.在基层板上再做一层凸面夹板时，每10m²另加夹板10.5m²、人工1.90工日，工程量按设计层数及设计面积计算。

　　2.设计采用基层板，材料不同可换算。

　　3.定额按钉在木龙骨上，设计钉在钢龙骨上，铁钉与自攻螺丝替换，人工乘以系数1.05。

14.4.4 墙、柱、梁面各种面层

工作内容：清理基层、下料、刷胶、粘贴、铺钉面层、清理净面。

计量单位：10m²

定额编号				14-189		14-190		14-191		14-192	
项目		单位	单价	胶合板面钉在木龙骨或夹板上							
				墙面		柱、梁		圆柱		柱帽、柱脚及其他	
				数量	合计	数量	合计	数量	合计	数量	合计
综合单价		元		228.58		254.38		284.65		339.56	
其中	人工费	元		73.10		87.55		109.65		145.35	
	材料费	元		128.43		134.43		134.43		140.43	
	机械费	元		—		—		—		—	
	管理费	元		18.28		21.89		27.41		36.34	
	利润	元		8.77		10.51		13.16		17.44	
	一类工	工日	85.00	0.86	73.10	1.03	87.55	1.29	109.65	1.71	145.35
材料	05050107	胶合板 (2440mm×1220mm×3mm)	m²	12.00	10.50	126.00	11.00	132.00	11.00	132.00	11.50	138.00
	12413544	聚醋酸乙烯乳液	kg	5.00	0.31	1.55	0.31	1.55	0.31	1.55	0.31	1.55
	03510705	铁钉 (70mm)	kg	4.20	0.21	0.88	0.21	0.88	0.21	0.88	0.21	0.88

注：1.设计采用胶合板，不同材料可换算。
　　2.在有凹凸基层夹板上钉(贴)胶合板面层，按相应子目执行，每10m²人工乘以系数1.30、胶合板用量改为11.00m²。

工作内容：同前。

计量单位：10m²

定额编号				14-193		14-194		14-195		14-196	
项目		单位	单价	木质切片板粘贴在夹板基层上							
				墙面		柱、梁		圆柱		柱帽、柱脚及其他	
				数量	合计	数量	合计	数量	合计	数量	合计
综合单价		元		418.74		458.02		477.82		496.13	
其中	人工费	元		102.00		124.10		138.55		145.35	
	材料费	元		279.00		288.00		288.00		297.00	
	机械费	元		—		—		—		—	
	管理费	元		25.50		31.03		34.64		36.34	
	利润	元		12.24		14.89		16.63		17.44	
	一类工	工日	85.00	1.20	102.00	1.46	124.10	1.63	138.55	1.71	145.35
材料	05150102	普通切片板	m²	18.00	10.50	189.00	11.00	198.00	11.00	198.00	11.50	207.00
	12413535	万能胶	kg	20.00	4.50	90.00	4.50	90.00	4.50	90.00	4.50	90.00

注：1.在有凹凸基层夹板上镶贴切片板面层时，按墙面定额人工乘以系数1.30，切片板含量乘以系数1.05，其他不变。
　　2.设计普通切片板斜拼纹者，每10m²斜拼纹按墙面定额人工乘以系数1.30，切片板含量乘以系数1.10，其他不变。

工作内容：测量、排板、采购或加工成品、基层清理、挂配件安装、校正、成品装饰板安装、调整、固定、油漆修补、表面清理、成品保护。

计量单位：10m²

定额编号			14—197		14—198	
项目	单位	单价	成品多层木质饰面板		成品多层复合装饰面板	
			安装墙面			
			数量	合计	数量	合计
综合单价	元		3381.08		2636.51	

其中		单位	单价	数量	合计	数量	合计
	人工费	元			479.40		378.25
	材料费	元			2714.59		2108.59
	机械费	元			7.09		7.09
	管理费	元			121.62		96.34
	利润	元			58.38		46.24

	一类工		工日	85.00	5.64	479.40	4.45	378.25
材料	05150221	成品多层木质装饰面板	m²	260.00	10.10	2626.00		
	05150223	成品多层复合装饰面板	m²	200.00			10.10	2020.00
	03510705	铁钉（70mm）	kg	4.20	0.34	1.43	0.34	1.43
	03031222	自攻螺钉（M5×25～30）	十个	0.56	6.60	3.70	6.60	3.70
	08370507	成品装饰板配套挂件	只	0.55	66.00	36.30	66.00	36.30
	11591102	玻璃胶	L	40.00	1.164	46.56	1.164	46.56
		其他材料费	元			0.60		0.60
机械	99192305	电锤（功率520W）	台班	8.34	0.801	6.68	0.801	6.68
		其他机械费	元			0.41		0.41

注：1.配套挂件、嵌缝胶与设计材料、用量不同可换算。

    2.胶用量损耗按10%计算。

    3.安装柱梁面人工乘以系数1.1。

工作内容：清理基层、打胶、粘贴面层、清理净面。

计量单位：10m²

定额编号			14-199		14-200		14-201		14-202	
项目	单位	单价	不锈钢镜面板							
			墙面		柱、梁		圆柱		柱帽、柱脚及其他	
			数量	合计	数量	合计	数量	合计	数量	合计
综合单价	元		2621.30		2639.93		2691.74		2728.44	
其中 人工费	元		136.85		150.45		164.90		215.05	
材料费	元		2433.82		2433.82		2465.82		2433.82	
机械费	元		—		—		—		—	
管理费	元		34.21		37.61		41.23		53.76	
利润	元		16.42		18.05		19.79		25.81	
一类工	工日	85.00	1.61	136.85	1.77	150.45	1.94	164.90	2.53	215.05
材料 01291714 8K不锈钢镜面板 (1219mm×3048mm×1.2mm)	m²	231.30	10.20	2359.26	10.20	2359.26	10.20	2359.26	10.20	2359.26
12413535 万能胶	kg	20.00	1.40	28.00	1.40	28.00	3.00	60.00	1.40	28.00
11591102 玻璃胶	L	40.00	1.164	46.56	1.164	46.56	1.164	46.56	1.164	46.56

注：设计楼缝处用卡口槽时，每10m缝另增加人工0.19工日、不锈钢板0.45m²。不锈钢板含铣槽折边等钣金加工费。

工作内容：同前。

计量单位：10m²

定额编号			14-203		14-204		14-205	
项目	单位	单价	粘贴在夹板基层上				粘贴切片皮	
			装饰板		铝塑板			
			数量	合计	数量	合计	数量	合计
综合单价	元		681.11		1140.02		486.19	
其中 人工费	元		150.45		124.10		187.00	
材料费	元		475.00		970.00		230.00	
机械费	元		—		—		—	
管理费	元		37.61		31.03		46.75	
利润	元		18.05		14.89		22.44	
一类工	工日	85.00	1.77	150.45	1.46	124.10	2.20	187.00
材料 05070715 防火面板 (2440mm×1220mm×1.0mm)	m²	35.00	11.00	385.00				
08120502 铝塑板(单面)	m²	80.00			11.00	880.00		
05150602 切片皮 (0.5mm)	m²	14.00					12.00	168.00
12413535 万能胶	kg	20.00	4.50	90.00	4.50	90.00	3.10	62.00

注：1.设计采用装饰板，不同材料可换算。

2.铝塑板含裁剪、抽槽、折边等加工损耗。

3.粘贴切片皮仅贴门的侧面、封边及装饰线条等处时，人工乘以系数3，其他不变。

第十五章　天棚工程定额

15.1　天棚龙骨

工作内容：制作、安装木楞、刷防腐油等全部操作过程。

计量单位：10m²

定额编号			15—1		15—2		15—3		15—4	
项目	单位	单价	搁在墙上或混凝土梁上 （跨度在）				吊在混凝土楼板上			
			3.0m内		3.0m外		面层规格 300mm×300mm		面层规格 400mm×400mm	
			数量	合计	数量	合计	数量	合计	数量	合计
综合单价	元		430.70		491.23		567.90		469.41	
其中 人工费	元		89.25		92.65		153.00		145.35	
其中 材料费	元		308.01		363.95		356.01		268.01	
其中 机械费	元		0.30		0.25		1.66		1.66	
其中 管理费	元		22.39		23.23		38.67		36.75	
其中 利润	元		10.75		11.15		18.56		17.64	
一类工	工日	85.00	1.05	89.25	1.09	92.65	1.80	153.00	1.71	145.35
材料 05030600 普通木成材	m³	1600.00	0.188	300.80	0.223	356.80	0.218	348.80	0.163	260.80
材料 12060334 防腐油	kg	6.00	0.09	0.54	0.08	0.48	0.09	0.54	0.09	0.54
材料 03510705 铁钉（70mm）	kg	4.20	0.46	1.93	0.46	1.93	0.46	1.93	0.46	1.93
材料 其他材料费	元			4.74		4.74		4.74		4.74
机械 99210103 木工圆锯机 （直径500mm）	台班	27.63	0.011	0.30	0.009	0.25	0.06	1.66	0.06	1.66

注：1. 木吊筋高度的取定：搁在墙上或混凝土梁上为450mm，断面按50mm×50mm，吊在混凝土楼板上为300mm，断面按50mm×40mm，设计高度、断面不同，按比例调整吊筋用量。

2. 设计采用钢筋吊筋，钢筋吊筋按天棚吊筋子目执行；普通木成材含量分别调整为0.063、0.075、0.161、0.124m³。

3. 木吊筋按简单型考虑，复杂型按相应子目人工乘以系数1.20，增加普通成材0.02m³/10m²。

4. 定额中未包括刨光人工和机械。如龙骨需要单面刨光时，每10m²增加人工0.06工日，机械单面压刨机0.074台班。

15.1.2 轻钢龙骨

工作内容：1.吊件加工、安装。

2.定位、弹线、安装吊筋。

3.选料、下料、定位杆控制高度、平整、安装龙骨及横撑附件等。

4.临时加固、调整、校正。

5.预留位置、整体调整。

计量单位：10m²

定额编号				15—5		15—6		15—7		15—8	
项目	单位	单价		装配式U形(不上人型)轻钢龙骨							
				面层规格300mm×600mm				面层规格400mm×600mm			
				简单		复杂		简单		复杂	
				数量	合计	数量	合计	数量	合计	数量	合计
综合单价		元		657.15		673.37		586.74		639.87	
其中	人工费	元		161.50		181.05		159.80		178.50	
	材料费	元		431.23		420.68		363.16		390.66	
	机械费	元		3.40		3.40		3.40		3.40	
	管理费	元		41.23		46.11		40.80		45.48	
	利润	元		19.79		22.13		19.58		21.83	
	一类工	工日	85.00	1.90	161.50	2.13	181.05	1.88	159.80	2.10	178.50
材料	05030600 普通木成材	m³	1600.00			0.007	11.20			0.007	11.20
	08310131 轻钢龙骨(小) (25mm×20mm×0.5mm)	m	2.60			3.40	8.84			3.40	8.84
	08310122 轻钢龙骨(中) (50mm×20mm×0.5mm)	m	4.00	30.60	122.40	26.70	106.80	25.05	100.20	21.36	85.44
	08310113 轻钢龙骨(大) (50mm×15mm×1.2mm)	m	6.50	13.68	88.92	18.64	121.16	13.68	88.92	18.64	121.16
	08330300 轻钢龙骨主接件	只	0.60	5.00	3.00	10.00	6.00	5.00	3.00	10.00	6.00
	08330301 轻钢龙骨次接件	只	0.70	9.50	6.65	12.60	8.82	9.00	6.30	12.00	8.40
	08330302 轻钢龙骨小接件	只	0.30			1.30	0.39			1.30	0.39
	08330113 小龙骨垂直吊件	只	0.40			12.50	5.00			12.50	5.00
	08330309 小龙骨平面连接件	只	0.60			12.50	7.50			12.50	7.50
	08330500 中龙骨横撑	m	3.50	33.29	116.52	20.58	72.03	25.61	89.64	20.58	72.03
	08330111 中龙骨垂直吊件	只	0.45	40.00	18.00	41.25	18.56	30.80	13.86	33.00	14.85
	08330310 中龙骨平面连接件	只	0.50	126.00	63.00	67.16	33.58	97.00	48.50	58.10	29.05
	08330107 大龙骨垂直吊件(轻钢) (45mm)	只	0.50	16.00	8.00	20.00	10.00	16.00	8.00	20.00	10.00
	08330501 边龙骨横撑	m	3.00			2.02	6.06			2.02	6.06
	其他材料费	元			4.74		4.74		4.74		4.74
机械	其他机械费	元			3.40		3.40		3.40		3.40

工作内容：同前。

计量单位：10m²

定额编号				15—9		15—10		15—11		15—12	
项目	单位	单价		装配式U形(上人型)轻钢龙骨							
				面层规格300mm×600mm				面层规格400mm×600mm			
				简单		复杂		简单		复杂	
				数量	合计	数量	合计	数量	合计	数量	合计
综合单价		元		632.40		698.87		568.05		665.08	
其中	人工费	元		170.85		191.25		167.45		188.70	
	材料费	元		393.68		432.20		333.99		401.90	
	机械费	元		3.40		3.40		3.40		3.40	
	管理费	元		43.56		48.66		42.71		48.03	
	利润	元		20.91		23.36		20.50		23.05	
一类工		工日	85.00	2.01	170.85	2.25	191.25	1.97	167.45	2.22	188.70
材料	05030600 普通木成材	m³	1600.00	0.001	1.60	0.007	11.20	0.001	1.60	0.007	11.20
	08310131 轻钢龙骨(小) (25mm×20mm×0.5mm)	m	2.60			3.40	8.84			3.40	8.84
	08310122 轻钢龙骨(中) (50mm×20mm×0.5mm)	m	4.00	29.25	117.00	27.03	108.12	23.40	93.60	21.62	86.48
	08310113 轻钢龙骨(大) (50mm×15mm×1.2mm)	m	6.50	14.38	93.47	19.37	125.91	14.38	93.47	19.37	125.91
	08330300 轻钢龙骨主接件	只	0.60	7.00	4.20	10.00	6.00	7.00	4.20	10.00	6.00
	08330301 轻钢龙骨次接件	只	0.70	15.60	10.92	12.60	8.82	12.00	8.40	12.00	8.40
	08330302 轻钢龙骨小接件	只	0.30			1.30	0.39			1.30	0.39
	08330113 小龙骨垂直吊件	只	0.40			13.00	5.20			13.00	5.20
	08330309 小龙骨平面连接件	只	0.60			13.00	7.80			13.00	7.80
	08330500 中龙骨横撑	m	3.50	27.01	94.54	20.58	72.03	20.78	72.73	20.58	72.03
	08330111 中龙骨垂直吊件	只	0.45	31.25	14.06	41.25	18.56	25.00	11.25	33.00	14.85
	08330310 中龙骨平面连接件	只	0.50	79.30	39.65	67.05	33.53	61.00	30.50	58.00	29.00
	08330108 大龙骨垂直吊件(轻钢) (60mm)	只	0.75	18.00	13.50	20.00	15.00	18.00	13.50	20.00	15.00
	08330501 边龙骨横撑	m	3.00			2.02	6.06			2.02	6.06
	其他材料费	元			4.74		4.74		4.74		4.74
机械	其他机械费	元			3.40		3.40		3.40		3.40

15.1.6 天棚吊筋

工作内容：同前。

计量单位：10m²

定额编号				15—33		15—34		15—35	
项目		单位	单价	吊筋规格(mm)					
				$H=750mm$					
				$\phi6$		$\phi8$		$\phi10$	
				数量	合计	数量	合计	数量	合计
综合单价		元		49.87		60.54		105.06	
其中	人工费	元		—		—		—	
	材料费	元		35.46		46.13		90.65	
	机械费	元		10.52		10.52		10.52	
	管理费	元		2.63		2.63		2.63	
	利润	元		1.26		1.26		1.26	
材料	01090101 圆钢	kg	4.02	2.20	8.84	3.93	15.80	6.12	24.60
	01210315 等边角钢（L 40×4）	kg	3.96	1.60	6.34	1.60	6.34	1.60	6.34
	03070114 膨胀螺栓（M8×80）	套	0.60	13.26	7.96				
	03070123 膨胀螺栓（M10×110）	套	0.80			13.26	10.61		
	03070132 膨胀螺栓（M12×110）	套	3.40					13.26	45.08
	03110105 螺杆（L=250，$\phi6$）	根	0.30	13.26	3.98				
	03110106 螺杆（L=250，$\phi8$）	根	0.35			13.26	4.64		
	03110107 螺杆（L=250，$\phi10$）	根	0.40					13.26	5.30
	17310705 双螺母双垫片（$\phi6$）	副	0.58	13.26	7.69				
	17310706 双螺母双垫片（$\phi8$）	副	0.60			13.26	7.96		
	17310707 双螺母双垫片（$\phi10$）	副	0.63					13.26	8.35
	其他材料费	元			0.65		0.78		0.98
机械	99192305 电锤（功率520W）	台班	8.34	0.20	1.67	0.20	1.67	0.20	1.67
	其他机械费	元			8.85		8.85		8.85

注：1. 天棚面层至楼板底按1.00m高计算，设计高度不同，吊筋按比例调整，其他不变。

2. 吊筋安装人工0.67工日/10m²已经包括在相应子目龙骨安装的人工中。

3. 本定额中每10m²吊筋按13根考虑，设计根数不同时按比例调整定额基价。

4. 设计$\phi4$吊筋按15—33换算（$\phi6$换$\phi4$，其他不变）。

15.2 天棚面层及饰面

工作内容：安装天棚面层、清理表面等全部操作过程。

计量单位：10m²

定额编号				15—42		15—43		15—44	
项目		单位	单价	胶合板面层安装在木龙骨上					
				平面		分缝		凹凸	
				数量	合计	数量	合计	数量	合计
综合单价		元		248.66		257.97		279.55	
其中	人工费	元		88.40		95.20		105.40	
	材料费	元		127.55		127.55		135.15	
	机械费	元		—		—		—	
	管理费	元		22.10		23.80		26.35	
	利润	元		10.61		11.42		12.65	
一类工		工日	85.00	1.04	88.40	1.12	95.20	1.24	105.40
材料	05050105 胶合板（910mm×2130mm×3mm）	m²	12.00	10.50	126.00	10.50	126.00	11.00	132.00
	12413544 聚醋酸乙烯乳液	kg	5.00	0.31	1.55	0.31	1.55	0.31	1.55
	05030600 普通木成材	m³	1600.00					0.001	1.60

注：凹凸是指龙筋不在同一平面上的项目。本子目胶合板面层按三夹板考虑，面层材料不同时，材料换算，其他不变。

15.2.2 纸面石膏板面层

工作内容：同前。

计量单位：10m²

定额编号				15—45		15—46		15—47	
项目		单位	单价	纸面石膏板天棚面层					
				安装在U形轻钢龙骨上				搁放在T形铝合金龙骨上	
				平面		凹凸			
				数量	合计	数量	合计	数量	合计
综合单价		元		272.77		306.47		186.55	
其中	人工费	元		95.20		113.90		44.20	
	材料费	元		142.35		150.42		126.00	
	机械费	元		—		—		—	
	管理费	元		23.80		28.48		11.05	
	利润	元		11.42		13.67		5.30	
一类工		工日	85.00	1.12	95.20	1.34	113.90	0.52	44.20
材料	08010211 纸面石膏板 (1200mm×3000mm×9.5mm)	m²	12.00	11.00	132.00	11.50	138.00	10.50	126.00
	03031206 自攻螺钉（M4×15）	十个	0.30	34.50	10.35	41.40	12.42		

15.2.3 切片板面层

工作内容：清理基层、粘贴、安装面板等全部操作过程。

计量单位：10m²

定额编号				15—48		15—49	
项目	单位	单价		面层贴在夹板基层上			
				普通切片板			
				平面		凹凸	
				数量	合计	数量	合计
综合单价		元		472.81		522.57	
其中	人工费	元		153.00		182.75	
	材料费	元		263.20		272.20	
	机械费	元		—		—	
	管理费	元		38.25		45.69	
	利润	元		18.36		21.93	
一类工		工日	85.00	1.80	153.00	2.15	182.75
材料	05150102 普通切片板	m²	18.00	11.00	198.00	11.50	207.00
	12413535 万能胶	kg	20.00	3.26	65.20	3.26	65.20

注：切片面层材料不同时，材料换算，其他不变。

15.6　天棚抹灰

工作内容：1. 清理修补基层表面、堵眼、调运砂浆、清扫落地灰。
　　　　　2. 抹灰、找平、罩面及压光。

计量单位：10m²

定额编号				15—83		15—84		15—85		15—86	
项目	单位	单价		混凝土天棚							
				纸筋石灰砂浆面				水泥砂浆面			
				现浇		预制		现浇		预制	
				数量	合计	数量	合计	数量	合计	数量	合计
综合单价		元		177.74		205.34		205.45		224.56	
其中	人工费	元		103.32		112.34		122.18		136.12	
	材料费	元		32.32		45.38		33.70		33.70	
	机械费	元		2.82		4.42		3.19		3.19	
	管理费	元		26.54		29.19		31.34		34.83	
	利润	元		12.74		14.01		15.04		16.72	
二类工		工日	82.00	1.26	103.32	1.37	112.34	1.49	122.18	1.66	136.12

定额编号			15—83		15—84		15—85		15—86	
项目	单位	单价	混凝土天棚							
			纸筋石灰砂浆面				水泥砂浆面			
			现浇		预制		现浇		预制	
			数量	合计	数量	合计	数量	合计	数量	合计
材料 80050129 混合砂浆（1:0.3:3）	m³	253.85	0.082	20.82	0.072	18.28				
80050125 混合砂浆（1:1:6）	m³	215.85			0.072	15.54				
80010124 水泥砂浆（1:2.5）	m³	265.07					0.062	16.43	0.062	16.43
80010125 水泥砂浆（1:3）	m³	239.65					0.062	14.86	0.062	14.86
80110313 901胶素水泥浆	m³	525.21	0.004	2.10	0.004	2.10	0.004	2.10	0.004	2.10
31150101 水	m³	4.70	0.063	0.30	0.077	0.36	0.066	0.31	0.066	0.31
80110318 纸筋石灰浆	m³	293.41	0.031	9.10	0.031	9.10				
机械 99050503 灰浆搅拌机（拌筒容量200L）	台班	122.64	0.023	2.82	0.036	4.42	0.026	3.19	0.026	3.19

注：1. 天棚与墙面交接处，如抹小圆角，每10m²天棚抹面增加底层砂浆0.005m³，200L砂浆搅拌机0.001台班。
　　2. 拱形楼板天棚面抹灰按相应子目人工乘以系数1.5。

第十六章　门窗工程定额

16.1.2　塑钢门窗及塑钢、铝合金纱窗

工作内容：1. 现场搬运、安装框扇、校正、周边塞口、清扫等。
　　　　　2. 安装纱窗包括钉纱。

计量单位：表中所示

定额编号			16—11		16—12		16—13		16—14	
项目	单位	单价	塑钢门		塑钢窗		塑钢纱窗		铝合金纱窗	
			10m²				10m²扇面积			
			数量	合计	数量	合计	数量	合计	数量	合计
综合单价		元		3570.78		3306.13		835.84		886.34
其中 人工费		元		363.80		372.30		130.90		130.90
材料费		元		3050.45		2774.15		656.50		707.00
机械费		元		16.00		16.00		—		—
管理费		元		94.95		97.08		32.73		32.73
利润		元		45.58		46.60		15.71		15.71
一类工	工日	85.00	4.28	363.80	4.38	372.30	1.54	130.90	1.54	130.90
材料 09113505 塑钢门（平开/推拉）	m²	280.00	9.60	2688.00						
09113508 塑钢窗（推拉/平开/悬窗）	m²	250.00			9.60	2400.00				
09210303 塑钢纱窗	m²	65.00					10.10	656.50		
09210311 铝合金纱窗	m²	70.00							10.10	707.00
11590914 硅酮密封胶	L	80.00	1.45	116.00	1.45	116.00				
12333551 PU发泡剂	L	30.00	2.625	78.75	2.625	78.75				
09493560 镀锌铁脚	个	1.70	73.00	124.10	78.00	132.60				
03032113 塑料胀管螺钉	套	0.10	146.00	14.60	156.00	15.60				
其他材料费	元			29.00		31.20				

定额编号				16—11		16—12		16—13		16—14	
项目		单位	单价	塑钢门		塑钢窗		塑钢纱窗		铝合金纱窗	
				10m²				10m²扇面积			
				数量	合计	数量	合计	数量	合计	数量	合计
机械	99192305	电锤（功率520W） 台班	8.34	1.919	16.00	1.919	16.00				

16.1.5 卷帘门、拉栅门

工作内容：卷帘门插片组装、支架、辊轴、直轨、附件、门锁安装调试等全部操作过程。

计量单位：10m²

定额编号				16—20		16—21		16—22	
项目		单位	单价	铝合金		鱼鳞状		不锈钢管	
				卷帘门					
				数量	合计	数量	合计	数量	合计
综合单价		元		2361.68		2462.68		4172.79	
其中	人工费	元		459.85		459.85		510.85	
	材料费	元		1711.76		1812.76		3453.00	
	机械费	元		14.54		14.54		14.54	
	管理费	元		118.60		118.60		131.35	
	利润	元		56.93		56.93		63.05	
材料	一类工	工日	85.00	5.41	459.85	5.41	459.85	6.01	510.85
	09250701 铝合金卷帘门	m²	150.00	10.10	1515.00				
	09250707 鱼鳞状卷帘门	m²	160.00			10.10	1616.00		
	09250309 不锈钢管卷帘门	m²	320.00					10.10	3232.00
	03410205 电焊条（J422）	kg	5.80	0.51	2.96	0.51	2.96		
	03070132 膨胀螺栓（M12×110）	套	3.40	53.00	180.20	53.00	180.20	53.00	180.20
	03430205 不锈钢焊丝（1Cr18Ni9Ti）	kg	45.00					0.56	25.20
	其他材料费	元			13.60		13.60		15.60
机械	99192305 电锤（功率520W）	台班	8.34	0.652	5.44	0.652	5.44	0.652	5.44
	99250304 交流弧焊机（容量30kVA）	台班	90.97	0.10	9.10	0.10	9.10	0.10	9.10

注：1. 不论实腹式、冲孔空腹式、电化铝合金、有色电化铝合金均执行铝合金卷帘门定额。

2. 上述子目门单价中已经包括各种配件价格。

工作内容：卷帘门插片组装、支架、辊轴、直轨、附件、门锁等安装调试。

计量单位：10m²

定额编号				16—23		16—24		16—25	
项目		单位	单价	彩钢卷帘门		防火卷帘门			
						甲级		乙级	
				数量	合计	数量	合计	数量	合计
综合单价		元		2252.88		4272.88		3767.88	
其中	人工费	元		459.85		459.85		459.85	
	材料费	元		1602.96		3622.96		3117.96	
	机械费	元		14.54		14.54		14.54	

定额编号				16—23		16—24		16—25	
项目		单位	单价	彩钢卷帘门		防火卷帘门			
						甲级		乙级	
				数量	合计	数量	合计	数量	合计
其中	管理费	元		118.60		118.60		118.60	
	利润	元		56.93		56.93		56.93	
	一类工	工日	85.00	5.41	459.85	5.41	459.85	5.41	459.85
材料	09250709 彩钢卷帘门	m²	150.00	10.10	1515.00				
	09250513 防火卷帘门(甲级)	m²	350.00			10.10	3535.00		
	09250514 防火卷帘门(乙级)	m²	300.00					10.10	3030.00
	03410205 电焊条(J422)	kg	5.80	0.51	2.96	0.51	2.96	0.51	2.96
	03070132 膨胀螺栓(M12×110)	套	3.40	21.00	71.40	21.00	71.40	21.00	71.40
	其他材料费	元			13.60		13.60		13.60
机械	99192305 电锤(功率520W)	台班	8.34	0.652	5.44	0.652	5.44	0.652	5.44
	99250304 交流弧焊机(容量30kVA)	台班	90.97	0.10	9.10	0.10	9.10	0.10	9.10

注：卷帘门不包括卷帘罩及提升装置，如发生另行计算。

16.2.2　窗

工作内容：1. 制作：型材矫正、放样下料、切割断料、钻孔组装、制作搬运。

2. 安装：现场搬运、安装、校正框扇、安装玻璃、配件、周边塞口、清扫等。

计量单位：10m²

定额编号				16—43		16—44		16—45		16—46	
项目		单位	单价	平开窗/悬窗				铝合金推拉窗			
				普通铝型材		断桥隔热铝型材		普通铝型材		断桥隔热铝型材	
				数量	合计	数量	合计	数量	合计	数量	合计
综合单价		元		3797.17		4687.02		3659.97		4593.20	
其中	人工费	元		800.70		800.70		800.70		800.70	
	材料费	元		2647.65		3537.50		2530.13		3463.36	
	机械费	元		38.36		38.36		24.00		24.00	
	管理费	元		209.77		209.77		206.18		206.18	
	利润	元		100.69		100.69		98.96		98.96	
	一类工	工日	85.00	9.42	800.70	9.42	800.70	9.42	800.70	9.42	800.70
材料	01530101 铝合金型材	kg	21.50	55.06	1183.79			54.31	1167.67		
	01530151 断桥隔热铝合金型材	kg	23.50			88.24	2073.64			89.40	2100.90
	06110161 中空玻璃(成品)5+6A+5白玻	m²	93.00	9.50	883.50	9.50	883.50	9.50	883.50	9.50	883.50
	11610711 密封胶条	m	2.00	92.20	184.40	92.20	184.40	50.49	100.98	50.49	100.98
	12333551 PU发泡剂	L	30.00	2.625	78.75	2.625	78.75	2.625	78.75	2.625	78.75
	11590914 硅酮密封胶	L	80.00	1.45	116.00	1.45	116.00	1.45	116.00	1.45	116.00
	09493560 镀锌铁脚	个	1.70	78.00	132.60	78.00	132.60	78.00	132.60	78.00	132.60
	03032113 塑料胀管螺钉	套	0.10	156.00	15.60	156.00	15.60	156.00	15.60	156.00	15.60
	03031206 自攻螺钉(M4×15)	十个	0.30	44.40	13.32	44.40	13.32	14.40	4.32	14.40	4.32
	其他材料费	元			39.69		39.69		30.71		30.71
机械	99192305 电锤(功率520W)	台班	8.34	3.173	26.46	3.173	26.46	1.451	12.10	1.451	12.10
	其他机械费	元			11.90		11.90		11.90		11.90

工作内容：同前。

计量单位：10m²

定额编号			16-47		16-48		16-49	
项目	单位	单价	固定窗				百叶窗	
			普通铝型材		断桥隔热铝型材		普通铝型材	
			数量	合计	数量	合计	数量	合计
综合单价	元		2675.60		3394.23		2800.61	
其中	人工费	元	510.85		510.85		510.85	
	材料费	元	1948.47		2667.10		2073.48	
	机械费	元	19.90		19.90		19.90	
	管理费	元	132.69		132.69		132.69	
	利润	元	63.69		63.69		63.69	
一类工	工日	85.00	6.01	510.85	6.01	510.85	6.01	510.85
材料 01530101 铝合金型材	kg	21.50	31.02	666.93			78.36	1684.74
01530151 断桥隔热铝合金型材	kg	23.50			58.96	1385.56		
06110161 中空玻璃（成品）（5+6A+5白玻）	m²	93.00	9.60	892.80	9.60	892.80		
12333551 PU发泡剂	L	30.00	2.625	78.75	2.625	78.75	2.625	78.75
11590914 硅酮密封胶	L	80.00	1.45	116.00	1.45	116.00	1.45	116.00
09493560 镀锌铁脚	个	1.70	78.00	132.60	78.00	132.60	78.00	132.60
03032113 塑料胀管螺钉	套	0.10	156.00	15.60	156.00	15.60	156.00	15.60
03031206 自攻螺钉（M4×15）	十个	0.30	22.70	6.81	22.70	6.81	22.70	6.81
其他材料费	元			38.98		38.98		38.98
机械 99192305 电锤（功率520W）	台班	8.34	0.959	8.00	0.959	8.00	0.959	8.00
其他机械费	元			11.90		11.90		11.90

16.3.8 胶合板门

工作内容：同前。

计量单位：10m²

定额编号			16-197		16-198		16-199		16-200	
项目	单位	单价	胶合板门(无腰单扇)							
			门框制作		门扇制作		门框安装		门扇安装	
			数量	合计	数量	合计	数量	合计	数量	合计
综合单价	元		428.62		981.28		68.01		201.38	
其中	人工费	元	62.05		227.80		39.95		124.10	
	材料费	元	335.50		626.40		13.28		31.36	
	机械费	元	5.92		31.24		—		—	
	管理费	元	16.99		64.76		9.99		31.03	
	利润	元	8.16		31.08		4.79		14.89	
一类工	工日	85.00	0.73	62.05	2.68	227.80	0.47	39.95	1.46	124.10

定额编号				16—197		16—198		16—199		16—200	
				胶合板门(无腰单扇)							
项目		单位	单价	门框制作		门扇制作		门框安装		门扇安装	
				数量	合计	数量	合计	数量	合计	数量	合计
材料	05030600 普通木成材	m³	1600.00	0.162	259.20	0.186	297.60				
	05250402 木砖与拉条	m³	1500.00	0.037	55.50			0.006	9.00		
	06010102 平板玻璃(3mm)	m²	24.00							1.04	24.96
	05050107 胶合板 (2440mm×1220mm×3mm)	m²	12.00			30.07	360.84				
	05050105 胶合板 (910mm×2130mm×3mm)	m²	12.00			(19.57)	(234.84)				
	05050131 胶合板边角料残值回收	m²	4.00			−11.83	−47.32				
	03510705 铁钉(70mm)	kg	4.20	0.14	0.59	0.50	2.10	1.02	4.28		
	11590914 硅酮密封胶	L	80.00							0.08	6.40
	12413523 乳胶	kg	8.50	0.06	0.51	1.19	10.12				
	12060334 防腐油	kg	6.00	3.08	18.48						
	12060318 清油(C01—1)	kg	16.00	0.05	0.80	0.13	2.08				
	12030107 油漆溶剂油	kg	14.00	0.03	0.42	0.07	0.98				
机械	木工机械费	元				5.92		31.24			

注：1. 门框制作为单裁口，断面以55cm²为准。如做双裁口每10m²增加制作人工0.19工日；门框立梃断面以55cm²为准，门扇边梃断面以22.8cm²为准(不包括门扇四周包边条)。如设计断面不同时，制作成材可按比例调整。

2. 胶合板门门扇上如做通风百叶口时，按每10m²洞口面积增加人工0.94工日，普通成材0.027m³。

工作内容：同前。

计量单位：10m²

定额编号				16—201		16—202	
				胶合板门(无腰单扇)			
项目		单位	单价	框料断面每增减10cm²		扇料断面每增减10cm²	
				数量	合计	数量	合计
综合单价		元		46.40		131.20	
其中	人工费	元		—		—	
	材料费	元		46.40		131.20	
	机械费	元		—		—	
	管理费	元		—		—	
	利润	元		—		—	
材料	05030600 普通木成材	m³	1600.00	0.029	46.40	0.082	131.20

16.4 装饰木门扇

工作内容：运料、下料、现场制作、安装木扇门等全部操作过程。

计量单位：表中所示

定额编号			16-291		16-292		16-293		16-294	
项目	单位	单价	细木工板上贴						木材面贴切片板	
			双面普通切片板		双面普通花式切片板		普通对花拼贴切片板			
			10m²						10m²实贴面积	
			数量	合计	数量	合计	数量	合计	数量	合计
综合单价	元		2991.84		3754.23		3621.77		533.13	
其中 人工费	元		1017.45		1220.60		1424.60		145.35	
材料费	元		1573.96		2051.62		1639.16		334.00	
机械费	元		17.50		22.18		22.56		—	
管理费	元		258.74		310.70		361.79		36.34	
利润	元		124.19		149.13		173.66		17.44	
一类工	工日	85.00	11.97	1017.45	14.36	1220.60	16.76	1424.60	1.71	145.35
05150102 普通切片板	m²	18.00	22.00	396.00	22.00	396.00	24.20	435.60	11.00	198.00
05092103 细木工板（δ18）	m²	38.00	19.71	748.98	19.71	748.98	19.71	748.98		
12413535 万能胶	kg	20.00	12.84	256.80	12.84	256.80	14.12	282.40	6.80	136.00
12413544 聚醋酸乙烯乳液	kg	5.00	6.80	34.00	6.80	34.00	6.80	34.00		
05150109 花樟切片板	m²	38.00			12.57	477.66				
03510705 铁钉（70mm）	kg	4.20	2.56	10.75	2.56	10.75	2.56	10.75		
10013312 硬木封门边条	m	4.20	29.15	122.43	29.15	122.43	29.15	122.43		
其他材料费	元					5.00		5.00		
99210103 木工圆锯机（直径500mm）	台班	27.63	0.10	2.76	0.10	2.76	0.10	2.76		
99212321 木工裁口机（宽度（多面400mm））	台班	42.40	0.043	1.82	0.043	1.82	0.052	2.20		
99210315 木工压刨床（刨削宽度（三面400mm））	台班	77.48	0.107	8.29	0.107	8.29	0.107	8.29		
99210304 木工平刨床（刨削宽度450mm）	台班	20.20	0.229	4.63	0.229	4.63	0.229	4.63		
99212303 木工开榫机（榫头长度160mm）	台班	58.46			0.08	4.68	0.08	4.68		

注：1.门扇制作的四周按硬木封边条考虑，若设计不用硬木封边，扣除硬木封边条，每10m²扣除人工0.48工日、圆锯机0.08台班、压刨床0.02台班。

2.实芯门中设计镶嵌铜条或花线，按设计用量加5%损耗，单价按实计算。设计不是整片开洞而拼贴者，每10m²扣除普通切片夹板含量11.00m²。

3.木材面贴切片板子目是按普通切片板上整片开洞再镶贴花式切片板编制的，设计不是整片开洞而拼贴者，每10m²面积扣除普通切片夹板11m²和0.76工日。

第十七章　油漆、涂料、裱糊工程定额

17.1　油漆、涂料

17.1.1　木材面油漆

工作内容：清扫、磨砂纸、刷底油一遍、满刮腻子、刷调合漆两遍等。

计量单位：表中所示

定额编号				17—1		17—2		17—3	
项目	单位	单价		底油一遍、刮腻子、调合漆两遍					
				单层木门		单层木窗		扶手	
				10m²		10m²		10m	
				数量	合计	数量	合计	数量	合计
综合单价	元			334.40		320.40		66.41	
其中	人工费	元		182.75		182.75		42.50	
	材料费	元		84.03		70.03		8.18	
	机械费	元		—		—		—	
	管理费	元		45.69		45.69		10.63	
	利润	元		21.93		21.93		5.10	
一类工		工日	85.00	2.15	182.75	2.15	182.75	0.50	42.50
材料	12030107 油漆溶剂油	kg	14.00	1.11	15.54	0.93	13.02	0.11	1.54
	04090801 石膏粉（325目）	kg	0.42	0.50	0.21	0.42	0.18	0.05	0.02
	11111718 酚醛无光调合漆（底漆）	kg	13.00	2.50	32.50	2.08	27.04	0.24	3.12
	11112503 调合漆	kg	13.00	2.20	28.60	1.83	23.79	0.21	2.73
	11111715 酚醛清漆	kg	13.00	0.18	2.34	0.15	1.95	0.02	0.26
	03270202 砂纸	张	1.10	4.20	4.62	3.50	3.85	0.40	0.44
	02270105 白布	m²	4.00	0.03	0.12	0.03	0.12	0.01	0.04
	其他材料费	元			0.10		0.08		0.03

工作内容：同前。

计量单位：表中所示

定额编号				17—4		17—5	
项目	单位	单价		底油一遍、刮腻子、调合漆两遍			
				其他木材面		踢脚线	
				10m²		10m	
				数量	合计	数量	合计
综合单价	元			206.57		38.89	
其中	人工费	元		119.85		22.10	
	材料费	元		42.38		8.61	
	机械费	元		—		—	
	管理费	元		29.96		5.53	
	利润	元		14.38		2.65	
一类工		工日	85.00	1.41	119.85	0.26	22.10

定额编号			17—4		17—5	
项目	单位	单价	底油一遍、刮腻子、调合漆两遍			
			其他木材面		踢脚线	
			10m²		10m	
			数量	合计	数量	合计
材料	12030107 油漆溶剂油	kg	14.00	0.56	7.84	0.12	1.68
	04090801 石膏粉（325目）	kg	0.42	0.25	0.11	0.05	0.02
	11111718 酚醛无光调合漆（底漆）	kg	13.00	1.26	16.38	0.25	3.25
	11112503 调合漆	kg	13.00	1.11	14.43	0.22	2.86
	11111715 酚醛清漆	kg	13.00	0.09	1.17	0.02	0.26
	03270202 砂纸	张	1.10	2.10	2.31	0.42	0.46
	02270105 白布	m²	4.00	0.02	0.08	0.01	0.04
	其他材料费	元			0.06		0.04

工作内容：刷酚醛调和漆一遍。

计量单位：10m²

定额编号				17—6		17—7	
项目		单位	单价	每增加一遍调合漆			
				单层木门		单层木窗	
				数量	合计	数量	合计
综合单价			元	103.69		97.83	
其中	人工费		元	50.15		50.15	
	材料费		元	34.98		29.12	
	机械费		元	—		—	
	管理费		元	12.54		12.54	
	利润		元	6.02		6.02	
一类工		工日	85.00	0.59	50.15	0.59	50.15
材料	11112503 调合漆	kg	13.00	2.50	32.50	2.09	27.17
	12030107 油漆溶剂油	kg	14.00	0.13	1.82	0.10	1.40
	03270202 砂纸	张	1.10	0.60	0.66	0.50	0.55

工作内容：同前。

计量单位：表中所示

定额编号				17—8		17—9		17—10	
项目		单位	单价	每增加一遍调合漆					
				木扶手		其他木材面		踢脚线	
				10m		10m²		10m	
				数量	合计	数量	合计	数量	合计
综合单价			元	20.84		66.46		15.16	
其中	人工费		元	12.75		35.70		8.50	
	材料费		元	3.37		17.55		3.51	
	机械费		元	—		—		—	
	管理费		元	3.19		8.93		2.13	
	利润		元	1.53		4.28		1.02	
一类工		工日	85.00	0.15	12.75	0.42	35.70	0.10	8.50

定额编号				17—8		17—9		17—10	
项目		单位	单价	每增加一遍调合漆					
				木扶手		其他木材面		踢脚线	
				10m		10m²		10m	
				数量	合计	数量	合计	数量	合计
材料	11112503 调合漆	kg	13.00	0.24	3.12	1.26	16.38	0.25	3.25
	12030107 油漆溶剂油	kg	14.00	0.01	0.14	0.06	0.84	0.01	0.14
	03270202 砂纸	张	1.10	0.10	0.11	0.30	0.33	0.11	0.12

工作内容：清扫、磨砂纸、刷底油一遍、润油粉、满刮腻子、油色、刷酚醛清漆三遍等。

计量单位：表中所示

定额编号				17—21		17—22		17—23		17—24	
项目		单位	单价	润油粉、刮腻子、油色、清漆三遍							
				单层木门		单层木窗		木扶手		其他木材面	
				10m²		10m²		10m		10m²	
				数量	合计	数量	合计	数量	合计	数量	合计
综合单价		元		590.44		573.98		146.07		423.97	
其中	人工费	元		357.00		357.00		99.45		272.00	
	材料费	元		101.35		84.89		9.83		51.33	
	机械费	元		—		—		—		—	
	管理费	元		89.25		89.25		24.86		68.00	
	利润	元		42.84		42.84		11.93		32.64	
一类工		工日	85.00	4.20	357.00	4.20	357.00	1.17	99.45	3.20	272.00
材料	11111715 酚醛清漆	kg	13.00	4.10	53.30	3.42	44.46	0.39	5.07	2.07	26.91
	12030107 油漆溶剂油	kg	14.00	2.56	35.84	2.16	30.24	0.25	3.50	1.30	18.20
	11430327 钛白粉	kg	0.85	1.87	1.59	1.56	1.33	0.18	0.15	0.94	0.80
	04090801 石膏粉（325目）	kg	0.42	0.53	0.22	0.44	0.18	0.05	0.02	0.27	0.11
	02290505 麻丝	kg	8.60	0.36	3.10	0.30	2.58	0.04	0.34	0.18	1.55
	03270202 砂纸	张	1.10	6.00	6.60	5.00	5.50	0.60	0.66	3.00	3.30
	02270105 白布	m²	4.00	0.05	0.20	0.05	0.20	0.01	0.04	0.04	0.16
	其他材料费	元			0.50		0.40		0.05		0.30

工作内容：同前。

计量单位：10m

定额编号				17—25	
项目		单位	单价	润油粉一遍、刮腻子、刷色油、刷清漆三遍	
				踢脚线	
				数量	合计
综合单价		元			87.81
其中	人工费	元			56.95
	材料费	元			9.79
	机械费	元			—
	管理费	元			14.24
	利润	元			6.83

定额编号			17—25	
项目	单位	单价	润油粉一遍、刮腻子、刷色油、刷清漆三遍	
			踢脚线	
			数量	合计
一类工	工日	85.00	0.67	56.95
材料 11111715 酚醛清漆	kg	13.00	0.41	5.33
12030107 油漆溶剂油	kg	14.00	0.27	3.78
11430327 钛白粉	kg	0.85	0.19	0.16
04090801 石膏粉（325目）	kg	0.42	0.05	0.02
其他材料费	元			0.50

17.1.1.7 防火涂料

工作内容：1. 清扫、磨砂纸、润油粉、刮腻子、刷防火涂料。

2. 刷防火涂料一遍。

计量单位：10m²

定额编号			17—86		17—87		17—88		17—89	
项目	单位	单价	润油粉、刮腻子、防火涂料两遍		每增加防火涂料一遍		润油粉、刮腻子、防火涂料两遍		每增加防火涂料一遍	
			单层木门				单层木窗			
			数量	合计	数量	合计	数量	合计	数量	合计
综合单价		元	313.92		72.91		298.64		67.17	
其中 人工费		元	158.10		28.05		158.10		28.05	
材料费		元	97.32		34.48		82.04		28.74	
机械费		元	—		—		—		—	
管理费		元	39.53		7.01		39.53		7.01	
利润		元	18.97		3.37		18.97		3.37	
一类工	工日	85.00	1.86	158.10	0.33	28.05	1.86	158.10	0.33	28.05
材料 11030505 防火涂料（X—60(饰面))	kg	19.00	3.52	66.88	1.76	33.44	2.94	55.86	1.47	27.93
11111715 酚醛清漆	kg	13.00	0.36	4.68			0.30	3.90		
12030107 油漆溶剂油	kg	14.00	1.06	14.84			0.94	13.16		
04090801 石膏粉（325目）	kg	0.42	0.50	0.21			0.42	0.18		
11430327 钛白粉	kg	0.85	1.87	1.59			1.56	1.33		
02290505 麻丝	kg	8.60	0.36	3.10			0.30	2.58		
03270202 砂纸	张	1.10	5.40	5.94			4.50	4.95		
02270105 白布	m²	4.00	0.02	0.08			0.02	0.08		
其他材料费	元					1.04				0.81

工作内容：同前。

定额编号			17—90		17—91	
项目	单位	单价	润油粉、刮腻子、防火涂料两遍		每增加防火涂料一遍	
			木扶手（不带托板）		木扶手	
			数量	合计	数量	合计
综合单价		元	64.98		14.19	
其中	人工费	元	39.95		7.65	
	材料费	元	10.25		3.71	
	机械费	元	—		—	
	管理费	元	9.99		1.91	
	利润	元	4.79		0.92	
一类工		工日	85.00	0.47	39.95	0.09	7.65

（材料）

编号	名称	单位	单价	数量	合计	数量	合计
11030505	防火涂料（X-60(饰面))	kg	19.00	0.38	7.22	0.19	3.61
11111715	酚醛清漆	kg	13.00	0.03	0.39		
12030107	油漆溶剂油	kg	14.00	0.11	1.54		
04090801	石膏粉（325目）	kg	0.42	0.05	0.02		
11430327	钛白粉	kg	0.85	0.18	0.15		
02290505	麻丝	kg	8.60	0.04	0.34		
03270202	砂纸	张	1.10	0.50	0.55		
02270105	白布	m²	4.00	0.01	0.04		
	其他材料费	元					0.10

工作内容：1. 清扫、刷防火涂料两二遍。

2. 刷防火涂料一遍。

定额编号			17—92		17—93	
项目	单位	单价	刷防火涂料两遍		每增加防火涂料一遍	
			其他木材面			
			数量	合计	数量	合计
综合单价		元	189.95		52.34	
其中	人工费	元	111.35		25.50	
	材料费	元	37.40		17.40	
	机械费	元	—		—	
	管理费	元	27.84		6.38	
	利润	元	13.36		3.06	
一类工		工日	85.00	1.31	111.35	0.30	25.50

编号	名称	单位	单价	数量	合计	数量	合计
11030505	防火涂料（X-60(饰面))	kg	19.00	1.78	33.82	0.89	16.91
12030107	油漆溶剂油	kg	14.00	0.25	3.50		
02270105	白布	m²	4.00	0.02	0.08		
	其他材料费	元					0.49

工作内容：同前。

计量单位：10m

定额编号			17—94		17—95	
项目	单位	单价	刷防火涂料两遍		每增加防火涂料一遍	
			踢脚线			
			数量	合计	数量	合计
综合单价	元		31.57		10.41	
其中 人工费	元		17.85		5.10	
其中 材料费	元		7.12		3.42	
其中 机械费	元		—		—	
其中 管理费	元		4.46		1.28	
其中 利润	元		2.14		0.61	
一类工	工日	85.00	0.21	17.85	0.06	5.10
材料 11030505 防火涂料（X—60(饰面))	kg	19.00	0.36	6.84	0.18	3.42
材料 12030107 油漆溶剂油	kg	14.00	0.01	0.14		
材料 02270105 白布	m²	4.00	0.01	0.04		
材料 其他材料费	元			0.10		

工作内容：1. 基层清理、刷防火涂料两遍。

2. 刷防火涂料一遍。

计量单位：10m²

定额编号			17—96		17—97		17—98		17—99	
项目	单位	单价	防火涂料两遍				每增加一遍			
			隔墙、隔断(间壁)、护壁木龙骨							
			双向		单向		双向		单向	
			数量	合计	数量	合计	数量	合计	数量	合计
综合单价	元		139.53		71.65		60.83		31.04	
其中 人工费	元		74.80		38.25		30.60		15.30	
其中 材料费	元		37.05		19.25		18.91		10.07	
其中 机械费	元		—		—		—		—	
其中 管理费	元		18.70		9.56		7.65		3.83	
其中 利润	元		8.98		4.59		3.67		1.84	
一类工	工日	85.00	0.88	74.80	0.45	38.25	0.36	30.60	0.18	15.30
材料 11030505 防火涂料（X—60(饰面))	kg	19.00	1.78	33.82	0.92	17.48	0.94	17.86	0.48	9.12
材料 02270105 白布	m²	4.00	0.01	0.04	0.006	0.02				
材料 12333521 催干剂	kg	17.60	0.03	0.53	0.02	0.35	0.02	0.35	0.03	0.53
材料 12030107 油漆溶剂油	kg	14.00	0.19	2.66	0.10	1.40	0.05	0.70	0.03	0.42

工作内容：清扫、刷防火涂料两遍（增刷防火涂料一遍）。

计量单位：10m²

定额编号			17-100		17-101		17-102		17-103	
项目	单位	单价	防火涂料两遍				每增加一遍			
			木圆柱		木方柱		木圆柱		木方柱	
			数量	合计	数量	合计	数量	合计	数量	合计
综合单价	元		110.37		149.69		46.63		63.35	
其中 人工费	元		58.65		79.90		22.95		31.45	
其中 材料费	元		30.02		40.22		15.19		20.27	
其中 机械费	元		—		—		—		—	
其中 管理费	元		14.66		19.98		5.74		7.86	
其中 利润	元		7.04		9.59		2.75		3.77	
一类工	工日	85.00	0.69	58.65	0.94	79.90	0.27	22.95	0.37	31.45
材料 11030505 防火涂料（X-60(饰面)）	kg	19.00	1.46	27.74	1.96	37.24	0.77	14.63	1.03	19.57
材料 12030107 油漆溶剂油	kg	14.00	0.16	2.24	0.21	2.94	0.04	0.56	0.05	0.70
材料 02270105 白布	m²	4.00	0.01	0.04	0.01	0.04				

工作内容：同前。

计量单位：10m²

定额编号			17-104		17-105		17-106		17-107	
项目	单位	单价	防火涂料两遍				每增加一遍			
			木地板							
			木龙骨		木龙骨带毛地板		木龙骨		木龙骨带毛地板	
			数量	合计	数量	合计	数量	合计	数量	合计
综合单价	元		135.51		235.14		63.40		109.88	
其中 人工费	元		62.90		107.10		28.05		47.60	
其中 材料费	元		49.33		88.41		24.97		44.67	
其中 机械费	元		—		—		—		—	
其中 管理费	元		15.73		26.78		7.01		11.90	
其中 利润	元		7.55		12.85		3.37		5.71	
一类工	工日	85.00	0.74	62.90	1.26	107.10	0.33	28.05	0.56	47.60
材料 11030505 防火涂料(X-60(饰面))	kg	19.00	2.41	45.79	4.31	81.89	1.27	24.13	2.27	43.13
材料 12030107 油漆溶剂油	kg	14.00	0.25	3.50	0.46	6.44	0.06	0.84	0.11	1.54
材料 02270105 白布	m²	4.00	0.01	0.04	0.02	0.08				

工作内容：同前。

定额编号				17-108		17-109		17-110		17-111	
项目		单位	单价	防火涂料两遍				每增加一遍			
				天棚							
				圆木骨架		方木骨架		圆木骨架		方木骨架	
				数量	合计	数量	合计	数量	合计	数量	合计
综合单价		元		391.72		245.04		167.31		102.96	
其中	人工费	元		214.20		134.30		85.85		52.70	
	材料费	元		98.27		61.04		49.70		30.76	
	机械费	元		—		—		—		—	
	管理费	元		53.55		33.58		21.46		13.18	
	利润	元		25.70		16.12		10.30		6.32	
	一类工	工日	85.00	2.52	214.20	1.58	134.30	1.01	85.85	0.62	52.70
材料	11030505 防火涂料（X-60(饰面)）	kg	19.00	4.79	91.01	2.98	56.62	2.52	47.88	1.56	29.64
	12030107 油漆溶剂油	kg	14.00	0.51	7.14	0.31	4.34	0.13	1.82	0.08	1.12
	02270105 白布	m²	4.00	0.03	0.12	0.02	0.08				

17.1.3.3 乳胶漆

工作内容：清扫、配浆、批腻子、找补腻子、磨砂纸、批刷（喷）乳胶漆各三遍。

定额编号				17-176		17-177		17-178		17-179	
项目		单位	单价	内墙面				柱、梁及天棚面		天棚复杂面	
				在抹灰面上							
				901胶混合腻子批、刷乳胶漆各三遍		901胶白水泥腻子批、刷乳胶漆各三遍					
				数量	合计	数量	合计	数量	合计	数量	合计
综合单价		元		191.02		255.26		283.20		296.83	
其中	人工费	元		87.55		134.30		154.70		161.50	
	材料费	元		71.07		71.26		71.26		75.57	
	机械费	元		—		—		—		—	
	管理费	元		21.89		33.58		38.68		40.38	
	利润	元		10.51		16.12		18.56		19.38	
	一类工	工日	85.00	1.03	87.55	1.58	134.30	1.82	154.70	1.90	161.50
材料	11010304 内墙乳胶漆	kg	12.00	4.63	55.56	4.63	55.56	4.63	55.56	4.86	58.32
	12413518 901胶	kg	2.50	1.50	3.75	3.32	8.30	3.32	8.30	3.65	9.13

定额编号				17-176		17-177		17-178		17-179	
项目		单位	单价	内墙面				柱、梁及天棚面		天棚复杂面	
				在抹灰面上							
				901胶混合腻子批、刷乳胶漆各三遍		901胶白水泥腻子批、刷乳胶漆各三遍					
				数量	合计	数量	合计	数量	合计	数量	合计
材料	12410703 羧甲基纤维素	kg	2.50	0.35	0.88						
	04090801 石膏粉（325目）	kg	0.42			0.83	0.35	0.83	0.35	0.91	0.38
	11430327 钛白粉	kg	0.85	5.13	4.36	0.83	0.71	0.83	0.71	0.91	0.77
	04090602 滑石粉	kg	0.62	5.13	3.18						
	04010701 白水泥	kg	0.70	2.60	1.82	6.88	4.82	6.88	4.82	7.57	5.30
	其他材料费	元			1.52		1.52		1.52		1.67

注：1. 每增批一遍腻子，人工增加0.165工日，腻子材料增加30%。

2. 每增刷一遍乳胶漆，人工增加0.165工日，乳胶漆1.20kg。

3. 天棚复杂面指不在同一平面的两个层面。若不在同一平面的层面为三个以上（含三个层面），则每10m²增加批腻子人工0.15工日，其他不变。

工作内容：同前。

计量单位：10m²

定额编号				17-180		17-181	
项目		单位	单价	内墙面在刮糙面上			
				901胶混合腻子		901胶白水泥腻子	
				批、刷乳胶漆各三遍			
				数量	合计	数量	合计
综合单价			元	272.04		284.39	
其中	人工费		元	140.25		146.20	
	材料费		元	79.90		84.10	
	机械费		元	—		—	
	管理费		元	35.06		36.55	
	利润		元	16.83		17.54	
一类工		工日	85.00	1.65	140.25	1.72	146.20
材料	11010304 内墙乳胶漆	kg	12.00	4.63	55.56	4.63	55.56
	12413518 901胶	kg	2.50	2.60	6.50	6.63	16.58
	12410703 羧甲基纤维素	kg	2.50	0.56	1.40		
	04090801 石膏粉（325目）	kg	0.42			1.66	0.70
	11430327 钛白粉	kg	0.85	8.89	7.56	1.66	1.41
	04090602 滑石粉	kg	0.62	8.89	5.51		
	04010701 白水泥	kg	0.70	4.50	3.15	13.75	9.63
	其他材料费	元			0.22		0.22

注：1. 柱、梁、天棚面上批腻子、刷乳胶漆按相应子目执行，人工乘以系数1.10，其他不变。

2. 每增批一遍腻子，人工增加0.165工日，腻子材料增加30%。

3. 每增刷一遍乳胶漆，人工增加0.165工日，乳胶漆1.20kg。

4. 刮糙面上仅批腻子不做乳胶漆者，乳胶漆扣除，每10m²另扣人工0.385工日，其他不变。

工作内容：同前。

定额编号			17-182	
项目	单位	单价	夹板面	
			批腻子、刷乳胶漆	
			各三遍	
			数量	合计
综合单价		元	238.64	
其中	人工费	元	126.65	
	材料费	元	65.13	
	机械费	元	—	
	管理费	元	31.66	
	利润	元	15.20	
	一类工	工日	85.00	1.49	126.65
材料	11010304 内墙乳胶漆	kg	12.00	4.00	48.00
	12410703 羧甲基纤维素	kg	2.50	0.32	0.80
	12413544 聚醋酸乙烯乳液	kg	5.00	1.10	5.50
	11430327 钛白粉	kg	0.85	10.95	9.31
	其他材料费	元			1.52

注：1.只有在胶合板上刷乳胶漆才能套用夹板面刷乳胶漆，石膏板上刷乳胶漆应套用抹灰面刷乳胶漆。

　　2.柱、梁、天棚面批腻子、刷乳胶漆按相应子目执行，人工乘以系数1.1，其他不变。

17.1.3.4 外墙涂料

工作内容：清扫、补缝、满刮腻子或嵌补缝腻子、磨砂纸等全部操作过程。

定额编号			17-195		17-196	
项目	单位	单价	外墙批抗裂腻子			
			三遍		每增减一遍	
			数量	合计	数量	合计
综合单价		元	243.98		73.94	
其中	人工费	元	72.25		22.95	
	材料费	元	145.00		42.50	
	机械费	元	—		—	
	管理费	元	18.06		5.74	
	利润	元	8.67		2.75	
	一类工	工日	85.00	0.85	72.25	0.27	22.95
材料	11450345 外墙抗裂腻子粉	kg	8.50	17.00	144.50	5.00	42.50
	其他材料费	元			0.50		

工作内容：基层清理、刷封闭底漆；调、批腻子两遍、打磨；涂刷涂料。

计量单位：10m²

定额编号				17-197		17-198	
项目		单位	单价	外墙弹性涂料			
				两遍		每增、减一遍	
				数量	合计	数量	合计
综合单价		元		363.82		71.65	
其中	人工费	元		76.50		8.50	
	材料费	元		259.01		60.00	
	机械费	元		—		—	
	管理费	元		19.13		2.13	
	利润	元		9.18		1.02	
一类工		工日	85.00	0.90	76.50	0.10	8.50
材料	11112505 高渗透性表面底漆	kg	35.00	1.20	42.00		
	11010361 外墙弹性乳胶涂料	kg	30.00			2.00	60.00
	11010362 外墙弹性乳胶涂料（中涂）	kg	25.00	6.00	150.00		
	11010363 外墙弹性乳胶涂料（面涂）	kg	30.00	2.00	60.00		
	04010701 白水泥	kg	0.70	3.00	2.10		
	12413518 901胶	kg	2.50	1.50	3.75		
	03270202 砂纸	张	1.10	0.60	0.66		
	其他材料费	元			0.50		

工作内容：基层清理、填补缝隙、局部刮腻子、清铲、打磨、遮盖不喷部位、喷（刷）底涂一遍、喷（刷）面涂两遍等全部操作过程。

计量单位：10m²

定额编号				17-199		17-200		17-201	
项目		单位	单价	外墙溶剂涂料光面		外墙溶剂涂料毛面		外墙溶剂涂料	
				一底二面				每增、减一遍	
				数量	合计	数量	合计	数量	合计
综合单价		元		182.93		204.06		41.65	
其中	人工费	元		68.85		73.10		8.50	
	材料费	元		88.61		103.91		30.00	
	机械费	元		—		—		—	
	管理费	元		17.21		18.28		2.13	
	利润	元		8.26		8.77		1.02	
一类工		工日	85.00	0.81	68.85	0.86	73.10	0.10	8.50
材料	04010701 白水泥	kg	0.70	3.00	2.10	3.00	2.10		
	11010365 外墙溶剂涂料	kg	20.00					1.50	30.00
	12413518 901胶	kg	2.50	1.50	3.75	1.50	3.75		
	11010367 外墙溶剂涂料（面涂）	kg	18.00	3.20	57.60	3.80	68.40		
	11010366 外墙溶剂涂料（底涂）	kg	15.00	1.60	24.00	1.90	28.50		
	03270202 砂纸	张	1.10	0.60	0.66	0.60	0.66		
	其他材料费	元			0.50		0.50		

附录四 《江苏省建设工程费用定额》(2014 年)
营改增后调整内容

一、建设工程费用组成

(一) 一般计税方法

(1) 根据住房和城乡建设部办公厅《关于做好建筑业营改增建设工程计价依据调整准备工作的通知》(建办标〔2016〕4号) 规定的计价依据调整要求,营改增后,采用一般计税方法的建设工程费用组成中的分部分项工程费、措施项目费、其他项目费、规费中均不包含增值税可抵扣进项税额。

(2) 企业管理费组成内容中增加"第 (19) 条 附加税:国家税法规定的应计入建筑安装工程造价内的城市建设维护税、教育费附加及地方教育附加"。

(3) 甲供材料和甲供设备费用应在计取现场保管费后,在税前扣除。

(4) 税金定义及包含内容调整为:税金是指根据建筑服务销售价格,按规定税率计算的增值税销项税额。

(二) 简易计税方法

(1) 营改增后,采用简易计税方式的建设工程费用组成中,分部分项工程费、措施项目费、其他项目费的组成,均与《江苏省建设工程费用定额》(2014年) 原规定一致,包含增值税可抵扣进项税额。

(2) 甲供材料和甲供设备费用应在计取现场保管费后,在税前扣除。

(3) 税金定义及包含内容调整为:税金包含增值税应纳税额、城市建设维护税、教育费附加及地方教育附加。

二、取费标准调整

(一) 一般计税方法

1. 企业管理费和利润取费标准

建筑工程企业管理费和利润取费标准　　　　　　　　　　　　　　　　附表4-1

序号	项目名称	计算基础	企业管理费率 (%)			利润率 (%)
			一类工程	二类工程	三类工程	
一	建筑工程	人工费+除税施工机具使用费	32	29	26	12
二	单独预制构件制作		15	13	11	6
三	打预制桩、单独构件吊装		11	9	7	5
四	制作兼打桩		17	15	12	7
五	大型土石方工程		7			4

单独装饰工程企业管理费和利润取费标准　　　　　　　　　　　　　　附表4-2

序号	项目名称	计算基础	企业管理费率 (%)	利润率 (%)
一	单独装饰工程	人工费+除税施工机具使用费	43	15

安装工程企业管理费和利润取费标准　　　　　　　　　　　　　　　　附表4-3

序号	项目名称	计算基础	企业管理费率 (%)			利润率 (%)
			一类工程	二类工程	三类工程	
一	安装工程	人工费	48	44	40	14

市政工程企业管理费和利润取费标准

附表4-4

序号	项目名称	计算基础	企业管理费率（%）			利润率（%）
			一类工程	二类工程	三类工程	
一	通用项目、道路、排水工程	人工费+除税施工机具使用费	26	23	20	10
二	桥梁、水工构筑物	人工费+除税施工机具使用费	35	32	29	10
三	给水、燃气与集中供热	人工费	45	41	37	13
四	路灯及交通设施工程	人工费	43			13
五	大型土石方工程	人工费+除税施工机具使用费	7			4

仿古建筑及园林绿化工程企业管理费和利润取费标准

附表4-5

序号	项目名称	计算基础	企业管理费率（%）			利润率（%）
			一类工程	二类工程	三类工程	
一	仿古建筑工程	人工费+除税施工机具使用费	48	43	38	12
二	园林绿化工程	人工费	29	24	19	14
三	大型土石方工程	人工费+除税施工机具使用费	7			4

房屋修缮工程企业管理费和利润取费标准

附表4-6

序号	项目名称		计算基础	企业管理费率（%）	利润率（%）
一	修缮工程	建筑工程部分	人工费+除税施工机具使用费	26	12
二		安装工程部分	人工费	44	14
三	单独拆除工程		人工费+除税施工机具使用费	11	5
四	单独加固工程			36	12

城市轨道交通工程企业管理费和利润取费标准

附表4-7

序号	项目名称	计算基础	企业管理费率（%）	利润率（%）
一	高架及地面工程	人工费+除税施工机具使用费	34	10
二	隧道工程（明挖法）及地下车站工程		38	11
三	隧道工程（矿山法）		29	10
四	隧道工程（盾构法）		22	9
五	轨道工程		61	13
六	安装工程	人工费	44	14
七	大型土石方工程一	人工费+除税施工机具使用费	9	5
	大型土石方工程二	人工费+除税施工机具使用费	15	6

2. 措施项目费及安全文明施工措施费取费标准

措施项目费取费标准　　　　　　　　　　　　　　　　　　　　　　附表4-8

项目	计算基础	各专业工程费率（%）							
		建筑工程	单独装饰	安装工程	市政工程	修缮土建（修缮安装）	仿古（园林）	城市轨道交通	
								土建轨道	安装
临时设施	分部分项工程费+单价措施项目费−除税工程设备费	1~2.3	0.3~1.3	0.6~1.6	1.1~2.2	1.1~2.1（0.6~1.6）	1.6~2.7（0.3~0.8）	0.5~1.6	
赶工措施		0.5~2.1	0.5~2.2	0.5~2.1	0.5~2.2	0.5~2.1	0.5~2.1	0.4~1.3	
按质论价		1~3.1	1.1~3.2	1.1~3.2	0.9~2.7	1.1~2.1	1.1~2.7	0.5~1.3	

注：本表中除临时设施、赶工措施、按质论价费率有调整外，其他费率不变。

安全文明施工措施费取费标准　　　　　　　　　　　　　　　　　　附表4-9

序号	工程名称		计费基础	基本费率（%）	省级标化增加费（%）
一	建筑工程	建筑工程	分部分项工程费+单价措施项目费−除税工程设备费	3.1	0.7
		单独构件吊装		1.6	—
		打预制桩/制作兼打桩		1.5/1.8	0.3/0.4
二		单独装饰工程		1.7	0.4
三		安装工程		1.5	0.3
四	市政工程	通用项目、道路、排水工程		1.5	0.4
		桥涵、隧道、水工构筑物		2.2	0.5
		给水、燃气与集中供热		1.2	0.3
		路灯及交通设施工程		1.2	0.3
五		仿古建筑工程		2.7	0.5
六		园林绿化工程		1.0	—
七		修缮工程		1.5	—
八	城市轨道交通工程	土建工程		1.9	0.4
		轨道工程		1.3	0.2
		安装工程		1.4	0.3
九		大型土石方工程		1.5	—

3. 其他项目取费标准

暂列金额、暂估价、总承包服务费中均不包括增值税可抵扣进项税额。

4. 规费取费标准

社会保险费及公积金取费标准　　　　　　　　　　　　　　　　　　附表4-10

序号	工程类别		计算基础	社会保险费率（%）	公积金费率（%）
一	建筑工程	建筑工程	分部分项工程费+措施项目费+其他项目费−除税工程设备费	3.2	0.53
		单独预制构件制作、单独构件吊装、打预制桩、制作兼打桩		1.3	0.24
		人工挖孔桩		3	0.53

序号	工程类别		计算基础	社会保险费率（%）	公积金费率（%）
二	单独装饰工程		分部分项工程费+措施项目费+其他项目费－除税工程设备费	2.4	0.42
三	安装工程			2.4	0.42
四	市政工程	通用项目、道路、排水工程		2.0	0.34
		桥涵、隧道、水工构筑物		2.7	0.47
		给水、燃气与集中供热、路灯及交通设施工程		2.1	0.37
五	仿古建筑与园林绿化工程			3.3	0.55
六	修缮工程			3.8	0.67
七	单独加固工程			3.4	0.61
八	城市轨道交通工程	土建工程		2.7	0.47
		隧道工程（盾构法）		2.0	0.33
		轨道工程		2.4	0.38
		安装工程		2.4	0.42
九	大型土石方工程			1.3	0.24

5. 税金计算标准及有关规定

税金以除税工程造价为计取基础，费率为 11%。

（二）简易计税方法

税金包括增值税应缴纳税额、城市建设维护税、教育费附加及地方教育附加：

（1）增值税应纳税额＝包含增值税可抵扣进项税额的税前工程造价 × 适用税率，税率：3%；

（2）城市建设维护税＝增值税应纳税额 × 适用税率，税率：市区 7%、县镇 5%、乡村 1%；

（3）教育费附加＝增值税应纳税额 × 适用税率，税率：3%；

（4）地方教育附加＝增值税应纳税额 × 适用税率，税率：2%。

以上四项合计，以包含增值税可抵扣进项额的税前工程造价为计费基础，税金费率为：市区 3.36%、县镇 3.30%、乡村 3.18%。各市另有规定的，按各市规定计取。

三、计算程序

（一）一般计税方法

工程量清单法计算程序（包工包料）（一般计税方法）　　　　附表4-11

序号	费用名称		计算公式
一	分部分项工程费		清单工程量×除税综合单价
	其中	1. 人工费	人工消耗量×人工单价
		2. 材料费	材料消耗量×除税材料单价
		3. 施工机具使用费	机械消耗量×除税机械单价
		4. 管理费	(1+3)×费率或(1)×费率
		5. 利润	(1+3)×费率或(1)×费率

序号	费用名称		计算公式
二	措施项目费		
	其中	单价措施项目费	清单工程量×除税综合单价
		总价措施项目费	(分部分项工程费+单价措施项目费−除税工程设备费)×费率 或以项计费
三	其他项目费		
四	规费		
	其中	1.工程排污费	(一+二+三−除税工程设备费)×费率
		2.社会保险费	
		3.住房公积金	
五	税金		[一+二+三+四−(除税甲供材料费+除税甲供设备费)/1.01]×费率
六	工程造价		一+二+三+四−(除税甲供材料费+除税甲供设备费)/1.01+五

(二) 简易计税方法

包工不包料工程（清包工工程），可按简易计税法计税。原计费程序不变。

工程量清单法计算程序（包工包料）（简易计税方法） 附表4-12

序号	费用名称		计算公式
一	分部分项工程费		清单工程量×综合单价
	其中	1.人工费	人工消耗量×人工单价
		2.材料费	材料消耗量×材料单价
		3.施工机具使用费	机械消耗量×机械单价
		4.管理费	(1+3)×费率或(1)×费率
		5.利润	(1+3)×费率或(1)×费率
二	措施项目费		
	其中	单价措施项目费	清单工程量×综合单价
		总价措施项目费	(分部分项工程费+单价措施项目费−工程设备费)×费率 或以项计费
三	其他项目费		
四	规费		
	其中	1.工程排污费	(一+二+三−工程设备费)×费率
		2.社会保险费	
		3.住房公积金	
五	税金		[一+二+三+四−(甲供材料费+甲供设备费)/1.01]×费率
六	工程造价		一+二+三+四−(甲供材料费+甲供设备费)/1.01+五

参考文献

[1] 中华人民共和国住房和城乡建设部，中华人民共和国国家质量监督检验检疫总局．建设工程工程量清单计价规范 GB 50500—2013[S]．北京：中国计划出版社，2013．

[2] 中华人民共和国住房和城乡建设部．房屋建筑与装饰工程工程量计算规范 GB 50854—2013[S]．北京中国计划出版社，2013．

[3] 江苏省住房和城乡建设厅．江苏省建筑与装饰工程计价定额（2014 年版）[S]．南京：江苏凤凰科学技术出版社，2014．

[4] 江苏省住房和城乡建设厅．江苏省建设工程费用定额（2014 年）[S]．南京：江苏凤凰科学技术出版社，2014．

[5] 全国造价工程师执业资格考试培训教材编审委员会．建设工程造价管理[M]．北京：中国计划出版社，2013．

[6] 全国造价工程师执业资格考试培训教材编审委员会．建设工程计价[M]．北京：中国计划出版社，2013．

[7] 中国建设工程造价管理协会．建设工程造价管理基础知识[M]．北京：中国计划出版社，2014．

[8] 中华人民共和国住房和城乡建设部．建筑工程建筑面积计算规范 GB／T 50353—2013[S]．北京：中国计划出版社，2014．

[9] 中华人民共和国住房和城乡建设部．建筑工程施工质量验收统一标准 GB 50300—2013[S]．北京：中国建筑工业出版社，2014．

[10] 中华人民共和国住房和城乡建设部，中华人民共和国国家质量监督检验检疫总局．建设工程计价设备材料划分标准 GB/T 50531—2009[S]．北京：中国计划出版社，2009．

[11] 江苏省住房和城乡建设厅．江苏省住房城乡建设厅关于发布建设工程人工工资指导价的通知（苏建函价〔2018〕156 号）[S]，2018．

[12] 中华人民共和国住房和城乡建设部，中华人民共和国国家质量监督检验检疫总局．民用建筑设计通则 GB 50352—2005[S]．北京：中国建筑工业出版社，2005．

[13] 中华人民共和国住房和城乡建设部，中华人民共和国国家质量监督检验检疫总局．建筑内部装修设计防火规范 GB 50222—2015[S]．北京：中国计划出版社，2015．

[14] 中华人民共和国住房和城乡建设部．办公建筑设计规范 JGJ 167—2009[S]．北京：中国建筑工业出版社，2009．

[15] 中华人民共和国住房和城乡建设部．建筑玻璃应用技术规程 JGJ 113—2015 [S]．北京：中国建筑工业出版社，2015．

[16] 中华人民共和国住房和城乡建设部，中华人民共和国国家质量监督检验检疫总局．公共建筑节能设计标准 GB 50189—2012 [S]．北京：中国建

筑工业出版社，2012．

[17] 中华人民共和国住房和城乡建设部，中华人民共和国国家质量监督检验检疫总局．民用建筑工程室内环境污染控制规范 GB 50325—2010[S]．北京：中国计划出版社，2010．

[18] 中华人民共和国住房和城乡建设部强制性条文协调委员会．工程建设标准强制性条文[S]．北京：中国建筑工业出版社，2010．

[19] 江苏省工程建设标准定额总站．江苏省建筑装饰工程预算定额[S]，1998．

[20] 王起兵，邬宏．建筑装饰工程计量与计价[M]．北京：机械工业出版社，2017．

[21] 张国栋．图解装饰装修工程工程量清单计算手册[M]．北京：机械工业出版社，2015．

[22] 饶武．建筑装饰工程计量与计价[M]．北京：机械工业出版社，2017．

[23] 戴晓燕．装饰装修工程计量与计价[M]．北京：化学工业出版社，2014．

[24] 赵勤贤．装饰工程计量与计价[M]．大连：大连理工大学出版社，2011．

[25] 杜贵成．装饰装修工程工程量清单计价编制与实例[M]．北京：机械工业出版社，2016．

[26] 巩晓东．装饰装修工程工程量清单计价实例详解[M]．北京：机械工业出版社，2015．

[27] 谢洪．装饰装修工程计量与计价[M]．北京：中国建筑工业出版社，2015．

[28] 郝永池．建筑装饰施工组织与管理[M]．北京：机械工业出版社，2017．

[29] 尹晶，温秀红．建筑装饰工程计量与计价[M]．北京：北京理工大学出版社，2017．

[30] 肖伦斌．建筑装饰工程计价[M]．武汉：武汉理工大学出版社，2004．

[31] 柯红．工程造价计价与控制[M]．北京：中国计划出版社，2006．

[32] 姚斌．建筑工程工程量清单计价实例指南[M]．北京：中国电力出版社，2012．

[33] 李瑞峰．建筑装饰工程造价与招投标[M]．北京：中国出版集团，2013．

[34] 王俊安．招标投标案例分析[M]．北京：中国建材工业出版社，2010．

[35] 中华人民共和国国家质量监督检验检疫总局，中国国家标准化管理委员会．计算机软件开发规范 GB/T 8566—2007[S]．北京：中国标准出版社，2007．

[36] 江苏省建设工程招标投标办公室．江苏省建设工程专业工具软件数据交换标准 DGJ 32/TJ 93—2010[S]，2010．